W0225871

LA TERRE,
PLANÈTE VIVANTE

LA TERRE, PLANÈTE VIVANTE

Texte original de Petr Jakeš
Illustrations d'Adolf Absolon
Traduction française de Dagmar Doppia
Révision et adaptation de Daniel Pajaud,
docteur ès sciences, lauréat de l'Institut

Gründ

GARANTIE DE L'ÉDITEUR

Pour vous parvenir à son plus juste prix, cet ouvrage a fait l'objet d'un gros tirage. Malgré tous les soins apportés à sa fabrication, il est malheureusement possible qu'il comporte un défaut d'impression ou de façonnage. Dans ce cas, ce livre vous sera échangé sans frais.
Veuillez à cet effet le rapporter au libraire qui vous l'a vendu ou nous écrire à l'adresse ci-dessous en nous précisant la nature du défaut constaté. Dans l'un ou l'autre cas, il sera immédiatement fait droit à votre réclamation.
Librairie Gründ - 60, rue Mazarine - 75006 Paris

Traduction française de Dagmar Doppia
Texte entièrement révisé et adapté par Daniel Pajaud
Texte original de Petr Jakeš
Illustrations d'Adolf Absolon
Arrangement graphique par Kateřina Rakowská
Secrétariat d'édition: Véronique Perot
Première édition française 1994 par Librairie Gründ, Paris
© 1994 Librairie Gründ pour l'adaptation française
ISBN : 2-7000-1556-8
Dépôt légal : mai 1994
© 1994 Aventinum, Prague
Imprimé en République tchèque
3/21/08/53-01

SOMMAIRE

INTRODUCTION

Les médias nous accablent régulièrement de nouvelles alarmantes sur notre milieu de vie. Les revues scientifiques brossent un tableau encore plus effrayant, voire insoutenable : pollution des fleuves européens, catastrophes nucléaires, pluies acides provoquant le dépérissement des forêts en Europe centrale, satellites échoués portant à leur bord des produits radioactifs, disparition de certaines espèces animales et réduction de la diversité spécifique (le nombre des espèces animales vivant actuellement sur la Terre a atteint son niveau le plus faible depuis le Secondaire), nappes de pétrole polluant les océans, assèchement des lacs d'Asie centrale, pollution du lac Baïkal, le plus grand réservoir mondial d'eau douce, déboisement de l'Amazonie, érosion du sol, destruction de la couche d'ozone au-dessus des régions arctique et antarctique. Tout cela s'accompagne de chiffres obscurs comportant un nombre impressionnant de zéros qui expriment tantôt la quantité de polluants industriels qui se sont redéposés sur l'Europe ou ailleurs, tantôt le volume de matériaux emporté chaque année par le fleuve Yang-tseu-kiang. On parle de l'état catastrophique du milieu naturel, des limites écologiques, de l'accroissement intolérable de la population mondiale, on prononce des discours sur le gaspillage d'énergie, le pillage des richesses naturelles ainsi que sur l'épuisement de certaines ressources. Les médias nous bombardent de néologismes tels que l'effet de serre ou le changement global, et nous n'avons plus qu'une envie, nous enfuir, nous en aller ... mais où ?

En vérité, nous sommes attachés à la planète Terre que nous avons nous-même baptisée à cause des étendues d'eau qu'elle porte à sa surface, à cette planète exceptionnelle qui a engendré des végétaux, des animaux, et même des êtres doués d'une intelligence — les hommes. Cette planète unique, c'est notre monde, et il serait plus que naïf de s'imaginer qu'il y existe des endroits que la catastrophe épargnera. La Terre se réchauffe car la composition de son atmosphère se modifie. En effet, elle ne dispose que d'une seule atmosphère et d'une seule hydrosphère, et si les frontières entre les différents pays arrivent à arrêter les hommes, la circulation ou à accentuer les particularités socio-culturelles, elles ne permettent pas pour l'instant de préserver l'atmosphère d'un État ou de stopper l'avancée des pluies acides.

La Terre constitue un ensemble homogène, un système unique qui s'est formé pendant fort longtemps, au cours de toute son histoire, c'est-à-dire 4,6 milliards d'années. Il a bien fallu ce temps pour tisser une toile d'araignée fragile et extrêmement souple de relations entre les différentes parties constituantes de la planète : son noyau, sa croûte, son hydrosphère, son atmosphère, sa biosphère. Comme celle de toute toile, l'élasticité de la « toile-Terre » a ses limites. Déchirée et abîmée, elle s'avère très difficile à raccommoder. Elle présente une quantité impressionnante de nœuds, de points d'ancrage et dispose de son propre espace dans lequel elle est suspendue. Peu importe qu'elle soit sphérique, massive, constituée essentiellement d'une caillasse inorganique et d'une quantité infime de matière vivante. C'est malgré tout une toile d'araignée qui se déplace à une grande vitesse dans le cosmos.

Cet ouvrage ne se propose pas de traiter des catastrophes ou de l'écologie au sens propre du terme. C'est un livre sur la troisième planète du système solaire, en partant du Soleil, demeure des hommes qui commencent à la détériorer dans leur souci immodéré d'améliorer leurs conditions de vie. Toutefois, il s'attache aussi à rendre hommage à ces hommes qui sont probablement les seuls êtres à vouloir connaître et comprendre leur planète, en se rendant compte que celle-ci fonctionne comme un système harmonieux, dans une symbiose et un recyclage parfaits de tous ses éléments, et que son évolution future ainsi que le destin de l'humanité reposent entre leurs mains.

Grand Canyon
Permien
Carbonifère
Dévonien
Cambrien
Précambrien (Protérozoïque)
Précambrien (Archéozoïque)
2,6 milliards d'années

L'HOMME, ENFANT DE LA TERRE, RESPONSABLE DE SON DESTIN

La Terre, troisième planète en partant du Soleil, gravite autour de cette étoile sur une orbite elliptique, quasi circulaire. Son rayon à l'équateur est de 6 378,165 kilomètres, sa masse de 597 trillions de tonnes. Masse incandescente échappée du Soleil, c'est une boule de matière à l'état pâteux, le magma. Sa fine couche externe, solidifiée par refroidissement, est constituée de roches, d'eau et de gaz. Là demeurent les hommes. Un voyageur venu de l'espace, s'il en existe, ne tarderait pas à remarquer que les plantes vertes, les ani-

◀ ***Le grand Canyon du Colorado***
Le Grand Canyon, creusé par le fleuve Colorado (Amérique du Nord), est l'un des plus parfaits témoignages du travail géologique des temps passés. Cette coupe géologique naturelle est unique au monde par son ampleur. Elle relate l'histoire de notre planète dans cette région sur 1,7 milliard d'années. C'est une entaille profonde de 1 600 mètres, large de 15 à 20 kilomètres, un dédale d'escarpements, de terrasses et de buttes témoins aux couleurs changeantes. Mais le récit d'une page de cette histoire géologique, en commençant par le bas (c'est-à-dire le fond du canyon) s'intéresse davantage à la nature des roches, à leur structure et à leur disposition qu'à l'aspect d'ensemble, grandiose et spectaculaire, de la formation. Le géologue inscrit ses observations sur une coupe géologique (telle que celle représentée dans la partie gauche de l'illustration). Cette coupe indique que le Grand Canyon commence par un ensemble de roches métamorphiques plissées, des gneiss, dans lesquelles on aperçoit des masses granitiques (figurées par des croix). Ces roches plissées, vieilles de 2,6 milliards d'années, sont séparées des couches sus-jacentes par une surface de discontinuité. Celle-ci correspond aux anciens fonds océaniques sur lesquels se sont déposés, il y a plus de 600 millions d'années, les premières couches sédimentaires. Ces dernières sont déformées et inclinées, ce qui témoigne d'importants mouvements tectoniques ultérieurs. Cette limite est une surface de discordance angulaire séparant la formation sédimentaire précédente de la suivante. Elle indique qu'il s'est écoulé un certain temps avant que ne reprenne une nouvelle étape de sédimentation, au début du Paléozoïque. Il y aura ainsi, pendant plusieurs centaines de millions d'années (jusqu'au Miocène) des alternances de périodes avec ou sans dépôts de sédiments marins, séparées par des surfaces de discontinuité. L'ensemble des couches déposées depuis la fin du Paléozoïque (au Permien) est demeuré horizontal (ce que montre clairement la coupe géologique d'un autre canyon, à droite de l'illustration).

maux — et même le plus évolué d'entre eux, l'homme — vivent dans les zones de contact des constituants gazeux, solides et liquides de la planète, et que l'homme a commencé à modifier son milieu de vie de manière visible à des distances cosmiques. Il s'agit des étendues déboisées, des milliers de kilomètres carrés de terre cultivée ou laissée en jachère, des bandes d'autoroutes, de pistes d'atterrissage et de voies de communication qui sillonnent le paysage, du réseau fluvial modifié, des nouveaux lacs artificiels, de la désertification qui progresse, de l'atmosphère dont la composition change, en un mot, de bouleversements écologiques à l'échelle mondiale. Même si notre voyageur observait la Terre avec la seule précision dont nous disposons pour observer les planètes voisines, il pourrait enregistrer ces traces d'activités humaines comme un horticulteur décèle la présence de parasites sur ses cultures. D'une certaine manière, on peut considérer les hommes comme les parasites les mieux organisés de la planète. Mais redescendons sur Terre pour la contempler non pas avec les yeux d'un extraterrestre, mais plutôt avec ceux d'un spécialiste en la matière.

Autrefois, les sciences de la Terre étaient essentiellement le domaine des géologues et des paléontologues. Ils étaient (et sont parfois encore) considérés comme des originaux qui, munis d'un marteau, s'obstinent à chercher des traces d'animaux fossiles, à étudier l'évolution des complexes géologiques pour déterminer les conditions climatiques du passé lointain et résoudre l'énigme de la disparition des dinosaures ou encore celle des origines de l'humanité. Aujourd'hui, on sait que les connaissances géologiques sont un préalable indispensable à l'exploitation des richesses du sous-sol. On sait également que l'étude des milieux océaniques permet de connaître les phénomènes climatiques, d'améliorer les rendements de la pêche et d'exploiter l'énergie des océans. Enfin, il est apparu que la connaissance des courants atmosphériques est utile aux transports et à l'agriculture et que la prévision dans le domaine de l'activité volcanique épargne

des vies humaines et limite l'étendue des dégâts matériels. De nos jours, on utilise couramment des techniques de pointe pour mesurer la composition de l'atmosphère, de l'eau, du sol, ainsi que des moyens informatiques sophistiqués pour étudier la troisième dimension de la Terre, celle de ses profondeurs. Les engins spatiaux qui autrefois ne servaient qu'à porter dans l'espace des armes meurtrières, sont employés pour observer et étudier la Terre dans le seul but d'améliorer les conditions de vie des hommes. Les géologues s'attachent à connaître le passé et le présent de notre planète, de ses éléments solides, liquides et gazeux pour prédire l'avenir. Ils essaient de cerner les causes des changements observés pour y remédier ou pour en tirer parti. L'homme-géologue appréhende la Terre dans sa totalité et progresse avec succès dans la découverte de notre planète, en dépit des nombreux obstacles naturels ou des résistances d'autres hommes. Mais il n'a qu'imparfaitement démêlé l'écheveau des liens qui unissent le passé à l'avenir, la Terre au reste de l'univers, la nature inorganique à la nature animée.

Jusqu'à ce jour, les biologistes ont enregistré l'existence de 1,5 million d'espèces animales et de 500 000 espèces végétales, mais il est certain qu'il en existe beaucoup plus. Un grand nombre d'entre elles, récentes, représentent les derniers maillons ou les derniers instants éphémères d'une longue évolution. Et comme chaque évolution comporte des paliers, on en

▼ ***L'illustration représente les étapes que la connaissance de notre planète a parcourues.***
Si quelqu'un avait dessiné, il y a vingt ans encore, la Terre primitive comme un océan de magma en fusion, bombardé par les projectiles cosmiques, hérissé de colonnes de gaz ardents, on aurait dit qu'il péchait par excès d'imagination. Même aujourd'hui, on sait qu'une telle représentation est probablement éloignée de la vérité. Toutefois, l'étude du matériau cosmique, surtout celui provenant de la Lune, a révélé que les planètes ont traversé, après leur formation, un stade de chaleur ardente, ce qui a été également le cas pour les objets célestes aussi petits que la Lune. Le matériau cosmique, qui fusait dans l'espace, adhérait aux centres de gravité, fusionnait pour former à la surface des planètes, avec la participation de la chaleur radioactive, une croûte qui refroidissait étonnamment vite.

▼ ***La spirale des temps géologiques***
Cette spirale a commencé à une époque où la planète était encore très chaude et n'a guère laissé de traces. Le premier vestige géologiquement « déchiffrable » remonte au moment de l'apparition de l'eau à l'état liquide, soit quelque 800 millions d'années après la naissance de la Terre. Les paléontologues ont retrouvé les premières traces de vie dans des roches vieilles de 3,8 milliards d'années. Avare de ses secrets, la Terre n'en concède que des fragments dont la lecture est extrêmement difficile (Cryptozoïque). Seuls les derniers 600 millions d'années, période baptisée Phanérozoïque (représentée en vert), nous en révèle une relation suivie et fort riche en événements.

▶ ***Quartzite d'Isua (Groenland)***
La présente roche, vieille de 3,8 milliards d'années, provient de la formation d'Isua (Groenland). Elle s'est formée dans l'eau, à une époque où n'existait pas encore l'oxygène atmosphérique.

▼ ***Stromatolithes d'Australie***
L'illustration représente des concrétions calcaires dues à l'activité de colonies de cyanophycées (algues bleues, unicellulaires) vivant de nos jours en Australie occidentale, en milieu sursalé. Or, ce sont des formations analogues qui constituent les plus anciennes roches non magmatiques de la planète.

relève immanquablement dans celle de la vie sur la Terre ainsi que dans celle de la Terre elle-même. On peut envisager chacun de ces paliers comme un croisement non pas de deux mais d'au moins trois voies possibles. Innombrables sont ceux qui ont ponctué l'évolution de notre planète tout le long des quelque 4,6 milliards d'années déjà évoqués. Parmi les plus marquants, citons l'apparition de la vie, certainement l'innovation la plus significative, ou encore la libération de l'oxygène dans l'atmosphère, à l'origine de changements extraordinaires dans le cours de l'évolution. Comparées à cet événement, la disparition des dinosaures, l'apparition des mammifères, voire celle du genre humain, font figure d'épiphénomènes. En revanche, les activités de l'homme moderne et la rapidité avec laquelle il influe sur la composition de l'atmosphère, de l'hydrosphère et de la biosphère, écorce vivante de la Terre, dépassent tout ce qui a pu se

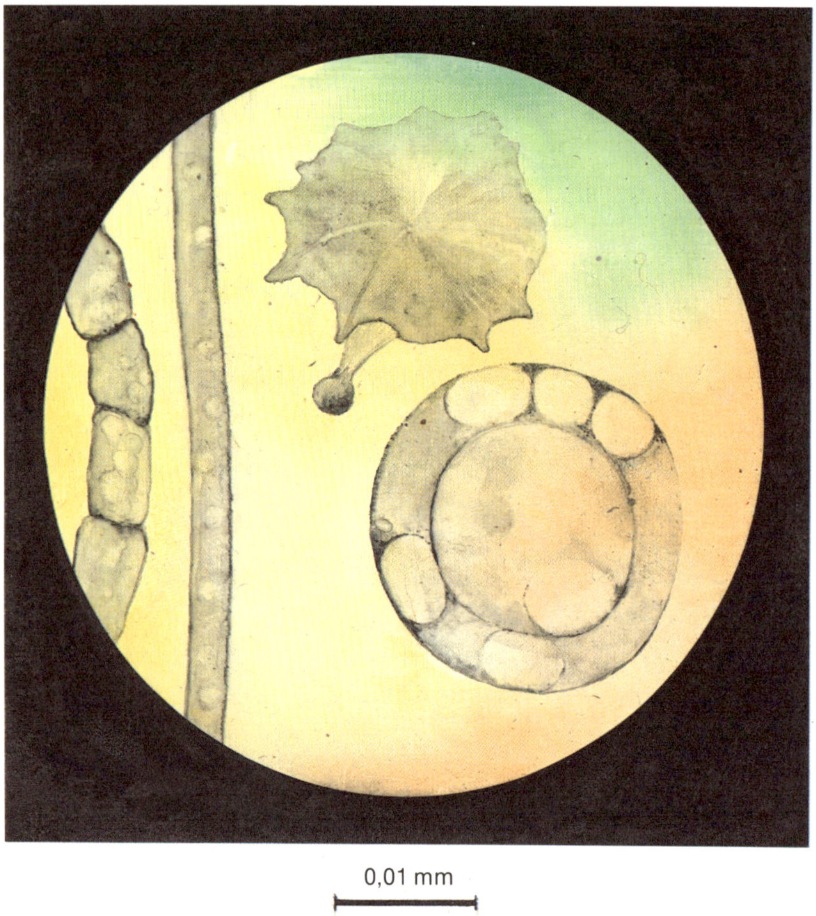

◄ ***Micro-organismes primitifs du Minnesota (Amérique du Nord)***
Ces vestiges d'organismes, découverts dans des roches précambriennes du continent nord-américain, font partie des fossiles les plus anciens. On aperçoit, dans la partie gauche de l'illustration, des filaments appartenant à des algues bleues, organismes très primitifs mais capables d'effectuer la photosynthèse. En haut à droite, une ombelle émise par un minuscule coccoïde (comme on en retrouve dans la formation de Gunflint en Ontario, au Canada). En bas à droite, un sphéroïde lacuneux contenant un coccoïde et entouré par un anneau dans lequel sont piégés d'autres coccoïdes.

► ***Fossiles d'Ediacara (Australie)***
*Le Phanérozoïque, époque encore appelée Temps fossilifères, a commencé il y a 670 millions d'années et correspond à l'étape d'expansion des cellules eucaryotes. Des animaux pluricellulaires à corps nu commencèrent à se développer en milieu aquatique. Les organismes dotés d'un squelette protecteur n'apparurent que bien plus tard. Les deux fossiles représentés ici (*Cyclomedusa *et* Spriggina*) font respectivement penser aux futures méduses et aux futurs vers segmentés ou aux arthropodes.*

◄ ***Structure d'une cellule eucaryote***
Un noyau parfaitement constitué, séparé du cytoplasme par une membrane perméable, des plastes, des vacuoles, des mitochondries et un appareil de Golgi constituent l'équipement normal d'une cellule eucaryote. Une telle cellule est capable de se mouvoir et de se modifier pour s'adapter à la fonction qui lui est attribuée dans l'organisme.

produire dans le lointain passé géologique de notre planète. Depuis le début du XVIIIe siècle, la Terre a perdu 6 millions de kilomètres carrés de forêts.

Les spécialistes ont divisé le cours des temps géologiques en grandes périodes : d'abord le Cryptozoïque (alors que la vie balbutiante était « cachée »), puis le Phanérozoïque (la vie était alors « à nu », à découvert). C'est cette dernière période qu'on subdivise en ères successives : Paléozoïque (ou Primaire), Mésozoïque (ou Secondaire) et Cénozoïque (Tertiaire et Quaternaire). Les frontières entre ces différentes périodes ont été déterminées par des événements fondamentaux à l'échelle planétaire et que l'on peut aujourd'hui qualifier d'écologiques. En étudiant des groupements animaux et végétaux fossiles, les paléontologues ont constaté depuis le siècle dernier que la composition spécifique du règne animal, végétal ou de la totalité de la biocénose subissait des modifications au cours de certaines périodes relativement courtes, et cela à l'échelle mondiale. Par exemple, il y a 440 millions d'années (entre l'Ordovicien et le Silurien), une espèce de trilobite se mit à proliférer tandis que d'autres disparaissaient. Il y a 250 millions d'années (entre le Permien et le Trias, c'est-à-dire entre le Paléozoïque et le Mésozoïque), la plupart des espèces animales disparurent massivement (notamment coraux, poissons, crinoïdes), certains groupes s'éteignant totalement (graptolites, trilobites).

Nous savons aujourd'hui que de telles modifications de la composition des flores et des faunes sont liées à des événements géologiques tels que des mouvements tectoniques (dérive des continents, surrection de montagnes), des variations du niveau des mers (émersion ou immersion d'étendues continentales) ou encore des changements climatiques (glaciations, périodes chaudes).

Les méthodes modernes de datation, fondées sur la radioactivité, ont bouleversé bien des idées sur l'âge de notre planète et l'ancienneté de la vie. Il fallut ajouter quelque six zéros aux 4 000 ans des premières estimations basées sur l'étude minutieuse de textes bibliques. Ainsi, on évalue aujourd'hui l'âge de la Terre à 4,6 milliards d'années. Notons au passage que c'est également l'âge des autres planètes du système solaire ainsi que de l'étoile mère, le Soleil.

Les discussions qui agitaient le monde scientifique dans le passé et qu'on ne réussit jamais à trancher de manière univoque continuent à faire le charme et l'intérêt des sciences de la Terre. Pour illustrer notre propos, évoquons le conflit entre les doctrines catastrophiste et évolutionniste, qui divisa au début du XIXe siècle les naturalistes français Cuvier et Lamarck, au sujet des transformations que subirent les organismes vivants au cours de leur histoire. Ces changements étaient-ils provoqués par des catastrophes ? Résultaient-ils d'une évolution constante ? Notre époque donna en partie raison à chacun d'entre eux. Les recherches effectuées dans le domaine de l'évolution de la Terre et de la vie accordèrent plus de crédit au lamarckisme. En revanche, on dut aussi approuver ceux qui fondaient leurs théories sur les grandes catastrophes et l'expansion de la vie qui s'ensuivit. En effet, la Terre « se remettait » étonnamment vite après chaque cataclysme, donnant le jour à des espèces encore mieux adaptées et « génétiquement » plus résistantes. Cette capacité d'adaptation et les changements subis devinrent par la suite héréditaires.

Dans le domaine scientifique, la victoire n'est jamais absolue. Ainsi, l'histoire reconnut aussi bien les mérites de Lamarck que ceux de Cuvier. L'intérêt des discussions scientifiques ne repose pas sur le triomphe de telle ou telle doctrine, mais plutôt sur l'enrichissement de la connaissance, sur les progrès de la science.

On peut représenter l'évolution de la Terre sous forme d'une succession d'images. Au demeurant, il est possible que les étapes les plus importantes ne soient

▼ ***Poisson fossile du Dévonien***
Les fossiles primitifs découverts à Ediacara (Australie méridionale) ont plus de 600 millions d'années. Plus de 200 millions d'années les séparent d'un poisson aussi évolué que ce représentant du genre Paramblypterus *apparu au début du Dévonien.*

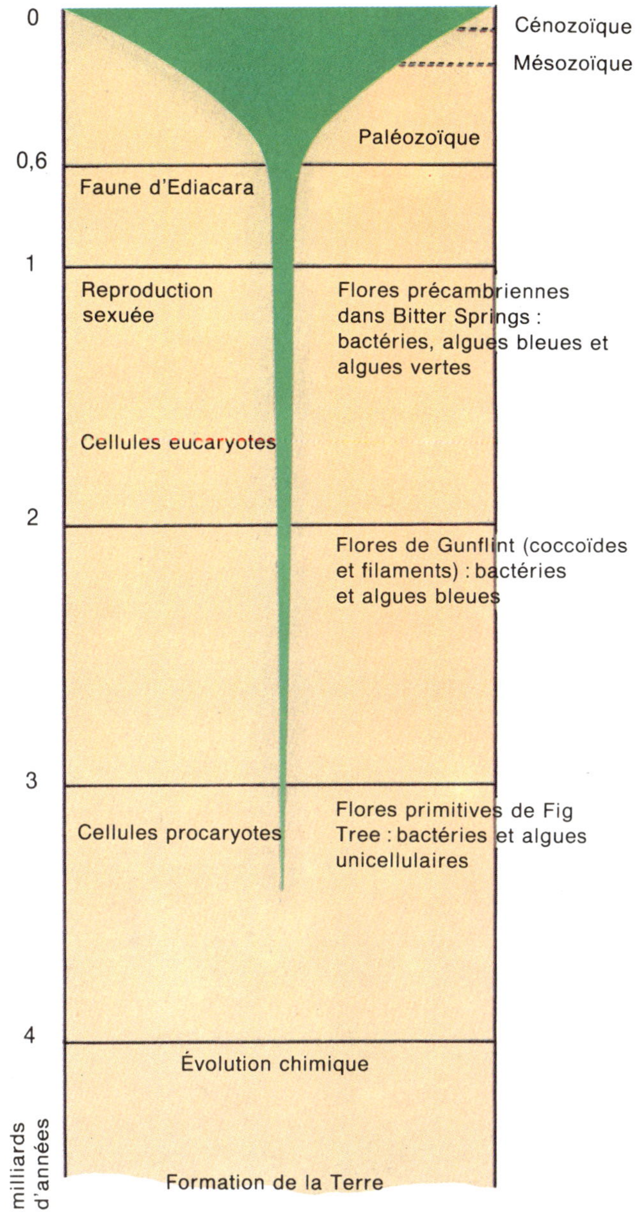

◀ ***Schéma traduisant l'évolution diversificatrice du monde vivant***
Noter le rapide accroissement de la diversité à partir de l'ère Primaire (matérialisée ici par l'élargissement de l'entonnoir). Ce schéma ne signale ni l'extinction ni le renouvellement des espèces.

pas enregistrées, les premiers épisodes de l'histoire planétaire ayant été en partie masqués par des événements plus récents (voir dessin p. 12). La période la plus longue de l'évolution de notre planète, dont nous n'avons aucune trace, est représentée en marron clair.

En dépit de cet obstacle, l'homme tâche de remonter jusqu'au commencement : aux premières roches, aux premiers signes de vie. Malheureusement, les rares informations inscrites dans la roche ne nous renseignent guère sur cette origine, entourée d'une aura mystique et irrésistible pour un chercheur. Ce dernier tente donc une autre approche : étude des météorites, résidus des matériaux qui intervinrent dans la formation des planètes, observation des surfaces de la Lune et des planètes voisines. L'étude des autres objets célestes nous permet en effet de déduire comment se sont enchaînées les toutes premières étapes.

Nous savons que la Terre traversa une « période chaude » dans ses débuts, pendant plusieurs millions d'années. Elle s'est formée de la manière suivante : grâce au processus de l'accrétion, le centre de gravité attira quantité de particules plus ou moins grandes, de météorites, de poussières et de matériaux disparates qui se trouvaient dans la zone d'influence du corps naissant. Le processus d'accrétion étant extrêmement rapide, la condensation gravimétrique libérait une grande quantité de chaleur (par la transformation de l'énergie cinétique en énergie thermique). Des transformations d'éléments radioactifs (dont certains nous restent encore inconnus et dont nous soupçonnons l'existence par des signes indirects) fournirent une autre source de chaleur, probablement tout aussi importante. Dans la planète en fusion, composants métalliques et composants siliceux se séparèrent, les substances gazeuses s'échappèrent et la Terre se trouva progressivement formée d'un noyau, d'une croûte et d'une atmosphère. Il est fort probable que sa surface se couvrit de mers de lave très vite refroidies. Au sein du magma, les différences de température et de composition induirent des courants intenses circulant rapidement dans le manteau et le noyau. Le Soleil traversait alors une période particulièrement agitée de sa propre évolution, projetant une grande quantité de particules dans l'espace. Il est probable que ce vent solaire balaya et emporta l'atmosphère originelle terrestre. En revanche, l'intensité du rayonnement solaire était relativement basse et l'on estime qu'elle correspondrait à 60-70 % de l'activité actuelle.

Quelque 800 millions d'années s'écoulèrent avant que l'eau n'apparût à l'état liquide. En témoignent des roches datées de 3,8 milliards d'années, anciens sédiments déposés en milieu marin. La condensation de l'eau représente une étape importante dans l'évolution de la Terre, dont la surface se refroidit par endroits à moins de 100 °C, l'eau jouant un rôle de régulateur thermique. L'évaporation, le gel, la fonte des glaces sont autant de processus de régulation thermique à la surface terrestre. La masse d'eau stockée dans les calottes polaires, dans les océans et dans l'atmosphère freine considérablement les déperditions thermiques.

À l'origine, la Terre semblait peu propice à l'apparition de la vie. L'atmosphère initiale différait grande-

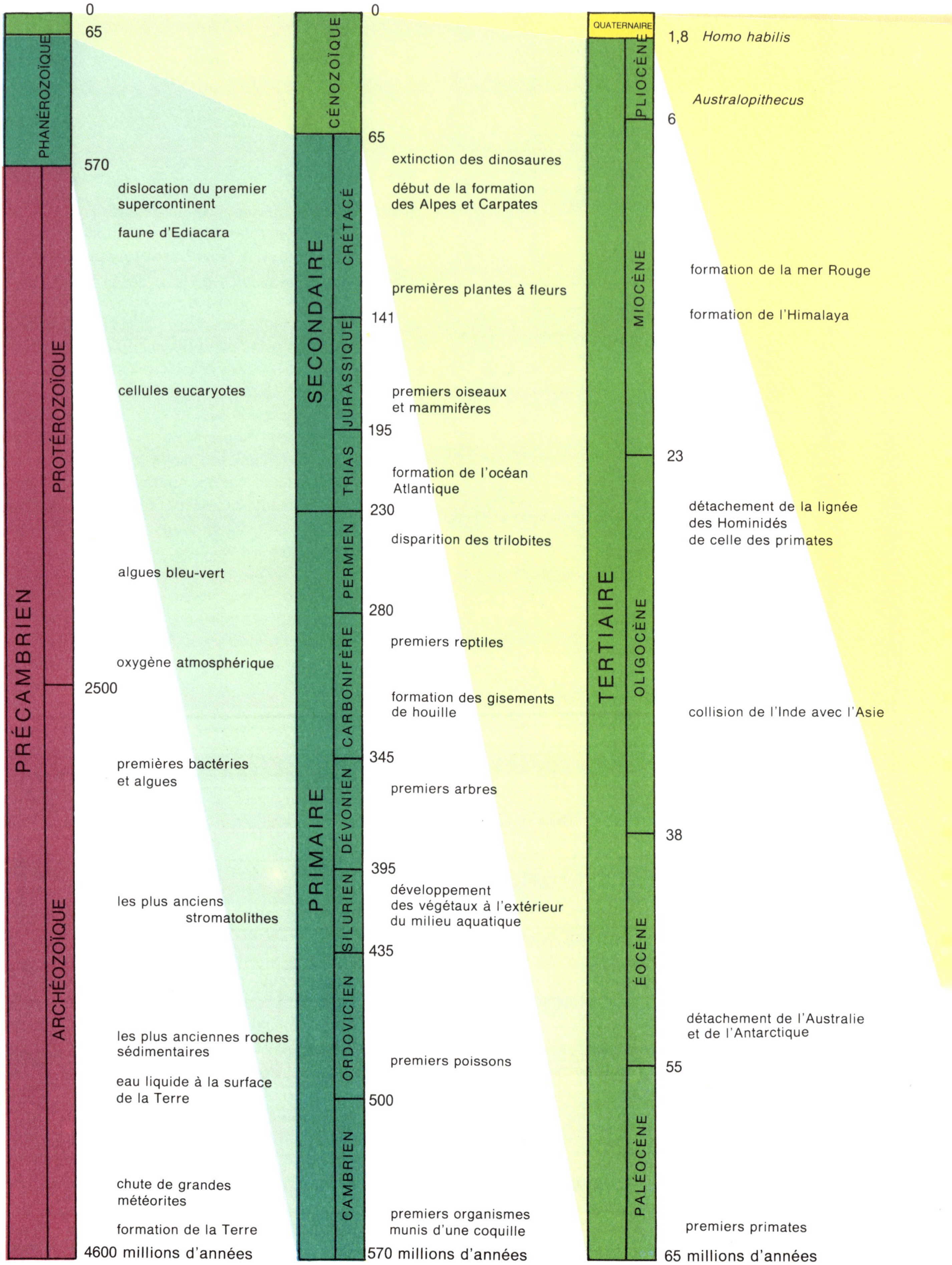
0
65
PHANÉROZOÏQUE
570
dislocation du premier supercontinent
faune d'Ediacara
PROTÉROZOÏQUE
cellules eucaryotes
algues bleu-vert
PRÉCAMBRIEN
oxygène atmosphérique
2500
premières bactéries et algues
ARCHÉOZOÏQUE
les plus anciens stromatolithes
les plus anciennes roches sédimentaires
eau liquide à la surface de la Terre
chute de grandes météorites
formation de la Terre
4600 millions d'années
0
CÉNOZOÏQUE
65
extinction des dinosaures
SECONDAIRE
CRÉTACÉ
début de la formation des Alpes et Carpates
premières plantes à fleurs
141
JURASSIQUE
premiers oiseaux et mammifères
195
TRIAS
formation de l'océan Atlantique
230
PERMIEN
disparition des trilobites
280
PRIMAIRE
CARBONIFÈRE
premiers reptiles
formation des gisements de houille
345
DÉVONIEN
premiers arbres
395
SILURIEN
développement des végétaux à l'extérieur du milieu aquatique
435
ORDOVICIEN
premiers poissons
500
CAMBRIEN
premiers organismes munis d'une coquille
570 millions d'années
QUATERNAIRE
1,8 Homo habilis
PLIOCÈNE
Australopithecus
6
MIOCÈNE
formation de la mer Rouge
formation de l'Himalaya
23
TERTIAIRE
OLIGOCÈNE
détachement de la lignée des Hominidés de celle des primates
collision de l'Inde avec l'Asie
38
ÉOCÈNE
détachement de l'Australie et de l'Antarctique
55
PALÉOCÈNE
premiers primates
65 millions d'années

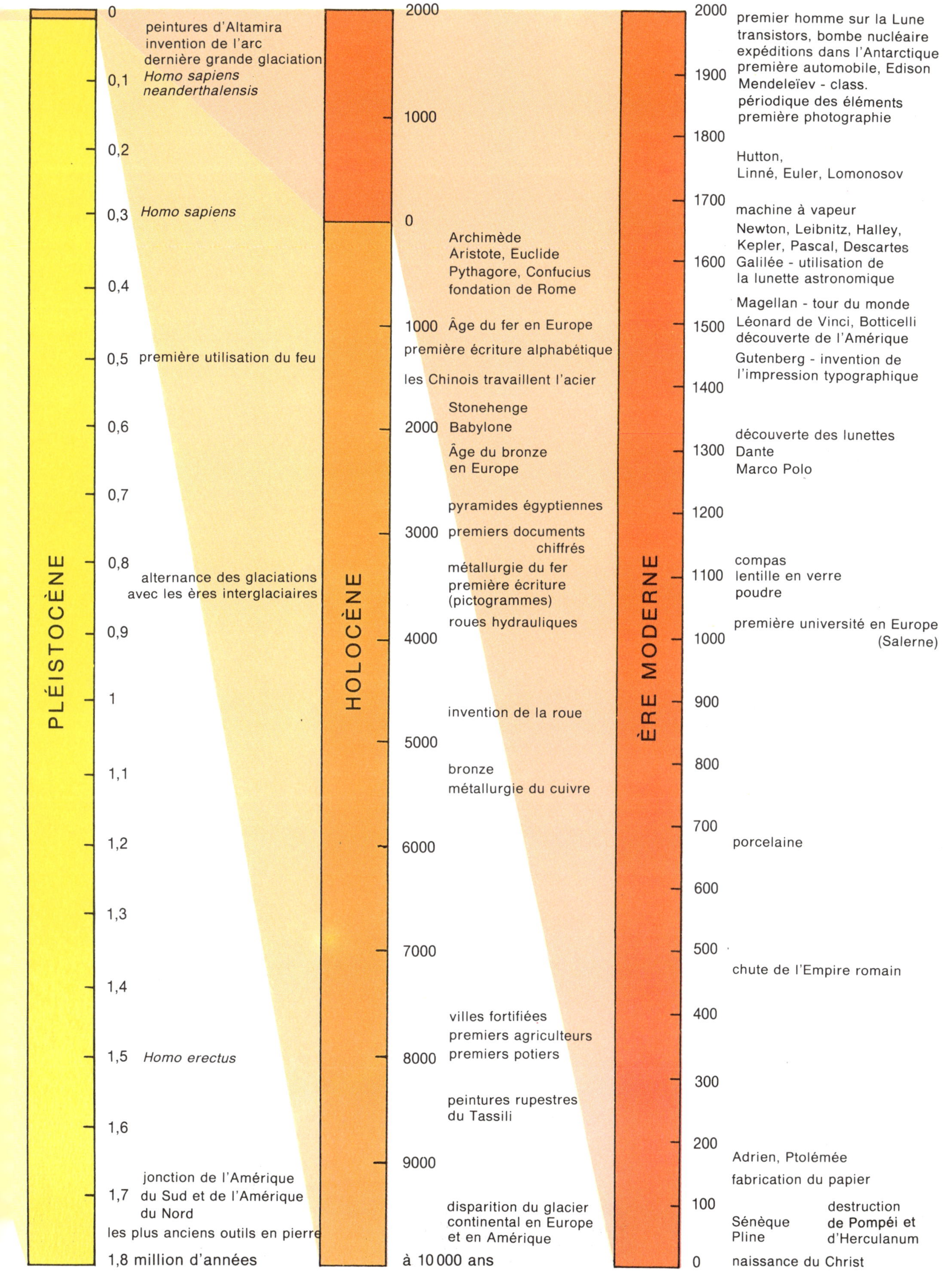
PLÉISTOCÈNE
0
peintures d'Altamira
invention de l'arc
dernière grande glaciation
0,1 *Homo sapiens neanderthalensis*
0,2
0,3 *Homo sapiens*
0,4
0,5 première utilisation du feu
0,6
0,7
0,8
alternance des glaciations avec les ères interglaciaires
0,9
1
1,1
1,2
1,3
1,4
1,5 *Homo erectus*
1,6
1,7 jonction de l'Amérique du Sud et de l'Amérique du Nord
les plus anciens outils en pierre
1,8 million d'années
HOLOCÈNE
2000
1000
0
Archimède
Aristote, Euclide
Pythagore, Confucius
fondation de Rome
1000 Âge du fer en Europe
première écriture alphabétique
les Chinois travaillent l'acier
Stonehenge
2000 Babylone
Âge du bronze en Europe
pyramides égyptiennes
3000 premiers documents chiffrés
métallurgie du fer
première écriture (pictogrammes)
roues hydrauliques
4000
invention de la roue
5000
bronze
métallurgie du cuivre
6000
7000
villes fortifiées
premiers agriculteurs
8000 premiers potiers
peintures rupestres du Tassili
9000
disparition du glacier continental en Europe et en Amérique
à 10 000 ans
ÈRE MODERNE
2000 premier homme sur la Lune
transistors, bombe nucléaire
expéditions dans l'Antarctique
1900 première automobile, Edison
Mendeleïev - class. périodique des éléments
première photographie
1800
Hutton,
Linné, Euler, Lomonosov
1700 machine à vapeur
Newton, Leibnitz, Halley,
Kepler, Pascal, Descartes
1600 Galilée - utilisation de la lunette astronomique
Magellan - tour du monde
1500 Léonard de Vinci, Botticelli
découverte de l'Amérique
Gutenberg - invention de l'impression typographique
1400
découverte des lunettes
1300 Dante
Marco Polo
1200
compas
1100 lentille en verre
poudre
première université en Europe (Salerne)
1000
900
800
700 porcelaine
600
500
chute de l'Empire romain
400
300
200
Adrien, Ptolémée
fabrication du papier
100
Sénèque
Pline
destruction de Pompéi et d'Herculanum
0 naissance du Christ

ment de l'atmosphère actuelle : elle était constituée d'azote, d'hydrogène et d'hélium, ces deux derniers gaz, très légers, ayant sans doute vite échappé à l'attraction terrestre. Il ne serait demeuré que des composés hydrogénés de l'azote et du carbone. Tous les scientifiques, d'ailleurs, ne sont pas d'accord sur la composition de cette atmosphère primitive, avec ou sans méthane, gaz carbonique et ammoniac. Pourtant, un moyen de connaissance fiable nous est fourni par l'analyse des gaz émis par les volcans. Par exemple, les volcans des îles Hawaii libèrent (en valeurs approchées) 55 % de vapeur d'eau, 25 % de gaz carbonique, 10 % de sulfures et 5 % d'azote, ainsi que de nombreux autres composés en faibles quantités. Or ces produits de l'activité volcanique ne se prêtent pas au développement d'êtres vivants.

L'étude des roches les plus anciennes révèle cependant des signes de vie, certes très difficiles à interpréter. Plus tard, se formèrent en effet des stromatolithes. Ces formations marines apportent la preuve de l'existence d'organismes vivants, des algues bleues probablement, comme celles qui sont à l'origine des stromatolithes actuels.

De fait, la vie semble s'être manifestée d'abord par des amas de matière organique doués de propriétés singulières et qui se sont organisés sur différents modèles pour donner, entre autres, divers types de bactéries et d'algues primitives. De tels amas finirent par s'entourer d'une paroi (la membrane cellulaire) avec, au centre de cette cellule ainsi ébauchée, une condensation de matière spéciale formant l'embryon d'un noyau. On en est alors au stade de la cellule dite procaryote. Puis ce noyau embryonnaire finira par s'entourer à son tour d'une paroi (la membrane nu-

▼ ***Rôle protecteur de la végétation***
La couverture végétale est un agent protecteur du sol. Tout ce qui concourt à son appauvrissement est un signe de dégradation pédologique. Que disparaissent arbres, buissons et herbes, l'humus fertilisant n'est plus renouvelé, le sol n'est plus maintenu en place par les racines : il est alors stérilisé ou emporté. La forme la plus visible et parfois spectaculaire est le lessivage et le ravinement par l'eau. Une forme plus insidieuse mais tout aussi néfaste est l'absence ou la trop grande lenteur de reconstitution de l'horizon humique.

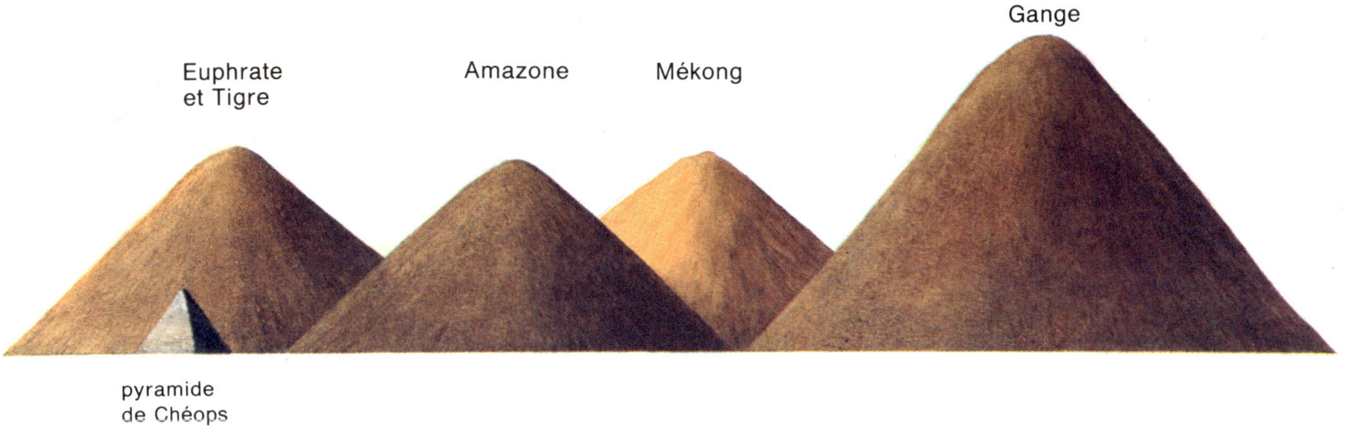

▲ ***Importance des volumes de matériaux sédimentaires produits par l'érosion***
La petite pyramide de gauche représente la pyramide de Chéops, merveille de l'habileté et de l'ingéniosité des hommes. Les autres éminences correspondent par leur volume à des dizaines, voire des centaines de constructions analogues. Leur taille est proportionnelle aux quantités de matériaux détritiques solides que les fleuves désignés transportent chaque année jusqu'à la mer. La présence de ces matériaux dans les fleuves est due en partie à l'activité de l'homme, principalement l'exploitation agricole et le déboisement intensif.

cléaire). Ainsi est atteint le stade de la cellule eucaryote.Ce n'est que dans les roches datées d'environ –700 à –650 millions d'années que se multiplient les vestiges fossiles d'organismes eucaryotes.

Ce qui est extraordinaire, c'est qu'après 3 milliards d'années nécessaires pour réaliser la cellule eucaryote, il ne fallut que très peu de temps pour passer d'organismes formés d'une seule cellule (les unicellulaires ou protistes) à des organismes pluricellulaires, animaux et végétaux. Ce furent d'abord des corps mous et nus. Puis au Cambrien (c'est-à-dire au début de l'ère Primaire, il y a 570 millions d'années) apparurent des archéocyathes, premiers organismes capables de fixer le carbonate de calcium de l'eau de mer pour se fabriquer un squelette calcaire protecteur. Ensuite, ce fut l'explosion des formes vivantes, dans leur extrême diversité, l'ère du Phanérozoïque, les Temps fossilifères.

La vie revêtit des millions de formes différentes et quitta la mer pour se répandre sur la terre ferme. Tandis que se développaient des poissons, des amphibiens, des reptiles, des oiseaux, des mammifères (dont l'homme), de nombreuses espèces animales et végétales disparaissaient. Notre film s'achève. Les derniers

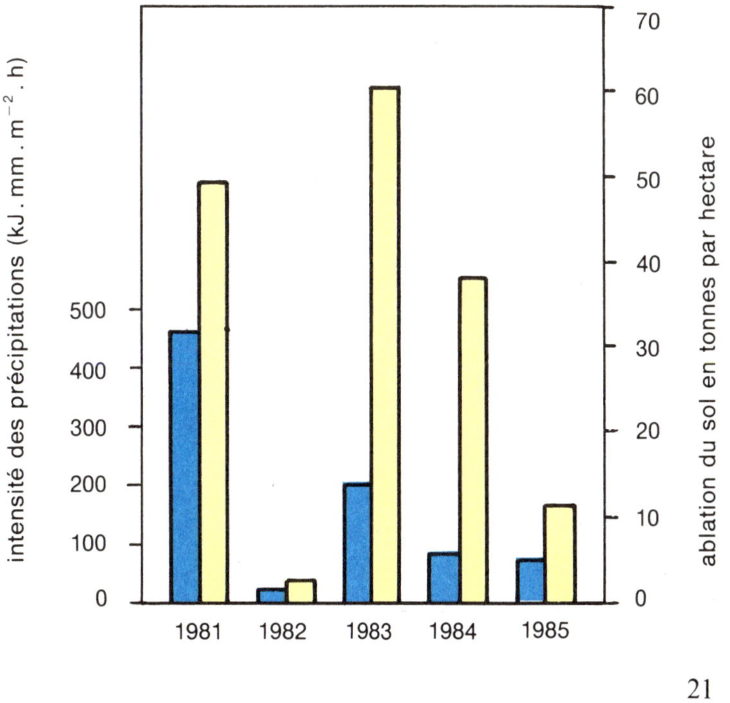

▶ ***Rôle des pluies dans l'érosion des sols***
Les précipitations peuvent exercer une action dévastatrice sur l'horizon des sols, surtout dans les régions déboisées et sur des terres cultivées. Le diagramme proposé par un observatoire de Nicosie (Chypre) montre la corrélation entre la force des pluies (colonnes bleues) et la quantité de sol emporté (colonnes jaunes). Plus les précipitations sont violentes, plus l'abrasion du sol est rapide.

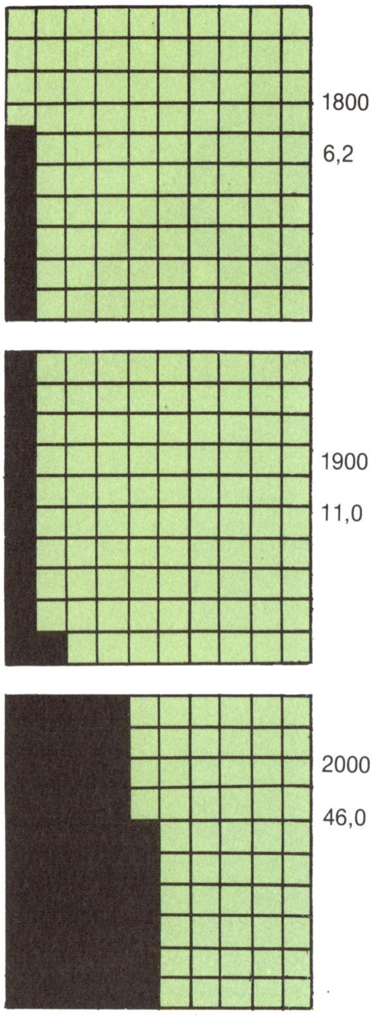

◀ ***Évolution de la densité des peuplements humains au cours des deux derniers siècles***
Un kilomètre carré est une petite surface à l'échelle de la planète. Si on compare le nombre d'habitants de la Terre et la superficie des continents, on constate qu'en l'an 2000, chaque kilomètre carré (y compris celui qui se trouve au Sahara) sera peuplé de 46 personnes. En 1900, la densité de la population était de 11 habitants par kilomètre carré; en 1800, elle était de 6,2 habitants par kilomètre carré.

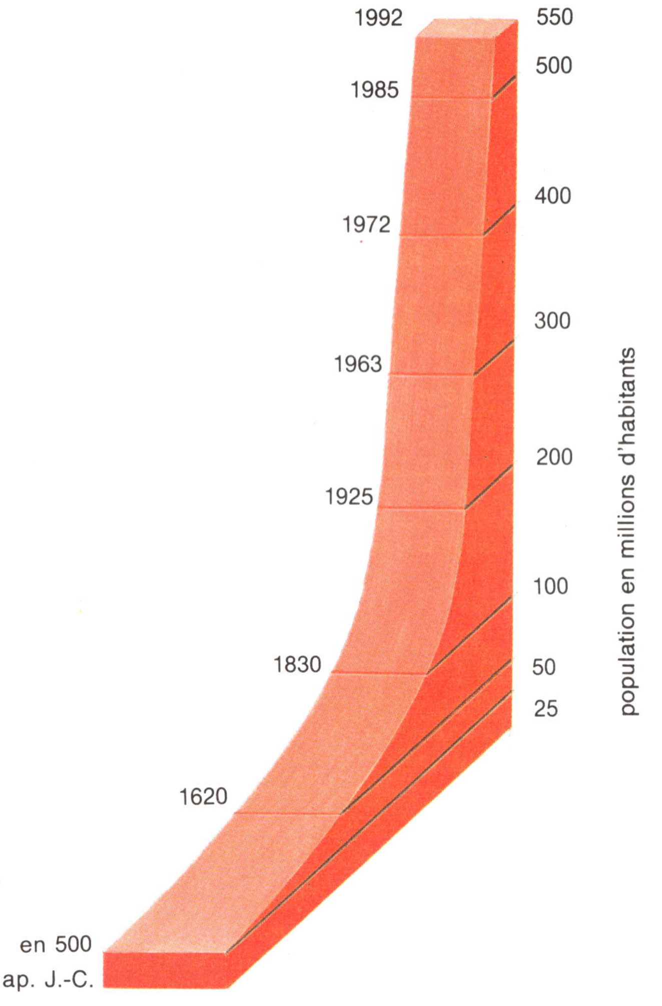

▶ ***Courbe de l'accroissement démographique de l'espèce humaine***
À cet accroissement correspondent des besoins sans cesse accrus en matières premières et en énergie.

670 millions d'années sont si riches que les images se superposent, les transformations se succèdent et s'accélèrent tant et si bien que le film n'a pas le temps de défiler.

L'évolution de la vie sur notre planète est comparable aux préparatifs d'un lancement de fusée spatiale : préparatifs interminables, mise à feu lente, décollage et accélération jusqu'à ce que l'engin atteigne une vitesse cosmique vertigineuse. Toute cette histoire est enregistrée dans les roches de la croûte terrestre. Sédiments, roches, minéraux et fossiles appartiennent tous au même monde mort. Ce monde que nous cotoyons paraît figé, froid, peu attrayant, parce que dépourvu de la dynamique du mouvement, de la croissance et du cycle de naissances et de dépérissements, apanages de la matière vivante. Au demeurant, toute la planète semble inanimée : des milliards de tonnes de matière inorganique. Seule une mince pellicule, l'extrême surface de l'écorce terrestre où la terre ferme, l'eau et l'air se rencontrent, est génératrice de vie.

L'étude des profondeurs de la Terre peut paraître inutile, voire insensée car ce qui se passe à la surface est déjà suffisamment effrayant. La notion de surface terrestre doit évoquer aussi bien les abysses océaniques qui atteignent jusqu'à 11 kilomètres de profondeur que les sommets les plus hauts qui approchent 8 000 mètres d'altitude. Les deux doivent être associés à l'idée de vie. Toutefois, si l'on essaie de représenter graphiquement les quelque 6 500 kilomètres du rayon de la Terre à l'équateur et les 19 kilomètres qui séparent le sommet le plus haut de la fosse océanique la plus profonde, cette dernière distance paraît insignifiante. On a l'impression qu'il n'existe aucune relation entre la vie qui bat à la surface et les roches qui se trouvent parfois à plusieurs kilomètres de profondeur. Or certaines recèlent des fossiles. Dans le même ordre d'idées, peut-on sérieusement considérer l'hypothèse selon laquelle le noyau de la Terre pourrait jouer un rôle dans l'évolution de la vie ? *A priori*, cela semble dénué de bon sens. Et pourtant, dans la zone de contact entre le noyau et le manteau, frontière entre les composants métalliques lourds et les composants siliceux plus légers, naissent des courants électriques puissants, comparables à ceux produits entre le moteur et l'enveloppe d'une dynamo. La physique élémentaire enseigne que le courant électrique engendre des

▶ ***Évolution prévisible du pourcentage de personnes en mesure de travailler dans le tiers monde au cours du prochain demi-siècle***
Le diagramme représente le nombre d'habitants par tranche d'âge dans les pays industrialisés (à droite) et dans les pays en voie de développement (à gauche) ; dans ces derniers, 37 % de la population totale ont moins de quinze ans. Vers l'an 2000, les adolescents actuels parviendront à l'âge adulte et l'on estime que d'ici 2050, le nombre de personnes en état de travailler triplera dans le tiers monde.

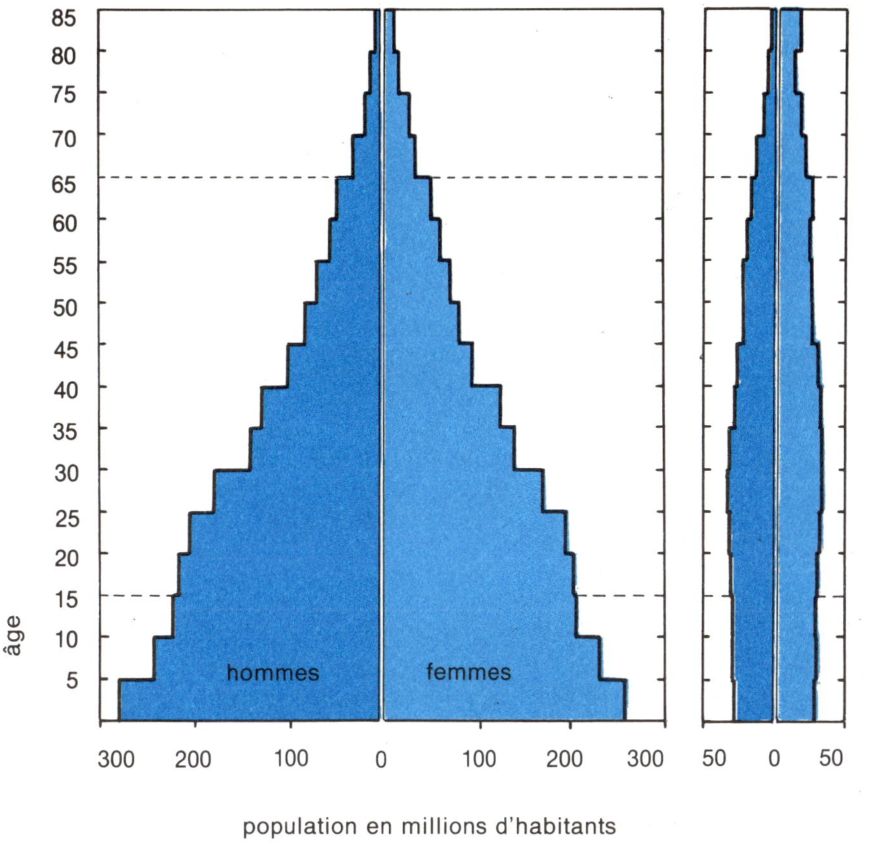

champs magnétiques. Sans son champ magnétique, la Terre serait bien plus exposée aux bombardements de particules cosmiques chargées d'électricité. Dans ces conditions, la vie s'y serait développée tout autrement ou bien n'y existerait pas. On peut déduire toute une série de recoupements analogues. Ainsi, pour appréhender la Terre dans sa totalité et pour se situer dans cet ensemble, il faut inévitablement s'intéresser aux régions dans lesquelles l'humanité plaçait jadis les enfers, zone de formation des gaz constituants de

▶ ***Trois hypothèses (a, b, c) sur le taux d'évolution démographique d'ici 2025***
Avec un taux de 1,74 % par an jusqu'à l'an 2000 :
a) si après cette date le taux d'accroissement baisse à 0,98 % par an, la population mondiale comptera environ 8,5 milliards d'habitants en 2025 (courbe 1) ;
b) avec un taux de 0,59 % : 7,6 milliards (courbe 2) ;
c) avec un taux de 1,9 % : 10 milliards de personnes (courbe 3).

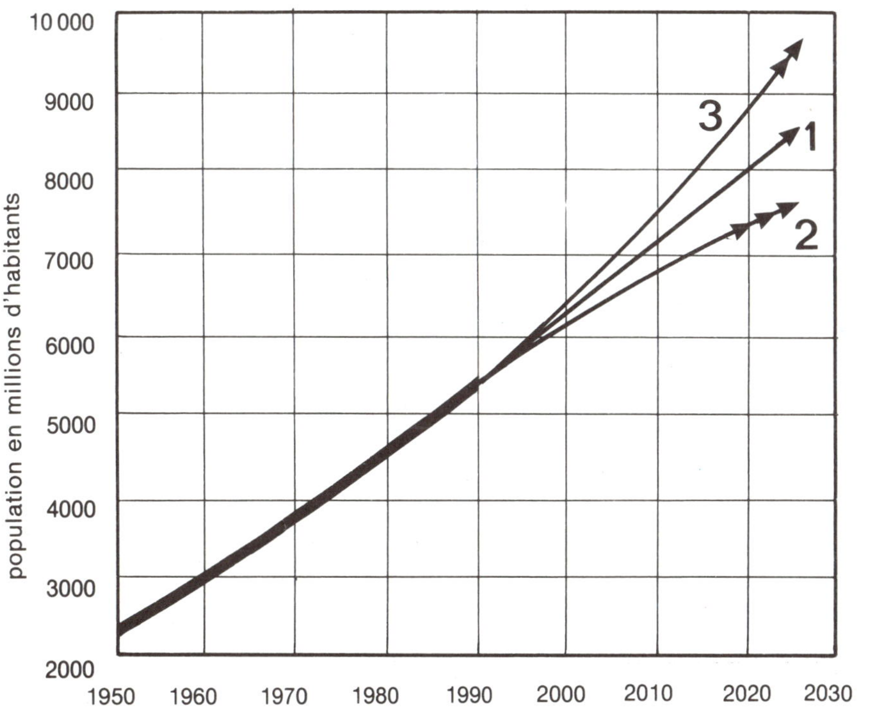

▶ ***Réduction du temps de mise en application d'une découverte ou d'une technologie de 1900 à nos jours***
Le graphique illustre l'évolution de ce phénomène. Vers le milieu du XVIe siècle, on a constaté que les agrumes prévenaient le scorbut : il a cependant fallu 264 ans avant que cette observation ne soit incluse dans le règlement de la marine britannique ; 112 ans se sont écoulés entre la découverte du principe de la photographie et la prise du premier cliché. Mais seulement 15 ans ont séparé la découverte du principe du radar de sa première application, et l'utilisation en série des premiers cristaux liquides n'a demandé que 12 mois.

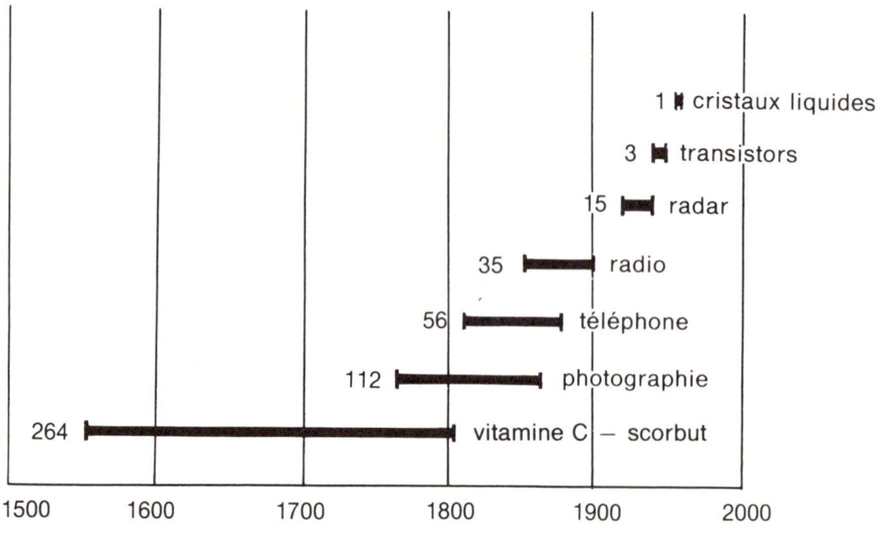

l'atmosphère et du champ magnétique de la planète.

L'homme ne vit qu'en apparence détaché du milieu abiotique. Il dispose d'une expérience biologique qu'il a en partie héritée de ses ancêtres et pour le reste acquise au cours de son évolution. Son expérience de la nature est déterminée par le temps qui lui est imparti, et comme chaque homme ne dispose que d'une infime parcelle des temps géologiques, son expérience est à l'image de ce handicap. De courte durée, elle se fonde sur des situations extrêmement éphémères, telles que le cycle printemps-été-automne-hiver, l'alternance des saisons de sécheresse et de pluie. Elle se reflète dans les calendriers de nos ancêtres, lesquels se référaient à leur propre existence, à celle de la génération précédente et éventuellement future.

Ce que l'on appelle aujourd'hui démarche écologique et que l'on considère comme une trouvaille, comme une victoire intellectuelle de la fin du XXe siècle, nos ancêtres le formulaient déjà dans les mythes et légendes, dans leurs coutumes et dictons. Maintes sagesses écologiques sur l'eau, l'alimentation et la nature vivante sont exprimées dans les contes. Il suffit de les lire attentivement.

Nos ancêtres savaient élaborer de longs enchaînements écologiques grâce à une technologie qui n'engendrait guère de déchets, alors que notre époque lutte désespérément contre l'excès d'ordures et contre la saturation de la nature. Les paysans savaient que dans une ferme, il fallait avoir un chat pour empêcher les souris de manger le grain. Pour améliorer le sol, ils utilisaient comme engrais les os, mélangés aux excréments d'animaux domestiques et à la cendre des foyers dans lesquels on brûlait le bois. Cette pratique n'était que bénéfique. Mais que dire des pratiques actuelles, fruits d'une technologie avancée ?

Les civilisations très évoluées du Proche-Orient et des contours de la Méditerranée comprirent rapidement que l'irrigation du sol les mettait à l'abri des caprices du climat tout en augmentant plusieurs fois la productivité des terres. Les paysans se mirent alors

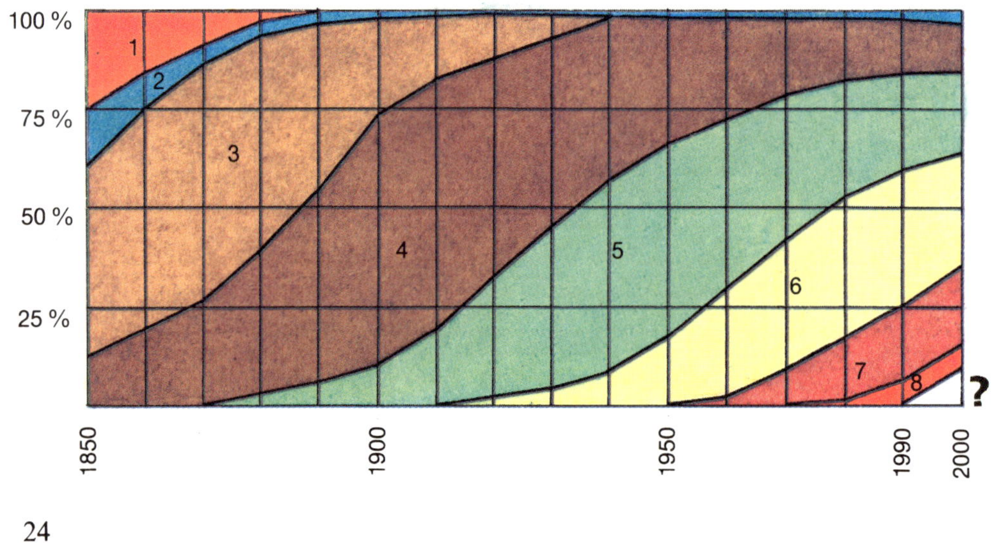

◀ ***Évolution des pourcentages de consommation des divers types d'énergie de 1850 à nos jours***
1 - force musculaire
2 - vent et eau
3 - bois
4 - charbon
5 - pétrole
6 - gaz naturel
7 - éléments radioactifs
8 - Soleil, marées, chaleur terrestre

à puiser l'eau souterraine, à irriguer les champs par un réseau d'innombrables canaux qui drainaient l'eau de grands fleuves, en utilisant la roue d'Archimède et d'autres inventions ou astuces technologiques. Ils obtinrent ainsi de brillants résultats. Soudain, la Terre se comporta de manière insolite : le sel affleurant, les récoltes devinrent mauvaises, les régions fertiles se transformèrent en déserts de sel. Mais il est inutile d'aller chercher des exemples jusque dans l'Antiquité. En Amérique du Nord, au début du XXe siècle, le niveau de la nappe phréatique baissa de plusieurs mètres dans les couches perméables, en raison d'un pompage excessif. Les régions dont les moutons détruisirent la couverture herbacée et buissonnante, celles où l'on procéda au défrichage intensif, subirent une érosion très importante. Ce fut le cas du pourtour méditerranéen. L'érosion du sol y fut si intense qu'on ne songe même plus aujourd'hui à cultiver ces terres. Il faudra attendre plusieurs dizaines de générations avant que les sols ne deviennent à nouveau arables.

Ces catastrophes résultent de notre méconnaissance du Grand Tout indissociable qu'est la nature (animée et inanimée). Les cas cités sont l'aboutissement de longs processus qu'une seule génération ne pouvait ni remarquer ni appréhender, qu'un seul individu n'était pas en mesure d'exprimer sous forme d'un conte, d'une légende ou d'une sagesse populaire.

S'il est vrai qu'un horizon pédologique qui mit peut-être un million d'années à se former peut s'épuiser en une génération s'il est exposé à des cultures intensives et soumis à un traitement inadapté, il peut aussi se régénérer en un millénaire si toutes les conditions favorables sont réunies. Avec une humidité et une couverture végétale suffisantes, le sol se renouvelle grâce à l'action de l'eau et des organismes, l'homme pouvant prendre une part active dans ce processus. On peut aussi en quelques siècles remédier à l'épuisement des nappes phréatiques dans la mesure où les conditions climatiques n'ont pas été modifiées. Les équilibres perturbés peuvent donc se reconstituer, à l'instar des sources de matière organique.

En revanche, l'homme est totalement tributaire des sources non renouvelables. Dans ce cas, ses interventions sont irrémédiables, définitives ; le charbon ne se reformera pas dans une mine désaffectée, un gisement de pétrole épuisé ne se remplira pas une nouvelle fois. Le minerai extrait d'un gisement métallifère laisse dans le sol une grande plaie qui ne cicatrisera jamais. Que devient le charbon que nous brûlons ? Il se transforme en un peu de cendres et en une grande quantité de gaz carbonique, mais cette réponse n'est guère satisfaisante. Ni celles qu'on fera sur le devenir des rebuts miniers abandonnés dans les décharges ou sur le gaspillage des réserves d'eau que les précipitations n'arrivent pas à renouveler. Que penser du devenir des océans si nous continuons à y déverser autant de matière que dans les années 1980 ou du sort des fleuves qui véhiculent beaucoup plus d'alluvions que par le passé ? En vérité, le gaspillage des sources non renouvelables de matière et d'énergie fossiles, tout comme

▼ ***Plan d'utilisation des sols en Europe centrale (région à forte densité humaine)***
Pourcentages des différents types d'exploitation :
agriculture, 55 % ;
sylviculture, 30 % ;
bâtiments et construction, 6 % ;
voies de communication, 5 % ;
plans et cours d'eau, 2 % ;
divers (terrains de sport, décharges, terres laissées à l'abandon), 2 %.

l'exploitation excessive des ressources renouvelables conduisent l'humanité sur une voie sans retour. Or le recyclage systématique de tout ce qui est extrait du sous-sol n'est pas encore ancré dans nos habitudes, si bien que la Terre risque de devenir un énorme dépôt de détritus. Ce ne sera pas forcément un tas de cendres, de métaux rouillés ou d'ordures ménagères : ce sera aussi bien une accumulation invisible de gaz dont on sait pertinemment qu'elle est responsable de sérieuses perturbations dans l'atmosphère. Dans quelle mesure l'homme saura-t-il tenir compte à temps des erreurs du passé et en tirer profit ? Comment peut-il concilier sa recherche d'intérêts immédiats dans le temps de quelques générations et ce que devrait lui imposer une vision plus objective de la lente évolution de la planète ?

Prenons l'exemple du cycle du carbone. C'est au cours d'une évolution étalée sur plusieurs dizaines de millions d'années, à la fin de l'ère Primaire, que les végétaux de la forêt houillère ont absorbé le gaz carbonique dont l'atmosphère était particulièrement riche, trouvant dans le rayonnement solaire l'énergie nécessaire à la photosynthèse. Le carbone ainsi fixé dans la matière organique végétale s'est retrouvé mêlé, après la disparition des forêts, aux éléments minéraux des vases qui ont enseveli les plantes mortes. Des micro-organismes ont transformé le tout en charbon. Matière et énergie ont ainsi été fossilisées. Le fait que l'homme, beaucoup plus tard, utilise en un temps extrêmement court cette matière organique fossile pour en libérer l'énergie, entraîne une rupture brutale d'un équilibre très lentement réalisé.

Les géologues parviennent à évaluer les quantités de roches magmatiques montées des profondeurs ou de roches sédimentaires déposées au cours des temps géologiques. L'étude des formations sédimentaires leur permet de déterminer la nature et la quantité de matériaux transportés par les fleuves dans les temps anciens et de comparer ces résultats à la situation actuelle. On estime qu'au cours des derniers 650 millions d'années, les fleuves ont annuellement déversé dans les océans 25 millions de tonnes de fer, 375 000 tonnes de cuivre.

Si l'on compare ce flux naturel au flux artificiel dont l'homme est responsable à notre époque (voir tableau p. 187), on ne peut être qu'alarmé au plus haut point : ce sont en effet plus de 300 millions de tonnes de fer, 1,6 million de tonne de cuivre qui sont annuellement déversés dans l'océan. À ce train, les réserves seront vite épuisées.

En un temps extrêmement bref, dans le but d'améliorer ses conditions de vie, l'homme rompt les équilibres naturels des répartitions de matière et d'énergie, perturbant gravement le cours de l'évolution de la planète. En vérité, ce comportement irresponsable hypothèque l'avenir de la Terre, et par conséquent l'avenir de l'humanité. Or, si la plupart des pays industrialisés sont conscients de la situation, sont-ils vrai-

▼ *Carte des zones arides (en marron) et des zones à risque de désertification moyen (jaune), fort (orange), très fort (rouge)*

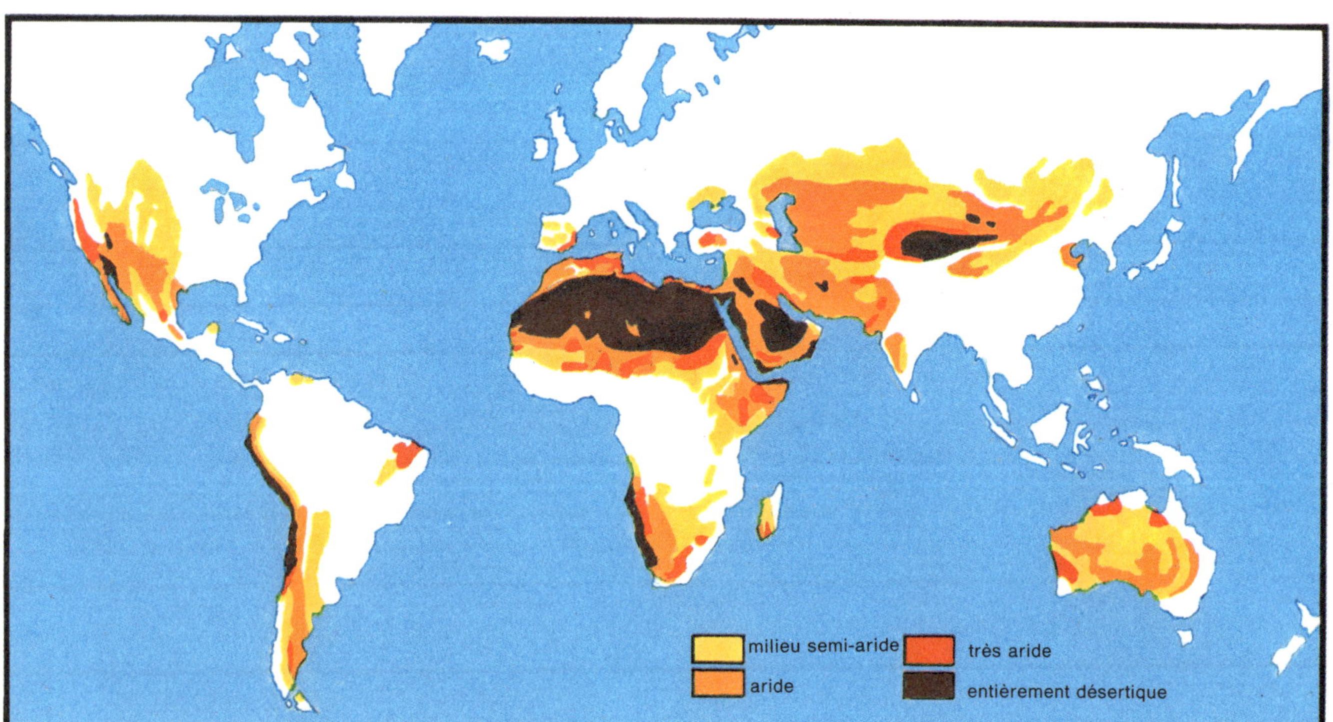

▲ ***Le combat de l'homme contre le désert : oasis artificielles en Libye***
Les « soleils verts » du plateau d'Al Kufrah (Libye) sont des oasis artificielles où l'on cultive le blé. Un forage profond au centre de l'oasis pénètre jusqu'à la nappe phréatique. Chaque forage permet d'irriguer une superficie d'environ 0,7 kilomètre carré. Ce moyen permet incontestablement de valoriser la région. Malheureusement, ce type d'irrigation intensive risque à long terme de dégrader le sol en augmentant sa salinité.

ment disposés à renoncer à leur confort, aux appartements chauffés ou climatisés, aux moyens de transport modernes, aux assiettes bien remplies ? Ces pays représentent à peine un quart de la population mondiale : ils consomment cependant les trois cinquièmes de l'énergie et la majeure partie des matières premières et des réserves alimentaires, et ce bien plus que nécessaire par habitant. La masse de déchets est à l'image de cette surconsommation.

Le nombre des habitants de la Terre s'accroît au même rythme que leurs besoins. Au Néolithique, période la plus récente de l'âge de la pierre, la population mondiale, estimée à moins de 10 millions d'habitants, s'accroissait lentement. La démographie est aujourd'hui galopante: la population a doublé en 1 600 ans, avant de doubler encore en seulement 37 ans (de 1952 à 1989); vers le milieu du XXe siècle, la population mondiale comptait en effet 2,5 milliards de personnes et il y en avait 5 milliards en 1989. Selon les estimations des spécialistes américains, la Terre aura 8,5 milliards d'habitants en 2025. Cet accroissement de 3 milliards concernera peu les pays évolués et industrialisés, touchant essentiellement les pays en voie de développement. Ces estimations, très raisonnables, se fondent sur une hypothèse de régulation des naissances et non sur le taux de croissance démographique actuel.

Pour satisfaire ses besoins les plus élémentaires,

l'homme doit avoir recours aux matières premières et aux richesses du sous-sol de sa planète mère. Il veut manger à sa faim et posséder des biens de consommation. Il exploite la Terre pour se chauffer, pour se procurer le gravier et le ciment nécessaires à la construction des barrages. Ce faisant, il déplace indirectement chaque année plus de matériaux que la planète ne le ferait sans lui. Évidemment, l'homme ne déplace pas lui-même l'ensemble de ces matériaux : il ne fait qu'amorcer des réactions en chaîne. Par exemple : défrichage (pour augmenter la surface des terres cultivables) → reprise de l'érosion (d'où disparition de la terre arable) → épandage d'engrais industriels (pour fertiliser des sols devenus stériles) → pollution chimique et dégradation de la faune et de la flore, etc.

Pour prévoir l'avenir de la Terre, les géologues consultent son long passé. Le schéma page 93 représente les changements climatiques que la planète a enregistrés au cours des derniers 400 000 ans. Le lien entre les données géologiques concernant le passé et

▼ ***Le combat de l'homme contre le désert : protection contre l'ensablement***
Archaïque, ce combat de l'homme contre le désert est sans fin. Dans le Sahara algérien, les crêtes des murs qui protègent les puits et les oasis de l'ensablement doivent être constamment reconstruites.

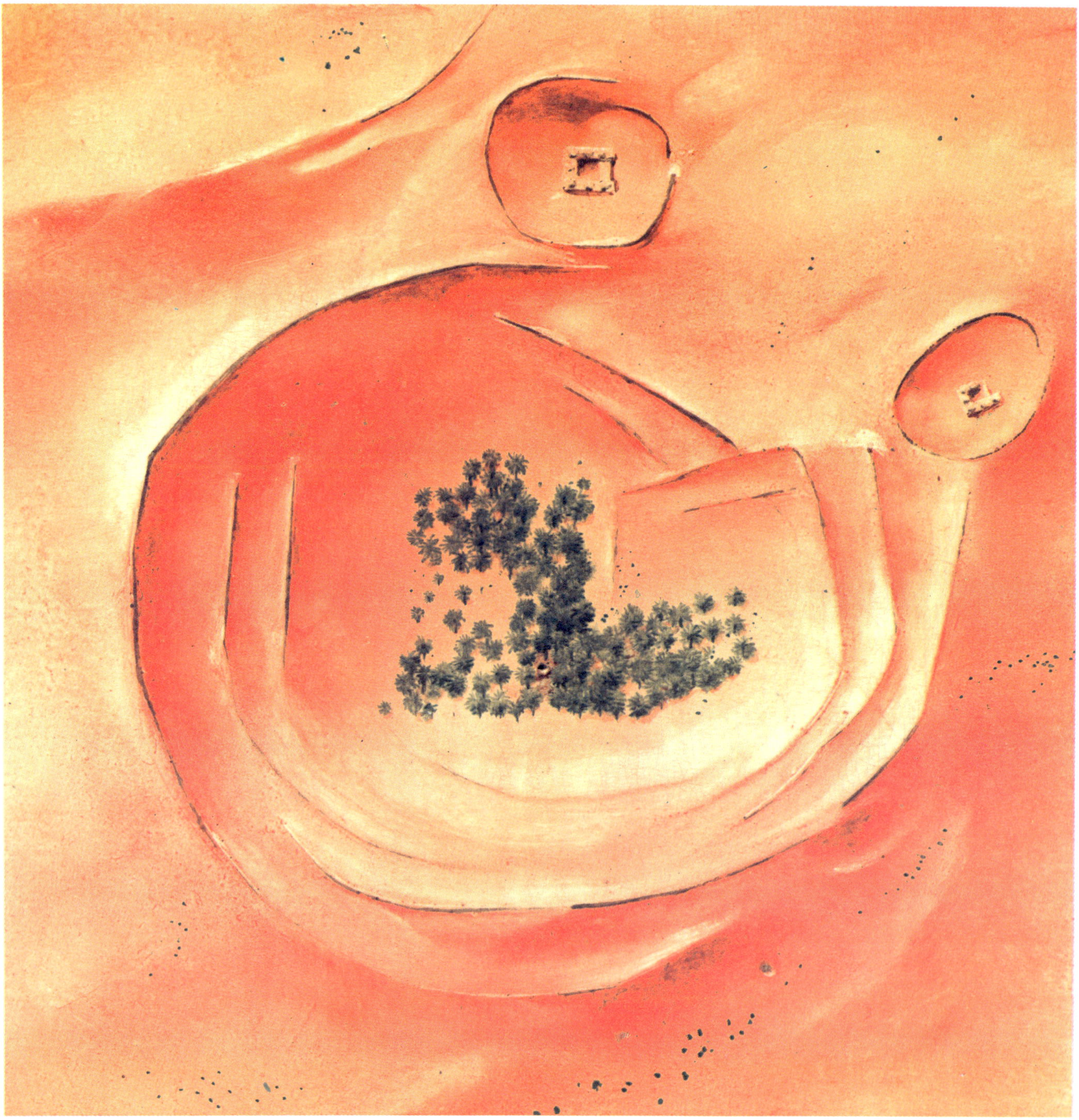

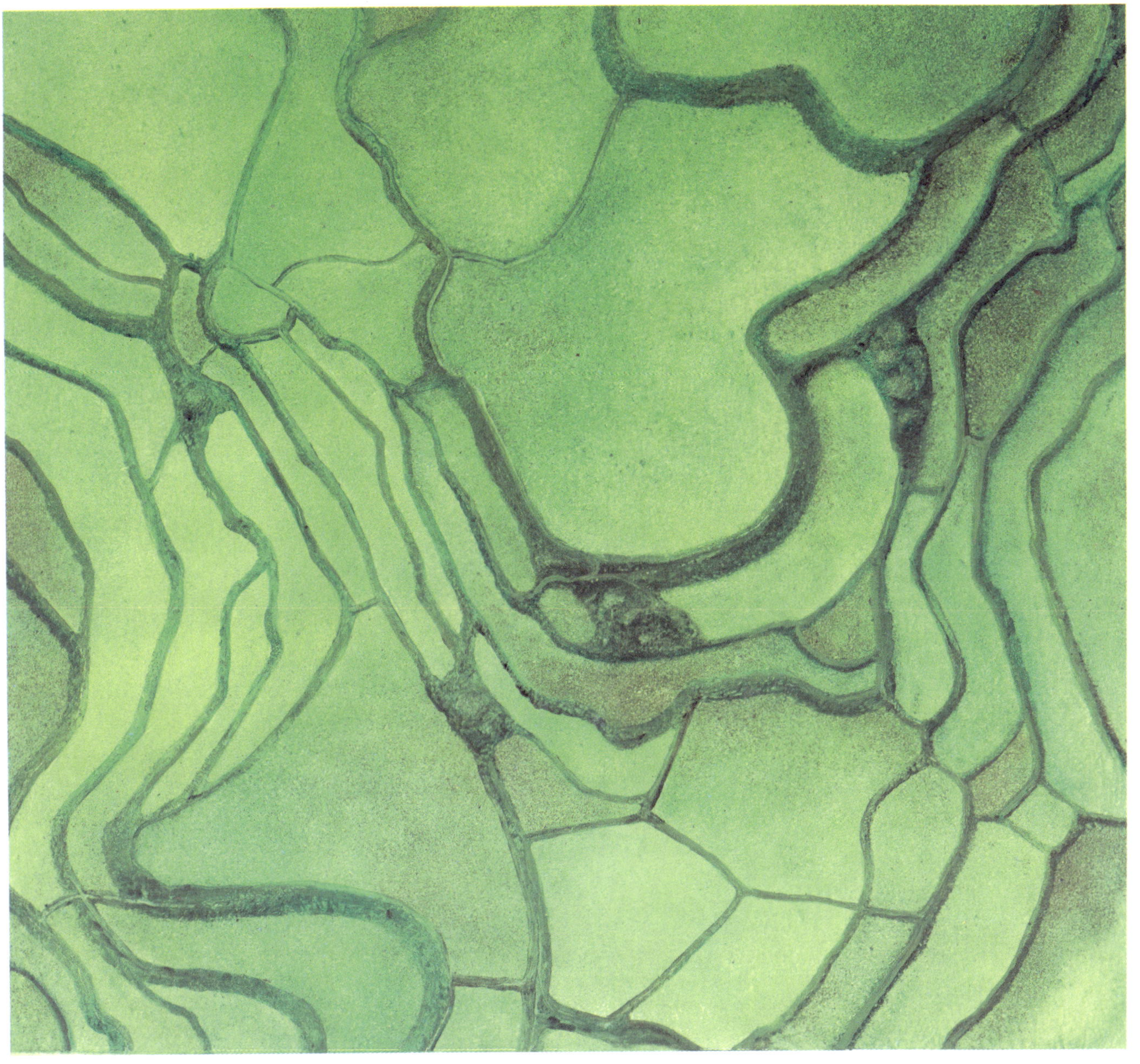

▲ ***Utilisation rationnelle de l'eau en région humide : l'exemple des rizières***
L'eau est source de vie non seulement dans les régions arides, mais aussi dans les contrées humides. Les cultivateurs de riz asiatiques ont su tirer le meilleur parti de l'eau dont ils disposent. Ils savent créer des rizières même sur des versants abrupts, ce qui forme ainsi un milieu très équilibré, à l'abri de l'érosion.

le présent est manifeste: la Terre traverse probablement une période de net réchauffement en cette fin de XXe siècle, dont l'homme ne semble d'ailleurs que partiellement responsable.

Au cours de son évolution, la Terre a traversé maintes périodes de crise, en raison de catastrophes diverses. Elle a toujours su retrouver son équilibre, souvent au prix de profondes modifications, notamment la disparition définitive de groupes entiers d'animaux et de végétaux. Certains groupes cependant ont pu s'adapter, d'autres sont apparus. Mais jusqu'où l'homme pourra-t-il interférer ? Combien de temps la Terre pourra-t-elle supporter les conséquences de ses interventions ?

Comment remédier au mal ? Nous devons essayer de mieux comprendre notre planète, de la traiter avec plus d'égards. La nature ne nous indiquera pas spontanément son seuil de tolérance, ni les limites de l'accroissement de l'humanité. Il nous faut patiemment reconstruire la planète, fragile comme un château de cartes, étudier chacune de ces cartes et se demander dans quelle mesure nos activités lui sont néfastes ou profitables.

IRELAND
(EIRE)
Northern Ireland
Londonderry
Belfast
Sligo
Galway
Limerick
Glasgow
Newcastle
Preston
York
Manchester
Sheffield
Nottingham
Leicester
Birmingham
Swansea
Cardiff
Bristol
Oxford
London
Norwich
Ipswich
Southampton
Brighton
Rotterdam
Amsterdam
Antwerpen
Gent
Bruxelles
BELGIË
BELGIQUE
Liège
Lille
Arras
Amiens
Rouen
Caen
Brest
Quimper
Saint Brieuc
Rennes
Le Mans
Chartres
Versailles
Paris
Reims
Troyes
Orléans
Angers
Tours
Nantes
Saint Nazaire
Poitiers
La Rochelle
F R A N C E
Limoges
Bordeaux
Toulouse
Narbonne
Lyon
Dijon
Nancy
Metz
Toulon
Luxembourg
Vigo
Porto
Braga
Burgos
Valladolid
Zaragoza
El Ferrol
La Coruña

PHYSIONOMIE DE LA PLANÈTE

Lorsque le célèbre écrivain et aviateur Antoine de Saint-Exupéry nota à l'aube de l'aviation les impressions qu'il avait éprouvées en contemplant la face de la Terre, il fut surpris de s'apercevoir combien notre vision de la planète était partielle et subjective. Les hommes ne connaissaient vraiment bien que les chemins qu'ils suivent, ceux qui mènent à la source, du village au champ ou à la ville. Mais la vision des étendues terrestres, à quelques milliers de mètres d'altitude, donc à plus grande échelle, rappelle que la majeure partie de la Terre est couverte de déserts et de forêts impénétrables. Leur configuration s'est modifiée notablement au cours des soixante ans écoulés depuis les observations de Saint-Exupéry. Le désert (notamment le Sahara) s'est étendu, tandis que la forêt équatoriale se réduisait, tant en Afrique qu'en Asie et en Amérique du Sud, les terrains défrichés représentant un territoire aussi vaste que l'Europe.

De nos jours, enfin, que dire de l'émotion qu'ont éprouvée les premiers cosmonautes devant l'étendue des océans? Pour la première fois, l'homme disposait d'une vision globale de la planète.

Avant d'étudier les entrailles de la Terre, il convient d'en observer la surface. Son aspect révèle en partie ce qui se passe en profondeur. Il suffit à un praticien expérimenté de scruter le visage d'un homme sain et celui d'un malade pour se faire une idée de leurs états de santé respectifs, avant d'étayer son diagnostic par

◀ ***Extension de la plate-forme continentale en Europe nord-occidentale***
Sur les cartes de géographie physique, le marron et le vert correspondent respectivement aux montagnes et aux plateaux, d'une part, aux plaines et vallées de basse altitude d'autre part. Le bleu clair des mers bordières correspond au plateau continental, qu'un faible abaissement du niveau de la mer exonderait (ces étendues apparaîtraient alors en vert sur les cartes). Le bleu foncé est réservé aux zones océaniques, plus profondes.

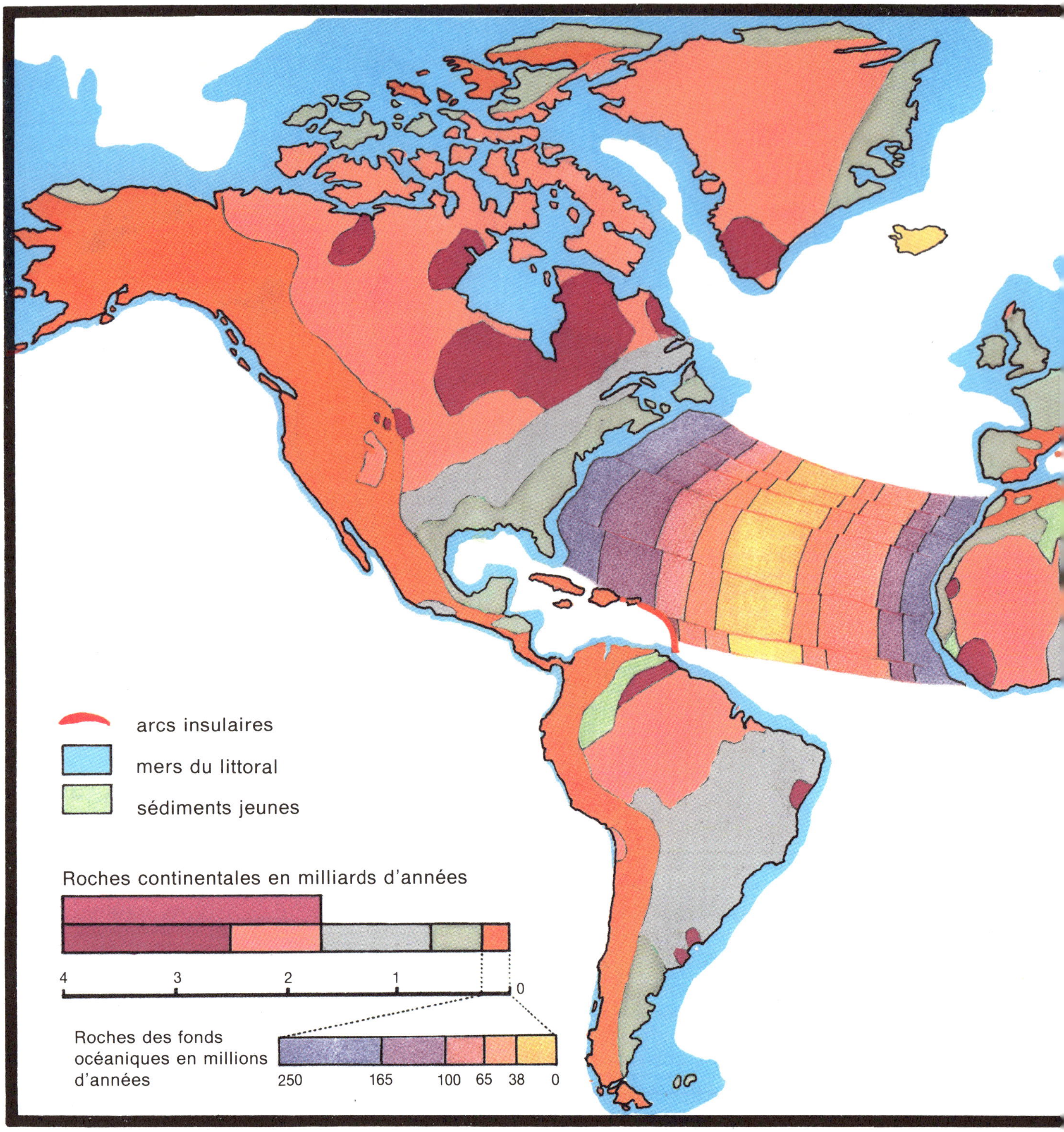

▲ ***Carte de répartition mondiale des terrains en fonction de leur âge***
En rose ou en mauve, sont figurés les boucliers (canadien, sud-africain, balte et sibérien), noyaux continentaux rigides et stables dont les roches sont âgées de plus de 1,7 milliard d'années. Un peu moins anciennes, les zones indiquées en gris correspondent aux régions formées par les roches du Protérozoïque à la fin du Précambrien, jusque vers — 530 millions d'années. Viennent ensuite des terrains déposés pendant près de 300 millions d'années et correspondant au Paléozoïque (en vert kaki). Les orogènes récentes (en brun-roux) datent du Mésozoïque. Dans l'océan Atlantique, la teinte jaune représente les roches magmatiques les plus jeunes, alors que les nuances violettes sont réservées aux épanchements du Mésozoïque. Les arcs insulaires (en rouge) sont des formations géologiquement très jeunes dont l'activité remonte à quelques millions ou dizaines de millions d'années. Toutefois, comme les arcs insulaires correspondent à des zones de rencontre entre plaques lithosphériques, on y trouve également des roches continentales plus anciennes. On a découvert au Japon et en Nouvelle-Guinée des formations géologiques dont l'âge dépasse 300 millions d'années. La couleur bleu ciel en bordure des continents n'apporte aucune indication sur l'âge de ces régions ; elle ne fait que signaler la présence de croûte lithosphérique dans les régions où une carte géographique localise les mers épicontinentales. Les zones de sédimentation récentes sont représentées en vert clair.

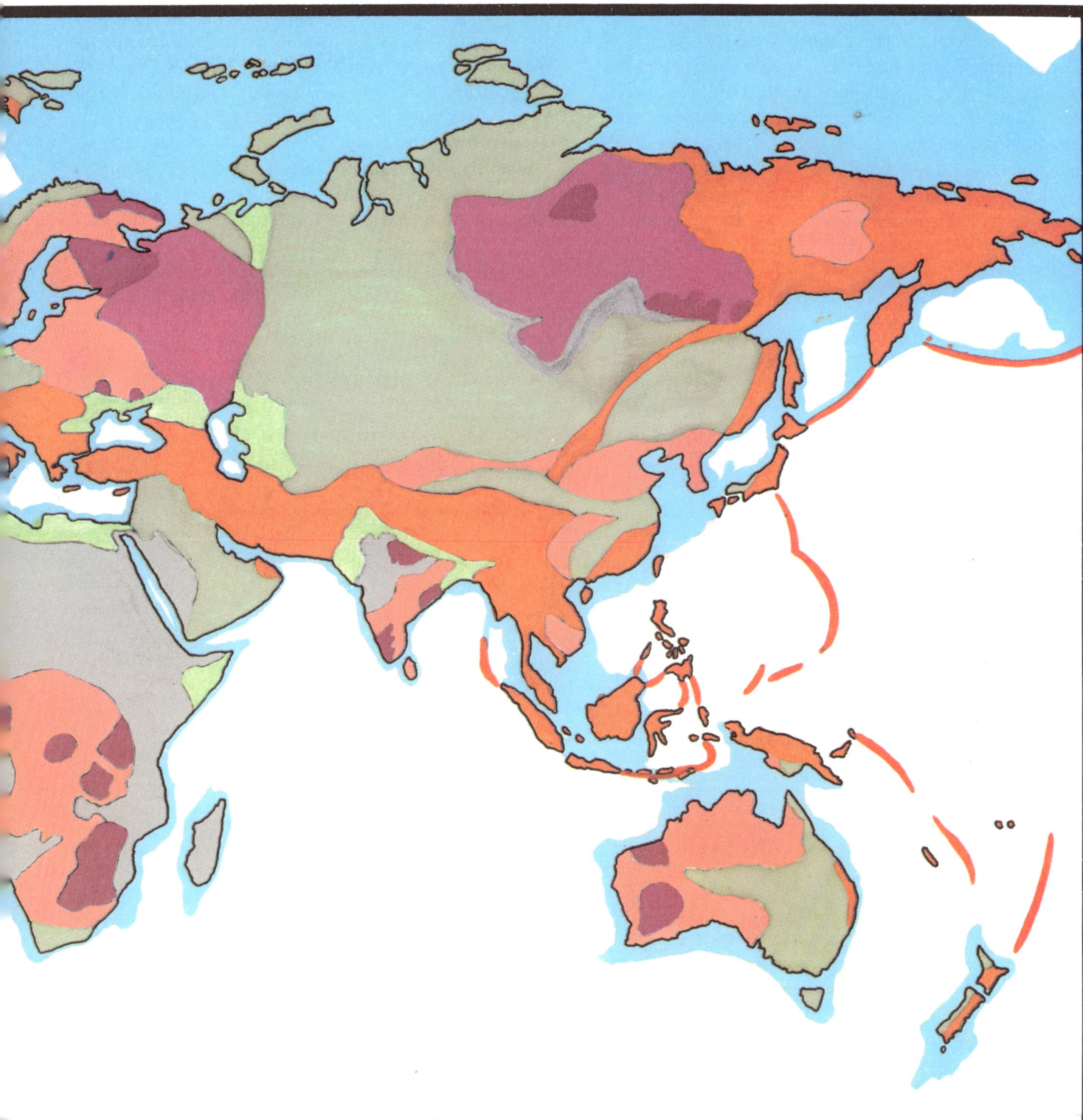

un examen radiologique ou tomographique, ou par une analyse de sang, étapes préalables à l'utilisation du scalpel.

La plupart des hommes perçoivent notre monde de façon erronée. Ils s'installent devant une carte et rêvent à de grands voyages, franchissant sans embûche des déserts, escaladant tout aussi aisément des pics de 8 000 mètres. Livres ou films procurent la même illusion.

Ouvrons un atlas à la page où les deux hémisphères sont représentés, avec leurs montagnes en marron, leurs plaines en vert et les étendues d'eau en bleu. Si le confort du fauteuil ne nous enlève pas le goût de l'aventure, concentrons-nous d'abord sur le bleu des mers et des océans. Ces immensités aquatiques recèlent encore de nombreuses énigmes tant géologiques que biologiques. Mais c'est précisément dans ce domaine que la science a fait, au cours des dernières années, des découvertes intéressantes, voire révolutionnaires.

La connaissance du milieu océanique et surtout de la morphologie des fonds s'est considérablement enrichie, en particulier au cours des trois dernières décennies. La description des continents, morphologique et topographique, est pour l'essentiel établie depuis un siècle déjà. Un atlas montre aujourd'hui avec précision la prédominance des étendues d'eau sur les continents, donnant des informations sur les profondeurs moyennes, les quantités d'eau dans les océans, et leur répartition inégale dans les deux hémisphères ou encore la disposition asymétrique des continents. L'exploration des fonds océaniques, effectuée d'abord dans un but militaire et plus tard géologique, a fourni des renseignements de nature à bouleverser la vision que nous avions de la Terre et de sa géodynamique. L'observation des reliefs du fond, les mesures de la température des roches et du flux thermique, de la force d'attraction et des propriétés magnétiques ont modifié les théories sur la nature, la structure et le comportement du noyau terrestre.

Les cartes sur lesquelles les différentes nuances de bleu sont utilisées en fonction de la profondeur (gradients bathymétriques) permettent déjà de s'initier à la complexité du milieu marin. Les plaines abyssales

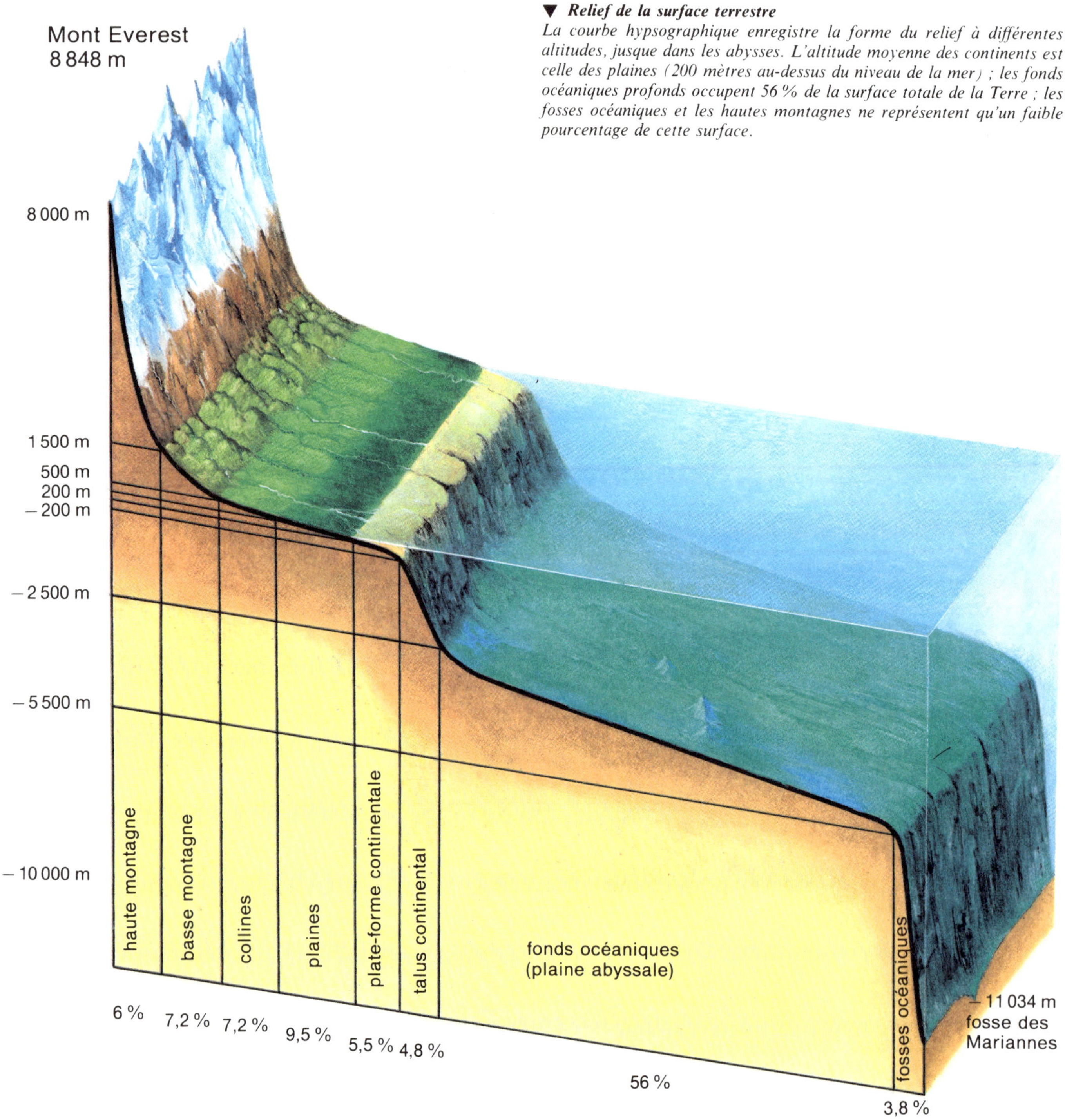

▼ ***Relief de la surface terrestre***
La courbe hypsographique enregistre la forme du relief à différentes altitudes, jusque dans les abysses. L'altitude moyenne des continents est celle des plaines (200 mètres au-dessus du niveau de la mer) ; les fonds océaniques profonds occupent 56 % de la surface totale de la Terre ; les fosses océaniques et les hautes montagnes ne représentent qu'un faible pourcentage de cette surface.

▶ ***Extension du plateau continental au large des terres émergées***
La principale différence entre aires continentales et fonds océaniques réside dans leur structure et leur composition lithologique. La croûte continentale est le plus souvent granitique ou grano-dioritique et mesure 35 kilomètres d'épaisseur ; la croûte océanique essentiellement basaltique n'a que 15 kilomètres d'épaisseur. Le passage entre le continent et l'océan (bleu foncé) est occupé par les mers peu profondes du littoral (bleu ciel) : continuation de la croûte continentale, leur profondeur n'excède pas 200 mètres, leur fond est sillonné par des canyons, dont certains sont les prolongements de fleuves.

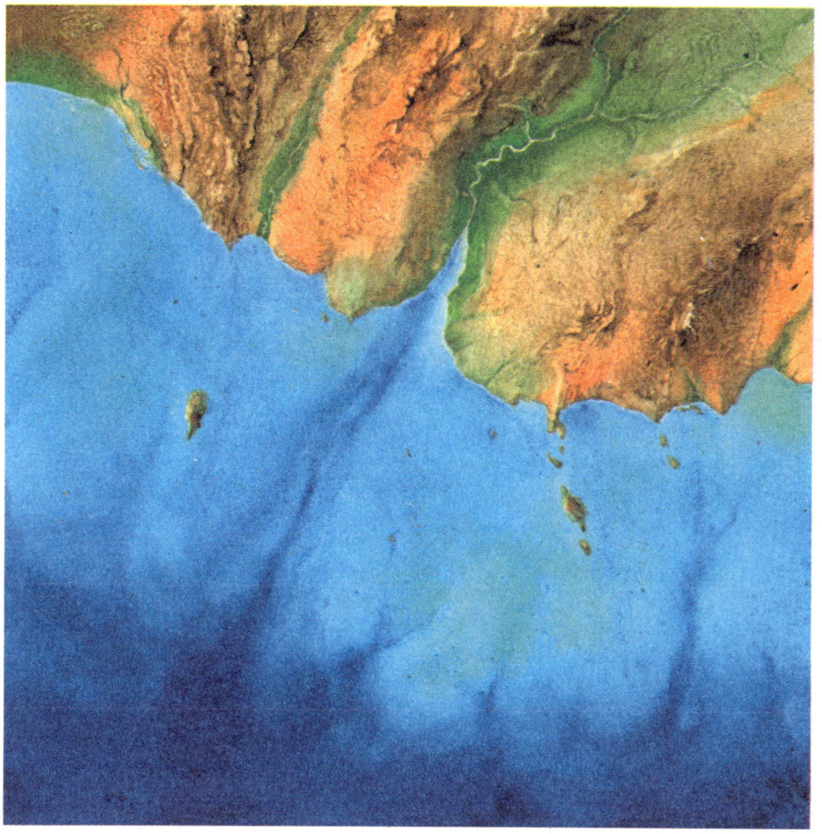

occupent la majeure partie du relief sous-marin. Elles sont exactement telles qu'on les imagine : étendues immenses à la morphologie peu accidentée, couvertes de sédiments.

On pourrait supposer que la couche de sédiments qui s'y est déposée au cours de millions et de millions d'années est très épaisse, mais ce n'est pas le cas. La couverture sédimentaire de la cuvette océanique est mince. L'une des raisons de cet état réside dans l'extrême éloignement des continents et par conséquent dans la pauvreté des dépôts terrigènes déversés dans l'océan par les fleuves. Mais la raison principale de cette faible épaisseur est la jeunesse des fonds océaniques. Sous leur couverture sédimentaire, ces fonds sont constitués de roches magmatiques âgées non pas de plusieurs milliards d'années (la Terre, rappelons-le, est vieille de 4,6 milliards d'années), mais seulement de 150 à 200 millions d'années. Il ne faut surtout pas en conclure que les géologues n'en ont exploré que la partie superficielle. Ils ont effectué de nombreux forages à différents endroits et sont toujours parvenus aux mêmes conclusions. Ces expériences ont en outre révélé que les roches magmatiques les plus anciennes sont toujours situées à proximité des continents.

Au fond des océans s'étendent des systèmes montagneux dont on ignorait l'existence au siècle dernier. Ce sont les dorsales océaniques, présentes dans tous les océans du monde. La structure symétrique d'une dorsale est représentée sur l'illustration page 39. En règle générale, les dorsales sont entièrement immergées, et il est extrêmement rare d'en voir apparaître des sommets à la surface. C'est le cas cependant de l'Islande, qui n'est qu'une parcelle de la dorsale médio-atlantique.

Les mesures de flux thermique révèlent l'existence de points chauds, la présence de magma liquide, une intense activité volcanique dans la vallée axiale. La montée du magma dans l'axe des dorsales, son épanchement de part et d'autre des lèvres d'émission et son déplacement horizontal à la manière d'un tapis roulant (phénomène d'extension) ont été confirmés par des mesures gravimétriques et des mesures de paléomagnétisme. Aucune chaîne montagneuse continentale n'est comparable, par son étendue, à une dorsale océanique.

La vallée axiale (le rift), dans laquelle se concentre l'activité volcanique, est le caractère morphologique dominant d'une dorsale. Une dorsale se caractérise aussi par une activité sismique superficielle dont les épicentres se situent dans le rift, de 20 à 40 kilomètres en profondeur. La vallée axiale est bordée de chaînons latéraux, de montagnes proprement dites. Si l'on dessinait une carte indiquant l'âge des fonds océaniques, on constaterait que les parties les plus anciennes longent les continents, tandis que les plus récentes se trouvent à proximité ou même englobent les dorsales elles-mêmes.

Outre les reliefs des dorsales, les fonds marins sont

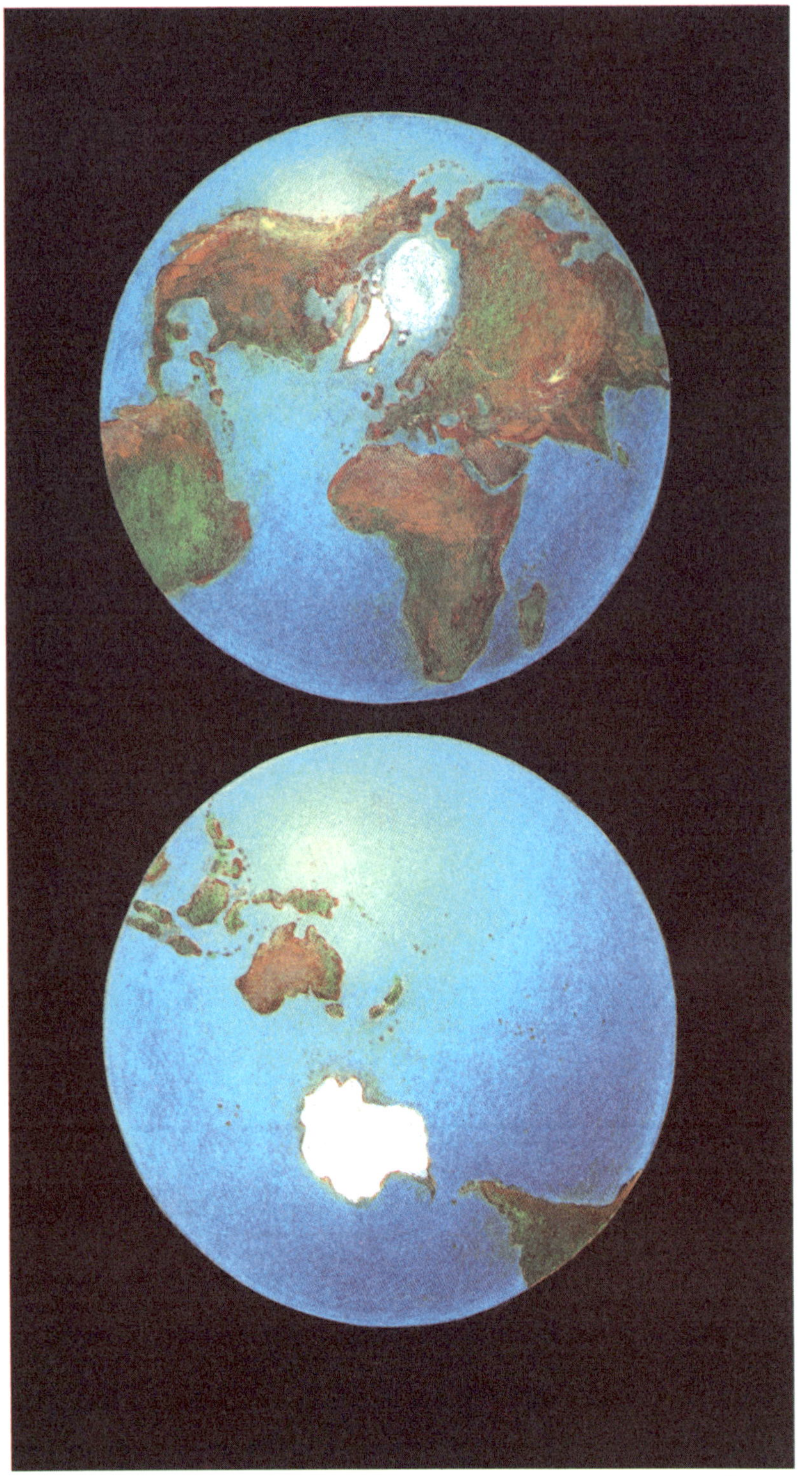

◀ ***Carte de répartition des continents et des océans***
L'hémisphère Nord regroupe la plupart des continents ; à l'hémisphère Sud, correspondent l'Antarctique et l'Océanie.

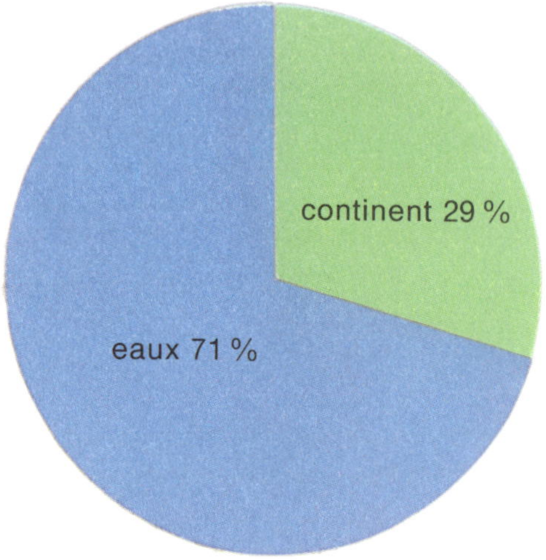

▲ ***Distribution des eaux et des terres émergées sur le globe terrestre***

également accidentés sur de profondes entailles, les fosses océaniques. Ces dernières abondent particulièrement dans le Pacifique, formant un anneau à la périphérie de l'océan. On les repère aisément sur une carte grâce à leur couleur bleu foncé. Des fosses analogues à celles du Pacifique se trouvent aussi dans les océans Atlantique et Indien. À l'instar des plaines abyssales, elles surprennent par leur pauvreté en dépôts sédimentaires. Dans les plus profondes dépressions de la planète, on s'attendrait, en effet, à trouver une couche sédimentaire plus épaisse, d'autant qu'elles sont situées au pied des volcans, toutes conditions étant apparemment réunies pour une rapide et importante accumulation de sédiments. Pourtant, les fosses en sont presque totalement dépourvues.

Les roches des fosses océaniques sont froides. Les mesures du flux thermique confirment qu'il n'existe aucune déperdition de chaleur terrestre dans ces régions. Autres caractéristiques tout aussi surprenantes : les mesures gravimétriques révèlent qu'il y a défaut de matière dans les fosses (alors qu'il y a au contraire excédent au niveau des dorsales). On y observe aussi une activité sismique dont l'épicentre est située cette fois à faible profondeur. Mais plus on s'approche du continent, plus la profondeur des épicentres augmente. Cette observation permet de conclure qu'en ces régions de bordure continentale, les fonds océaniques et leur couverture sédimentaire plongent sous le continent dans les profondeurs du manteau (phénomène de subduction).

La présence des fosses océaniques est accompagnée de manifestations volcaniques sur les îles ou les continents voisins. En effet, les fosses sont systématiquement entourées de volcans aussi bien en Indonésie qu'en Amérique du Sud. Ces volcans, parmi les plus actifs de la planète, et toujours situés à une centaine de kilomètres de l'axe de chaque fosse avec une remarquable régularité, jalonnent le tour de l'océan Pacifique, constituant la célèbre « ceinture de feu ». Tels sont les volcans du Japon (Fujisan, Sakurajima), des Philippines, de la péninsule du Kamtchatka (Besimianiï), des îles Sandwich du Sud, des îles Aléoutiennes ou encore de l'Amérique du Sud. L'association du volcanisme, des séismes et des grandes fosses sous-marines permet de localiser sur la planète les limites des grandes plaques convergentes.

Toutes les îles volcaniques qui longent les fosses ne doivent pas leur existence à la présence de fosses. Prenons par exemple les îles Hawaii, les célèbres Galapagos ou les îles de la Polynésie française. Ces archipels résultent eux aussi d'une activité volcanique et sont constitués de roches effusives. Leur long passé géologique, le flux thermique qui s'en dégage et leur morphologie suggèrent l'idée que l'activité volcanique dont ils sont issus a lieu plus en profondeur dans le manteau, que les points chauds qui les nourrissent sont très anciens. C'est précisément parmi les plus anciens de ces volcans que, sous des conditions climatiques particulières, dans des régions océaniques très chaudes, se rencontrent les appareils transformés en atolls.

Autrefois, on classait les volcans en fonction de leurs manifestations éruptives (types strombolien, péléen, hawaiien ...). Aujourd'hui, on distingue les volcans d'abord en fonction de leur position par rapport aux plaques lithosphériques (sur les dorsales ou autour des fosses), puis en fonction de la composition chimique et minéralogique de leurs laves et de leurs gaz. Ainsi le volcanisme des dorsales est basaltique, celui des fosses andésitique (basalte et andésite sont deux roches volcaniques).

Les volcans hawaiiens sont de type basaltique. Leur existence, qui vient rompre la monotonie des plaines abyssales, est liée à la présence de « points chauds », sortes de chalumeaux du manteau terrestre persistant pendant plusieurs dizaines de milliers d'années, favorisant la montée du magma basaltique et l'édification de volcans boucliers.

Sur les cartes géographiques, la périphérie des mers et des océans est teintée en bleu pâle, indication d'une faible profondeur. Bien que nous soyons là en domaine marin, les géologues considèrent ces zones peu profondes comme des parties appartenant aux continents. Leur fond présente en effet les mêmes structures et formations géologiques, la même gamme de roches que le continent. Il convient de rappeler ici qu'il existe une différence géologique entre l'océan et la mer : un géologue ne considérera comme océan qu'une étendue d'eau salée dont le fond est fait de croûte océanique magmatique, essentiellement basaltique. Cette croûte est en outre plus fine que la croûte continentale, qui est quant à elle essentiellement granitique. Les étendues marines situées sur certaines zones du continent sont appelées mers épicontinentales. Elles sont peu profondes et reposent en principe sur des roches sédimentaires. Telle était par exemple, la « mer de la craie »

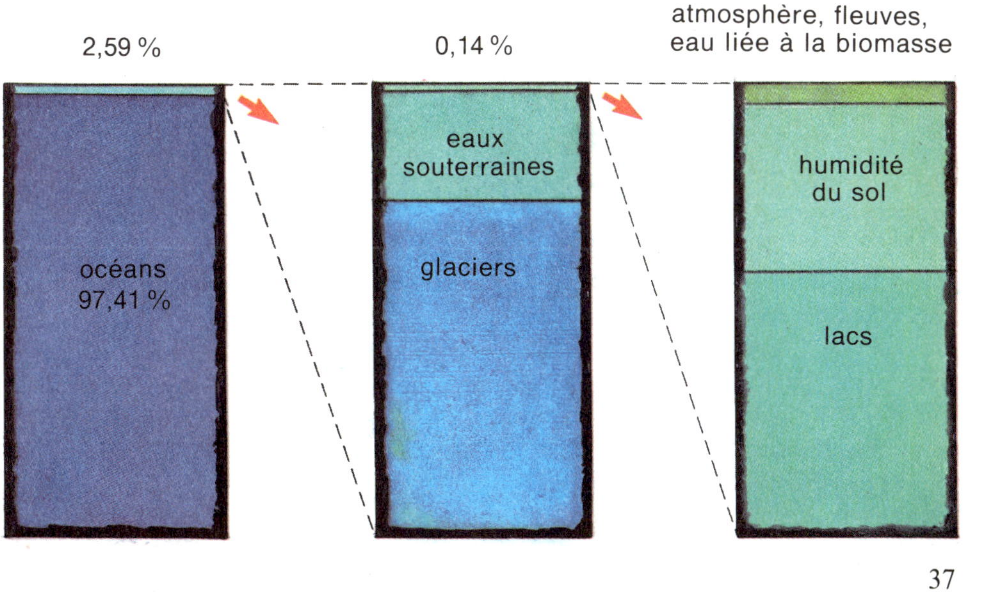

▶ ***Proportions relatives des eaux douces et des eaux salées à la surface du globe terrestre***
La prédominance de l'eau salée sur l'eau douce est évidente à l'échelle planétaire dès lors que l'on compare l'étendue des océans à celle des lacs sur les continents. En revanche, le fait que les glaciers retiennent la majeure partie de l'eau douce est beaucoup moins manifeste. Les eaux fluviales ne représentent qu'une infime fraction du bilan hydrologique mondial.

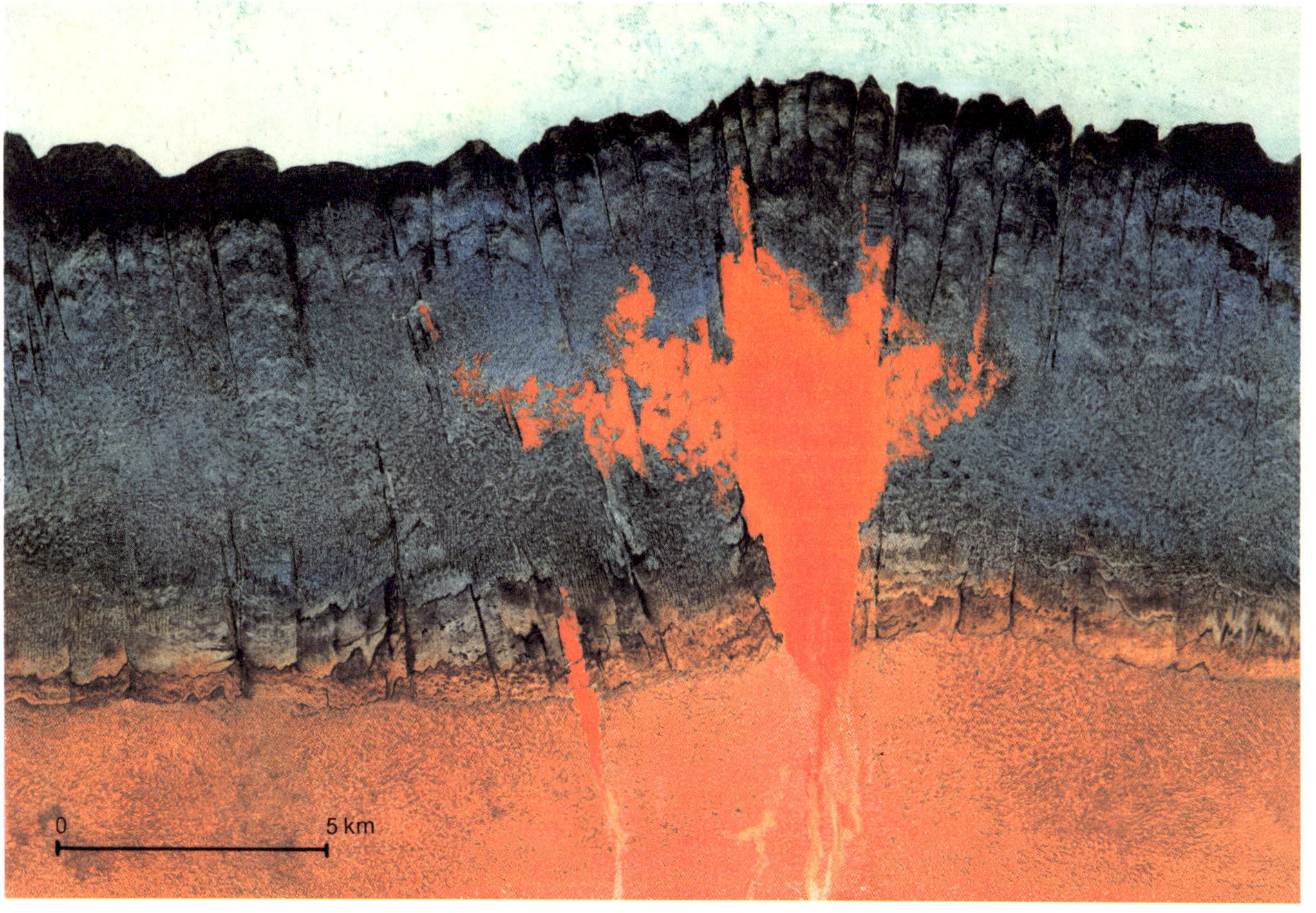

▲ ***Présence d'une chambre magmatique sous une dorsale dans l'océan Pacifique***
Les mesures sismologiques fournissent des renseignements précieux sur la structure de l'écorce terrestre. Ainsi, les chercheurs du Lamont-Doherty Geological Observatory ont pu localiser une chambre magmatique sous la dorsale du sud-est Pacifique (9° 30') et préciser les relations entre la croûte océanique et le manteau supérieur. La chambre magmatique est située à 2 kilomètres environ de profondeur. On notera les contours flous de cette poche de magma et la faible épaisseur de la croûte intacte au niveau de la dorsale.

pendant l'ère Secondaire, en Europe. Il arrive cependant que certaines étendues cartographiées en tant que mers soient géologiquement apparentées aux océans, leur croûte présentant en effet toutes les caractéristiques de la croûte océanique. On y trouve des roches éruptives basaltiques ainsi qu'une faible couche de sédiments. La mer Rouge en est un exemple : c'est une étroite bande d'eau qui sépare l'Afrique de l'Asie et qui n'a de mer que le nom. Son fond est constitué de roches océaniques, semblables à celles du Pacifique. La Méditerranée se trouve dans une situation similaire bien que la composition géologique de son fond soit extrêmement complexe.

Toutes les grandes formations des fonds océaniques telles que dorsales, marges continentales, volcans sous-marins érodés possèdent des caractéristiques particulières (champ gravitationnel, champ magnétique, champ thermique). La dorsale, par exemple, présente un flux thermique élevé ; quant aux geysers des éruptions volcaniques sous-marines, ils ressemblent à certaines manifestations volcaniques continentales.

La pente continentale sur laquelle les sédiments s'amassent et dans laquelle se creusent les canyons est le siège de grandes disparités morphologiques. Les matériaux que les fleuves déversent en grande quantité dans l'océan s'y accumulent ou y glissent, se comportant exactement comme le sable imbibé d'eau. Ailleurs, des torrents de boue, puissants au point de provoquer un tremblement de terre au moment de leur passage, dévalent les pentes. Chaque milieu océanique a ses particularités biologiques, ses sociétés végétales et animales. Près des geysers qui jaillissent à proximité des dorsales, vivent des organismes qui ont plus besoin de soufre que d'oxygène pour survivre ; on ignorait leur existence il y a vingt ans à peine. Les fosses océaniques possèdent, elles aussi, une faune que nos ancêtres auraient eu du mal à imaginer. Ainsi, chaque milieu géologique, même hostile à nos yeux, peut recéler des conditions de vie. Bien qu'aujourd'hui, on affirme parfois avoir dressé la carte de toute la planète et la connaître en détail, les revues scientifiques continuent d'annoncer les découvertes de nouvelles espèces vivant dans les abysses, ce qui prouve que la Terre demeure en partie « terra incognita ».

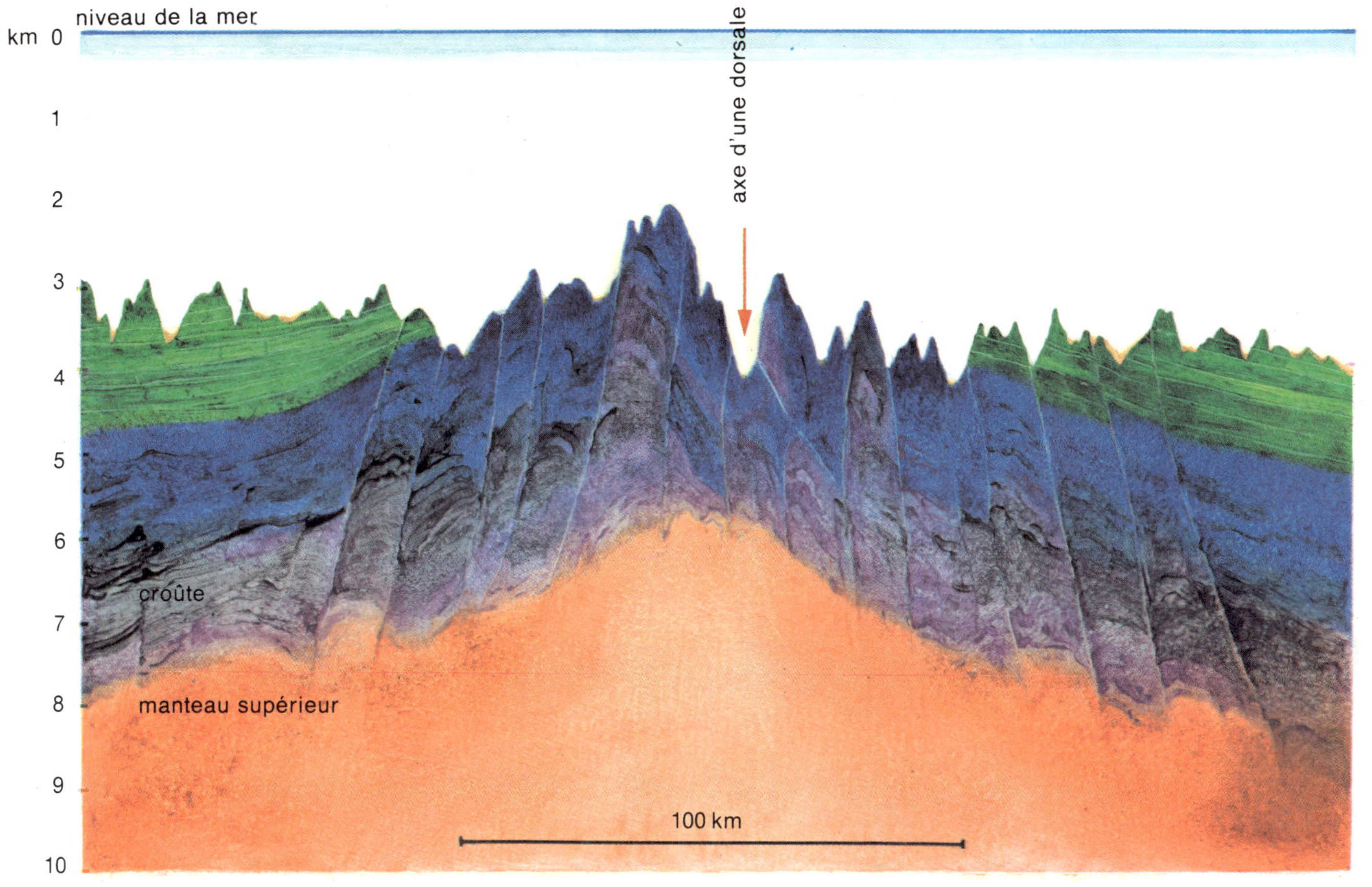

▲ ***Coupe de la dorsale arabo-indienne dans l'océan Indien***
Ce n'est qu'au cours des vingt-cinq dernières années que les scientifiques ont multiplié leurs connaissances sur la structure et la composition des dorsales. L'illustration ne représente qu'une coupe simplifiée de la dorsale arabo-indienne (l'échelle est différente de celle de l'image précédente).

Contrairement au fond océanique qui ne fournit des renseignements que sur les 150 derniers millions d'années, le continent garde la mémoire d'une histoire bien plus longue et plus variée. La disposition actuelle des massifs montagneux, des chaînes volcaniques ou des vastes plaines est relativement récente. Il y a quelques dizaines de milliers d'années, un glacier recouvrait le nord de l'Europe, le découpage des mers était différent. À l'emplacement actuel des Alpes se trouvaient, il y a 20 ou 30 millions d'années, des cuvettes occupées par la mer alors qu'en Europe centrale se dressait, il y a 300 millions d'années, une chaîne de montagnes qui devait ressembler à l'Himalaya actuel. On trouve aussi sur les continents des plateaux anciens qui, depuis des millions, voire des milliards d'années, font partie des terres émergées et qui n'ont été inondés qu'occasionnellement par les mers peu profondes du littoral. Il s'agit des boucliers ukrainien, canadien, brésilien, sibérien, groenlandais ou sud-africain. Ces boucliers correspondent à des territoires dont les derniers avatars tectoniques sont si anciens que l'érosion en a presque tout effacé.

Ce qui retient l'attention du voyageur de l'espace (ou celle du rêveur bien installé dans son fauteuil, occupé à feuilleter un atlas), ce ne sont pas les frontières qui séparent les États, mais le relief des grands systèmes montagneux. L'un d'entre eux traverse l'Eurasie depuis les Pyrénées jusqu'à l'Himalaya, en passant par les Alpes, les Carpates, les Balkans, l'Anatolie, le Caucase, le Tianshan et le Karakoram. Une autre chaîne s'étend depuis l'Antarctique sur toute l'Amérique du Sud, l'Amérique centrale et l'Amérique du Nord. Les unes sont de jeunes chaînes de collision (type alpin), d'autres des chaînes de subduction (type andin), formées à la frontière située entre deux plaques. Elles font partie des territoires géologiquement actifs qui sont représentés sur les cartes géologiques par les mêmes couleurs ou les mêmes symboles.

Une carte du monde sur laquelle on aurait indiqué l'âge des terrains et une autre qui localiserait les zones d'activités sismique et volcanique révéleraient des analogies troublantes, évidentes même pour un profane. Toutes les régions jeunes actuellement actives (ce que trahissent tremblements de terre ou éruptions volcani-

▲ ***Blocs diagrammes montrant les relations entre géodynamique externe et géodynamique interne dans deux types de régions géologiquement actives telles qu'une bordure continentale (en haut) ou un arc insulaire (en bas)***
De telles régions (bordure occidentale de l'Amérique du Sud sur l'illustration en haut ou arc insulaire sur l'illustration en bas comme dans le cas des îles Aléoutiennes, des Kouriles ou des îles Kermadec) sont caractérisées par la présence d'une fosse océanique, sorte de cicatrice dont la profondeur peut atteindre une dizaine de kilomètres et qui marque l'endroit où la plaque océanique s'enfonce. Une grande quantité de sédiments provenant du continent ou de l'arc insulaire s'amasse à proximité de la fosse côté interne en formant un arc non volcanique, totalement ou partiellement immergé. Il s'y ajoute, côté externe, des copeaux de roches raclées sur la plaque océanique au fur et à mesure de son enfoncement. Quant aux roches magmatiques venues des profondeurs, elles constituent un front volcanique là où elles apparaissent. La position en est déterminée par l'angle sous lequel la plaque océanique s'enfonce. Au voisinage d'une bordure continentale, l'inclinaison de la plaque est généralement faible et le front volcanique se trouve en conséquence assez éloigné de la fosse (en haut). Par contre, dans le cas d'un arc insulaire, la plaque océanique s'incline brutalement (l'angle de son inclinaison pouvant être calculé à partir de la situation des épicentres des séismes), d'où résulte une plus grande proximité du front volcanique par rapport à la fosse (en bas). Une bordure continentale se caractérise également par la présence de hauts plateaux, associés à une quantité importante de roches magmatiques figées près de la surface. Il en découle que l'épaisseur de la croûte est beaucoup plus importante sur la bordure, qu'à l'intérieur du continent. Notons enfin que ces zones géologiquement actives présentent une morphologie très diversifiée du fait de l'activité volcanique. En outre, de grands écarts d'altitude (de l'ordre d'une dizaine de kilomètres entre le fond des fosses océaniques et le sommet des volcans) favorisent une intense érosion.

▼

▶ ***Relation entre la densité de population et la répartition des zones de production des ressources alimentaires***
C'est le littoral qui produit la plus grosse quantité de biomasse. Comme les ressources alimentaires sont facilement accessibles dans ces régions, la densité de la population y est très forte, puis va en diminuant rapidement vers l'intérieur des terres. Les chiffres indiquent le nombre moyen d'habitants par kilomètre carré.

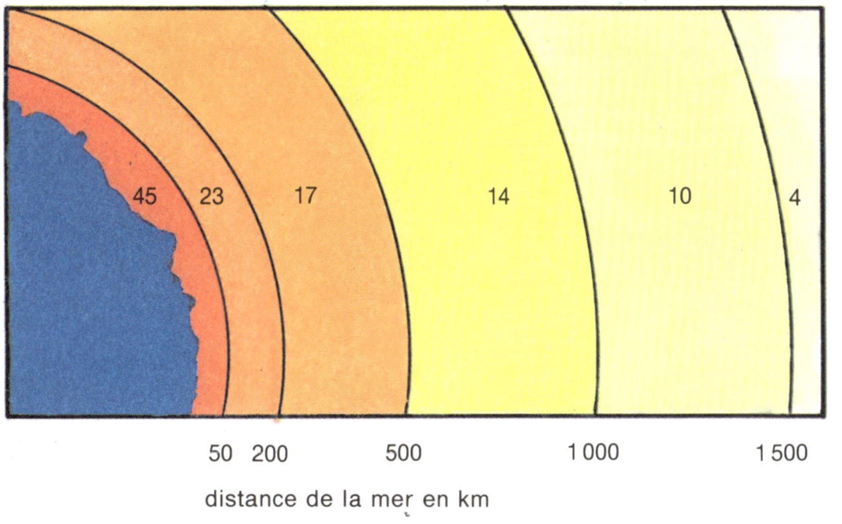

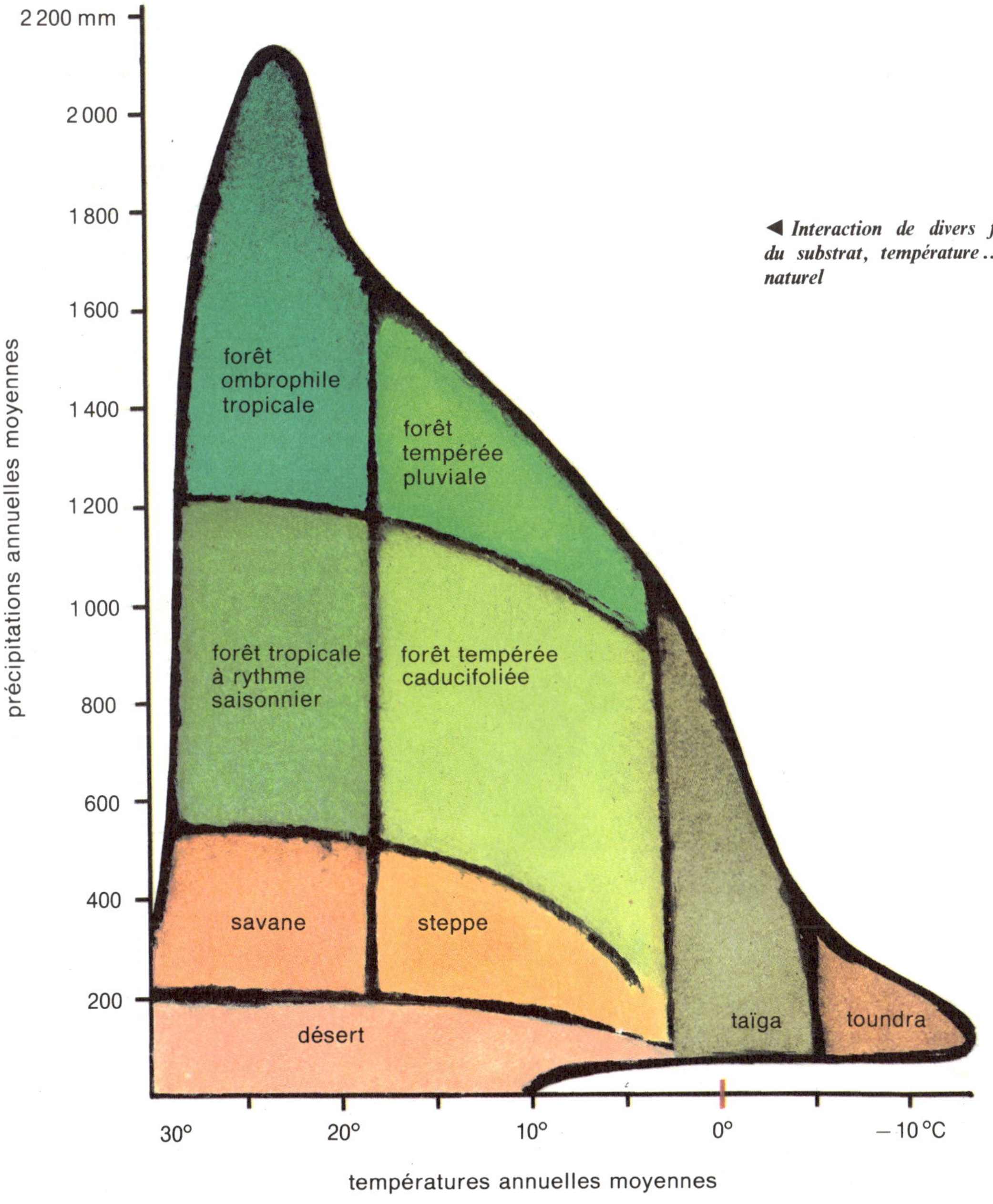

◀ ***Interaction de divers facteurs (précipitations, nature du substrat, température...) dans l'aspect d'un paysage naturel***

▶ *Profil d'une forêt de moyenne altitude en Europe centrale*
Le climat froid, qui interdit le développement des forêts caduques, est propice aux forêts de conifères sempervirents (conisylves). L'illustration représente une forêt de montagne en Europe centrale, mais des formations analogues recouvrent d'immenses territoires dans le nord de l'Ancien et du Nouveau monde. Leur sol, composé essentiellement du podzol peu fertile, n'est pas propice à la production de la biomasse.

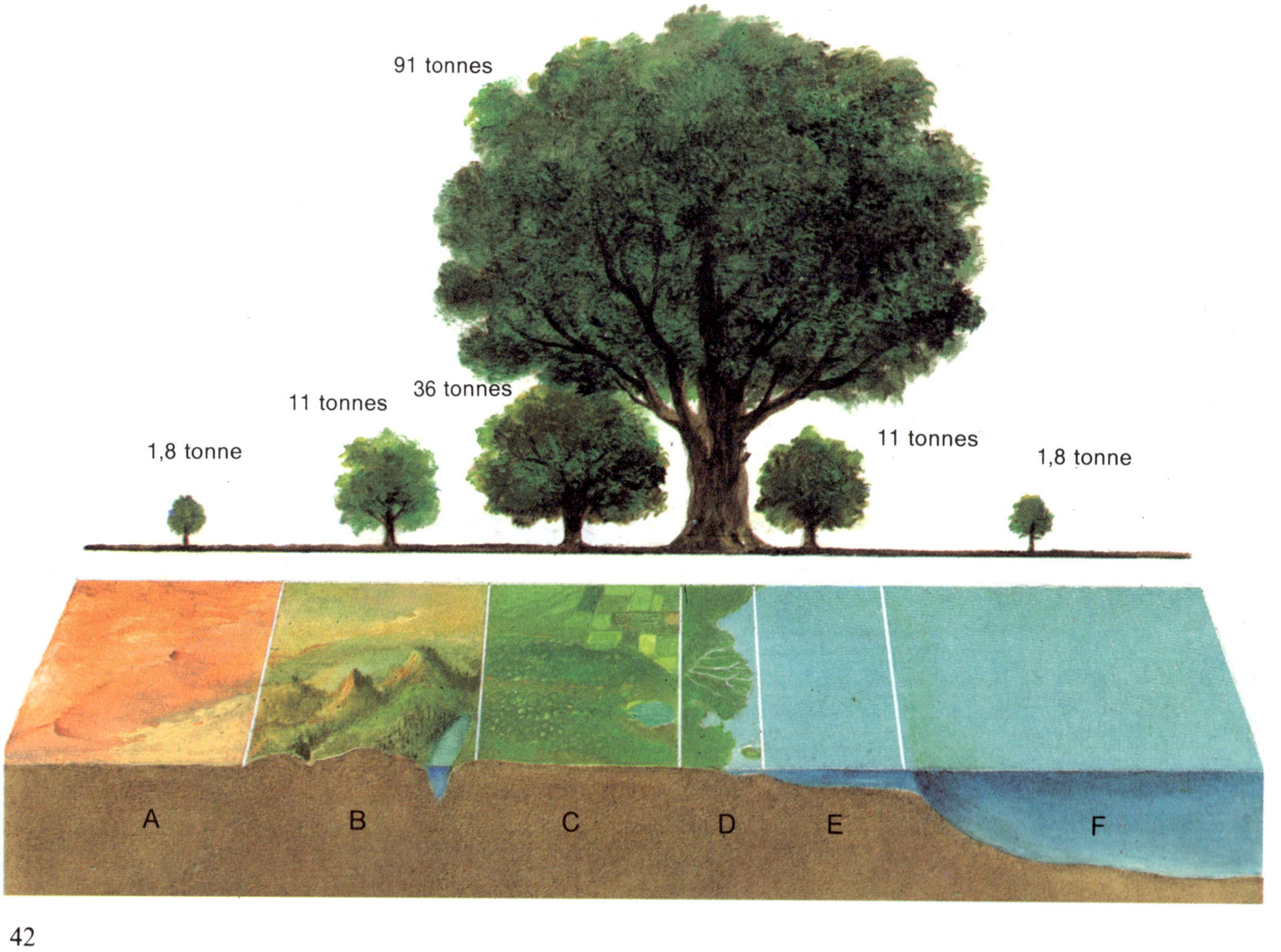

▲ ***Profil d'une forêt tropicale pluviale***
La forêt tropicale pluviale (ou ombrophile) est un groupement végétal caractéristique des zones humides, aux températures moyennes élevées. Elle présente plusieurs étages de végétation qui accusent des différences locales. La forêt de Trinidad possède un étage supérieur de frondaison continue qui domine les étages inférieurs, moins denses. Le sous-bois est peu développé, voire absent dans la forêt pluviale, en raison du manque de lumière.

ques) sont très typées du point de vue morphologique, qu'elles se trouvent sur les continents ou dans les océans. Ce sont des zones d'orogenèse, celles qui produisent les chaînes de montagnes, les arcs insulaires volcaniques, les fosses et les dorsales océaniques. On y observe également d'importants transferts verticaux d'énergie thermique. Dans ces régions, la croûte terrestre est en relation directe avec des zones plus profondes de la Terre. Ce phénomène se produit à la lisière des plaques lithosphériques entrées en collision.

La cartographie de la tectonique des plaques représente l'orogenèse par subduction. En effet, les Alpes, l'Himalaya ou les Rocheuses ont commencé à se former il y a quelques millions d'années et se forment aujourd'hui encore. Cela ne signifie pas que les roches qui les constituent soient nécessairement jeunes : des roches anciennes ont en effet été impliquées dans ce processus orogénique. Leur étude montre d'ailleurs que certaines d'entre elles ont même été reprises dans plusieurs cycles orogéniques, ce qui n'a rien d'exceptionnel. L'Europe présente des massifs qui datent de la fin, mais aussi du début du Paléozoïque. Les plus récents d'entre eux, les massifs hercyniens, s'étendent sur la France, l'Allemagne et la Bohême. Quant aux chaînes de collision qui datent du Paléozoïque inférieur, appartenant au cycle calédonien, elles occupent une partie de la Grande-Bretagne et de la Norvège. En Amérique du Nord, les monts Appalaches ont la

◀ ***Coupe schématisée du continent et d'une partie du littoral, illustrant la production végétale des différents écosystèmes, déterminée à partir de la masse de résidu sec de la biomasse étudiée (chiffrée à l'intérieur de l'illustration)***
A - milieu semi-désertique
B - savanes, steppes, forêt boréale
C - régions sylvicoles, agricoles, prés et pâturages
D - régions fertiles des vallées des cours d'eau et du littoral, agriculture intensive
E - zones littorales
F - mers ouvertes et océans.

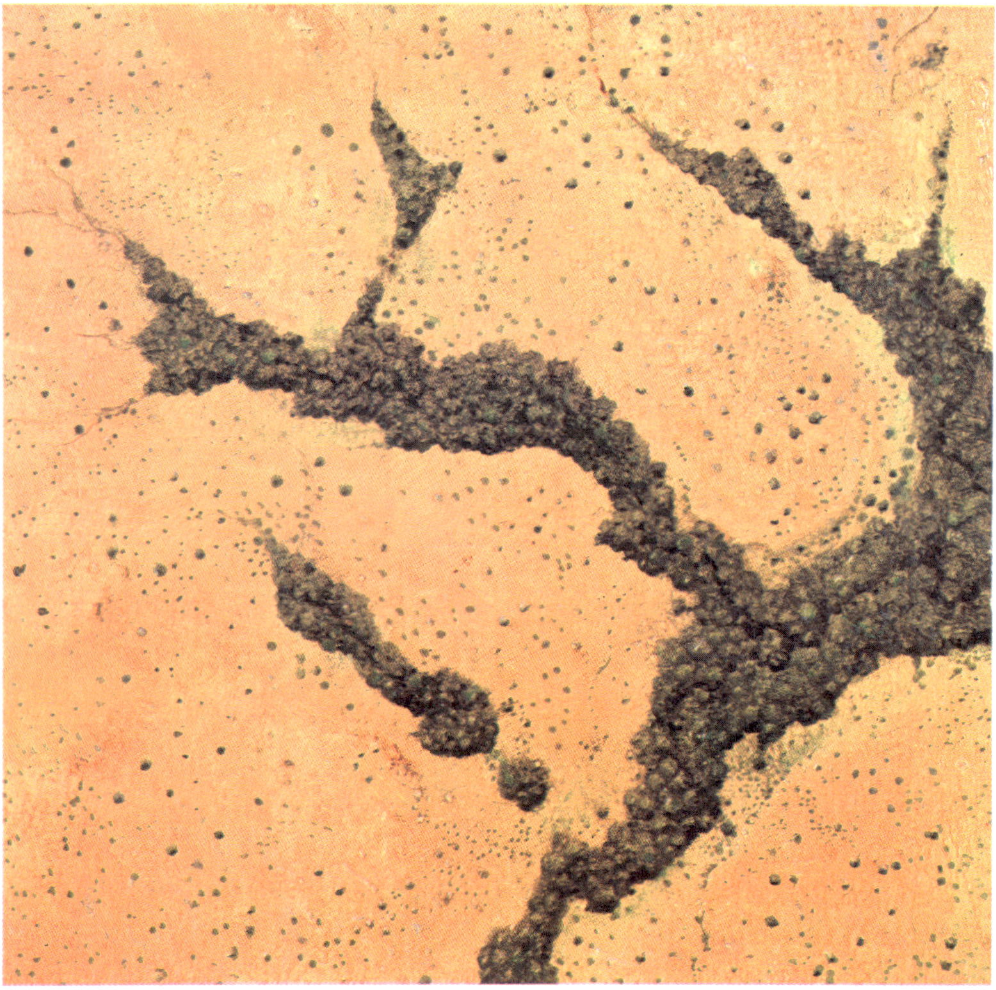

◀ ***Savane à forêt-galerie***
Les savanes sont des formations caractéristiques des régions équatoriales où les saisons de pluie alternent avec les saisons sèches. Très sensibles au taux de précipitations, elles se transforment à la saison sèche en un milieu semi-désertique et à la saison des pluies en une savane arborée. Cette vue prise d'avion montre des arbres colonisant les rives d'un cours d'eau en voie d'assèchement. Le niveau relativement élevé de la nappe phréatique permet le maintien de cette forêt-galerie même pendant la saison sèche.

même origine. Ce qui n'a rien d'étonnant puisque ces régions du nord-ouest de l'Europe et du nord-est de l'Amérique appartenaient à un même continent que l'océan Atlantique (alors inexistant) ne séparait pas encore.

L'évolution géologique de la planète a connu de nombreuses phases orogéniques, dont les plus anciennes ont conservé des régions géologiquement calmes depuis, telles que les boucliers. Sur ces boucliers, il ne se produit plus ni plissements ni déformations. Leur surface est tapissée de roches anciennes, généralement précambriennes. On appelle plates-formes les régions des boucliers recouvertes de jeunes sédiments non plissés.

Les continents portent les marques de leur vieillesse. Ils ont subi l'évolution, paisible ou mouvementée, à laquelle est souvent soumise toute formation géologique. Ces marques sont spécifiques de tel ou tel événement et déterminent en grande partie la physionomie du paysage. Les orogènes récents se distinguent par une structure interne tourmentée qui se traduit par des reliefs accentués, qualifiés de jeunes. Ces reliefs sont la résultante, en surface, de phénomènes internes : poussées magmatiques, enfoncement de charges excédentaires engendrent des contraintes auxquelles réagissent les roches en fonction de leurs propres caractéristiques mécaniques ; d'où une série de soulèvements et d'effondrements, de plissements et de cassures. Ce qui reste d'un orogène après érosion en porte les marques indélébiles. Aux géologues de les déchif-

▶ ***Géomorphologie d'un paysage granitique dans les monts Aravalli (Inde)***
Les roches formant le substrat d'une région donnent généralement son cachet au paysage, surtout dans les régions de climat sec où la couverture végétale est pauvre et l'érosion forte.

▶ ***Chaîne montagneuse de haute altitude***
Les chaînes de haute montagne dessinent à la surface du globe de longues bandes qui s'étirent sur des continents entiers. Elles se forment en marge des plaques continentales. Leur histoire géologique montre que leur formation est un processus relativement rapide. Leur érosion peut être également rapide, mais il s'écoule généralement de très longues périodes avant que leur base soit mise à nu et leurs reliefs totalement émoussés. L'altitude de ces montagnes détermine l'étagement de la végétation, éventuellement la présence de la neige.

frer et de les interpréter. Les boucliers subissent le même traitement : les effets du climat et des intempéries labourent leur surface comme les rides le visage humain. L'impression qu'ils dégagent aux yeux de l'observateur est celle de la douceur ou de l'équilibre, apanage de l'âge mur. Cette vision est un peu celle de notre voyageur de l'espace qui, observant la Terre à distance, n'en voit que le modelé général, reliefs atténués, détails effacés. Cependant, en dépit de la distance, les traces de l'activité humaine sont visibles : par exemple des étendues défrichées ou des lacs de barrage. L'observation des cours d'eau est riche d'enseignements. Le volume et la nature des alluvions charriées par les fleuves sont modifiés du fait de l'activité humaine. On sait que les deltas de grands fleuves tels que le Nil se remplissent périodiquement d'une vase fertile propice à l'agriculture. Les estuaires des grands fleuves de l'Europe, tel le Rhin ou l'Elbe, sont envahis par des masses de boue accumulées au fil des décennies. Malheureusement, ces boues-là ne se prêtent pas à la culture car elles renferment des métaux lourds (mercure, zinc, cadmium) dont la concentration est plusieurs fois supérieure à celle d'une bonne terre arable, ce qui en détermine la toxicité.

Un observateur attentif décèle aisément une corrélation entre la morphologie d'une région et la nature lithologique de son substrat. Dans les régions calcaires, le paysage est fréquemment accidenté, des plateaux étant traversés par des canyons, des gorges profondes, des précipices. La morphologie des régions granitiques est tout autre : le relief ondulé, faiblement entaillé, possède un réseau fluvial régulier. Chaque région de la planète possède ainsi ses propres caractéristiques géologiques : structurales, lithologiques et morphologiques. Ces divers facteurs réunis, associés aux conditions climatiques, déterminent par la suite les propriétés de la surface du sol ainsi que la nature des populations végétales et animales qui s'y installent.

Un net contraste caractérise donc la physionomie de la Terre : celui qui oppose les régions océaniques aux régions continentales. Les fonds océaniques s'édifient rapidement mais disparaissent tout aussi vite. Relativement jeunes, ils n'ont guère le temps d'être déformés. C'est la raison pour laquelle l'essentiel de

◄ ***Savane arborée***
La savane arborée est une formation transitoire entre la savane proprement dite et la forêt tropicale à rythme saisonnier.

▲ ***Géomorphologie pluviale en climat tempéré***
Bras morts des méandres et dépôts alluviaux caractérisent le cours inférieur des fleuves en climat tempéré. Les changements intervenant dans la morphologie et dans le couvert végétal sont souvent le résultat d'interventions humaines.

l'histoire de la Terre se lit sur les continents. Ceux-ci se composent de roches souvent très anciennes fréquemment impliquées dans les processus orogéniques. Démantelées par l'érosion, elles fournissent un abondant matériel détritique qui se dépose dans les bassins avant d'être transformé en roches sédimentaires. L'histoire de la surface de la Terre, dans ce qu'on appelle la géodynamique externe, est véritablement marquée par le cycle érosion-sédimentation. L'homme perturbe-t-il ce cycle? En apparence, non. S'il intervient dans le transport des matériaux détritiques du continent vers les océans par la voie des fleuves, s'il influe sur les processus de sédimentation dans les petits bassins, cette interférence est, globalement à l'échelle de la planète, quantitativement négligeable. Mais qualitativement, la réponse est différente. On peut en effet la considérer comme la principale cause de la transformation globale du « métabolisme » planétaire.

ANATOMIE DE LA PLANÈTE

Lorsque des géologues viennent sur le terrain équipés de leurs instruments de forage, les autochtones se demandent ce qu'ils vont bien pouvoir découvrir, convaincus de bien connaître déjà la structure de leur région. En surface, il y a d'abord le sol, qui est une particularité. Les autres planètes du système solaire ne présentent à leur surface qu'une matière appelée régolite. Le régolite est en effet une formation superficielle qui résulte de la fragmentation des roches sans que les fragments aient été transportés. En outre, il se distingue du sol par le fait que ses éléments n'ont pas subi de transformation notable par rapport à la roche mère, notamment du fait d'une activité biologique. Or seule, à notre connaissance, la Terre connaît une activité biologique. Sur Terre, les formations superficielles subissent des altérations physico-chimiques et biologiques : elles constituent les sols, de quelques millimètres à quelques mètres d'épaisseur.

Au-dessous vient le sous-sol, le véritable terrain des géologues, formé de roches telles que le granite ou le calcaire. Le granite est une roche magmatique venue des profondeurs, tout comme la diorite, l'andésite et le

◀ ***Espace planétaire***
Le scénario de l'apparition des étoiles ou de la formation des planètes dépasse l'entendement humain. On ignore toujours pourquoi les planètes de notre système solaire ne sont pas toutes identiques en dépit de leur commune origine ou pourquoi le Soleil n'est pas une étoile double. Observant le lointain Cosmos, les astronomes reconstituent l'image aussi bien des premières secondes de l'Univers que de son histoire sur plusieurs milliards d'années. Ils en étudient les signaux lumineux, les rayonnements électromagnétique et thermique, les vestiges des premiers événements cosmiques. Ils analysent des météorites très primitives contenant du carbone, constatant au passage que cette matière primordiale contient des particules encore plus anciennes que notre système solaire lui-même. Dans quelles conditions se sont formées les planètes ? Bien que certaines étapes de leur évolution soient déjà connues en détail, la vitesse et la durée de leur formation, leur structuration en enveloppes concentriques sont encore mystérieuses à bien des égards. Tout en continuant à évoluer, notre conception présente de l'Univers s'appuie sur des repères fixes, généralement acceptés par la communauté scientifique : big bang, explosions de supernovae, nucléosynthèse primordiale, condensation du plasma et des gaz, apparition de la matière et son accrétion en planétésimales au sein de nébuleuses entourant les futures étoiles, collision de ces planétésimales, genèse enfin des objets célestes. C'est ainsi que l'artiste a représenté ici la chronologie des événements cosmiques.

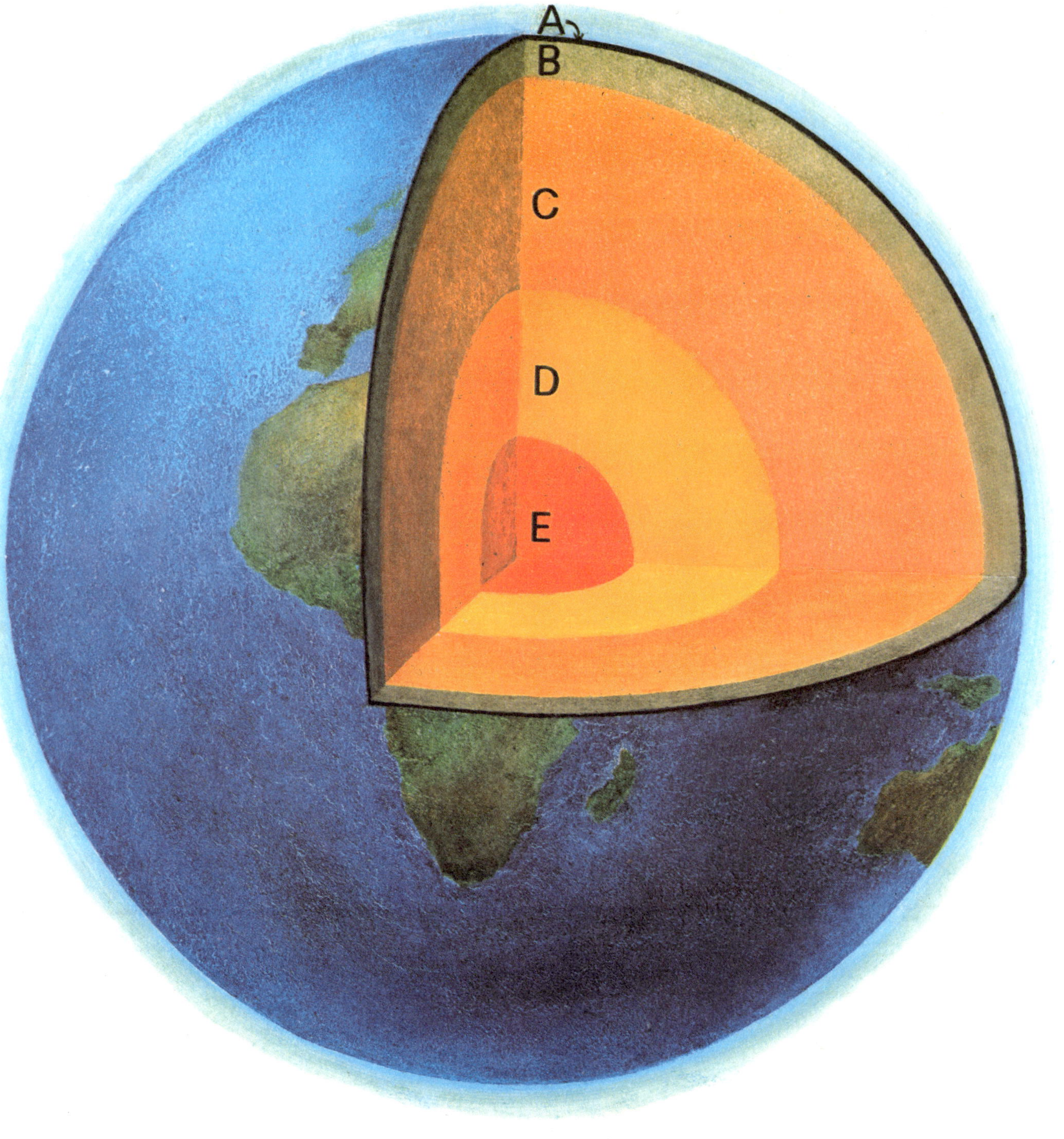

▲ ***Structure interne du globe terrestre***

Différenciation schématique de la Terre en sphères concentriques :

A - croûte (continentale et océanique)
B - manteau supérieur
C - manteau inférieur
D - noyau externe
E - noyau interne

▶ ***Le champ géomagnétique : conception ancienne du dipôle permanent (a) et conception moderne de l'effet de dynamo (b)***

Dans la Grèce antique, les Anciens connaissaient déjà l'existence du magnétisme terrestre. Mais ce n'est qu'à partir du XVI*e siècle que l'on a accepté l'hypothèse d'un champ géomagnétique analogue à un dipôle permanent. Toutefois, cette hypothèse ne concorde pas avec certaines observations relatives à des variations de position et d'intensité du champ géomagnétique au cours de l'histoire géologique de la Terre. Selon la conception moderne qui ne date guère de plus d'un demi-siècle, la Terre possède un noyau fait de métaux partiellement fusionnés dans lequel des courants se produisent, probablement provoqués par des changements de température. Du fait de sa rotation, elle crée un champ magnétique. Ce phénomène est appelé effet de dynamo, terme qui fait allusion au fonctionnement d'un stator et d'un rotor. Les deux conceptions ancienne et moderne sont représentées ici : dipôle permanent (a) et modèle de dynamo avec circulation de courant dans le noyau (b).*

basalte. Le calcaire est une roche sédimentaire, formée en surface, tout comme le grès, l'argile, le lœss et les conglomérats. Si des mouvements du sous-sol, induits par les forces internes de la planète ou par des surcharges sédimentaires, en provoquent l'enfoncement à plusieurs kilomètres de profondeur, ces roches peuvent être profondément modifiées dans leur structure et dans leur composition. Elles sont transformées en roches métamorphiques, telles que le gneiss et les schistes. L'écorce terrestre continentale apparaît ainsi comme une formation extrêmement complexe, diversifiée, aux multiples propriétés. Si cette formation rocheuse n'existait pas, soit en moyenne les trente premiers kilomètres en épaisseur, l'aspect de la Terre serait différent. Si les éléments radioactifs, qui dégagent de l'énergie thermique et qui n'existent que dans la croûte, étaient répartis dans l'ensemble de la planète, celle-ci serait beaucoup plus chaude. Les géophysiciens présument que, dans ce cas, la densité de la Terre serait différente, la propagation des ondes sismiques se modifierait, etc. Mais quel matériau était donc disponible au moment de la formation de la Terre ? La quête d'une réponse va nous conduire à l'orée des temps, à la naissance même de la planète.

L'âge de la Terre, dès lors que celle-ci s'est constituée en corps solide, diffère considérablement de l'âge de l'Univers. Même si l'on ignore l'âge exact de ce dernier, on est en mesure d'affirmer qu'il est supérieur à 15 milliards d'années. Mais l'âge de la Terre, comme celui de tout notre système solaire, n'est que de 4,6 milliards d'années. On sait également que la Terre diffère considérablement du reste de l'Univers par sa composition. Les astronomes qui, par des méthodes spectrales, étudient les étoiles, y compris notre Soleil, ou les géochimistes, qui se penchent sur sa composition, peuvent en témoigner. La Terre ne possède qu'une très faible quantité d'éléments légers tels que l'hydrogène et l'hélium (ce dernier, en revanche, très abondant dans l'Univers environnant). Les volumes d'oxygène et de carbone terrestres ne peuvent pas non plus rivaliser avec ceux qui existent dans l'Univers. Par contre, des éléments moins légers qui se condensent facilement pour former des corps solides, tels que le silicium, le nickel, le fer, le magnésium, l'aluminium, le calcium, le titane sont plus abondants sur la Terre. Cependant, ces différents éléments s'y trouvent dans les mêmes proportions relatives qu'ailleurs dans l'espace, sur les autres planètes, sur les astéroïdes et dans les étoiles, Soleil compris. Cette observation implique que la composition de la Terre soit pratiquement identique à celle des autres corps du système solaire (si l'on considère que les éléments légers ont pu s'en échapper secondairement). Compte tenu de cette similitude, les chimistes supposent que toutes les planètes du système solaire et le Soleil lui-même ont un ancêtre commun.

La recherche de cet ancêtre, le matériau primordial qui a servi à la formation de la Terre, demande des talents de détective. L'étude des météorites, échantillons dispersés de matériaux de construction du système solaire, a donné des informations intéressantes. On en trouve par milliers dans les grands musées du monde, grâce principalement aux récoltes effectuées dans l'Antarctique au cours de la dernière décennie.

Une classification sommaire permet de distinguer les météorites en fonction de leurs composants : météorites métalliques (ou sidérites), principalement composées de fer et de nickel ; météorites pierreuses, faites de silicates ; météorites mixtes (ou sidérolithes), constituées à parts à peu près égales de fer-nickel et de silicates. Parmi les météorites pierreuses, certaines contiennent de petites inclusions sphériques de silicates (les chondres) inconnues dans les roches terrestres. Ce sont les chondrites par opposition aux achondrites, semblables au basalte, qu'elles proviennent des astéroïdes inconnus, de la Lune ou de Mars. Parmi les chondrites, on distingue celles qui ont été soumises dans le passé à des températures élevées, et celles qui n'ont jamais été exposées à la chaleur, à la pression ou à une influence chimique. Ces dernières, peu nombreuses, sont particulièrement précieuses en raison des

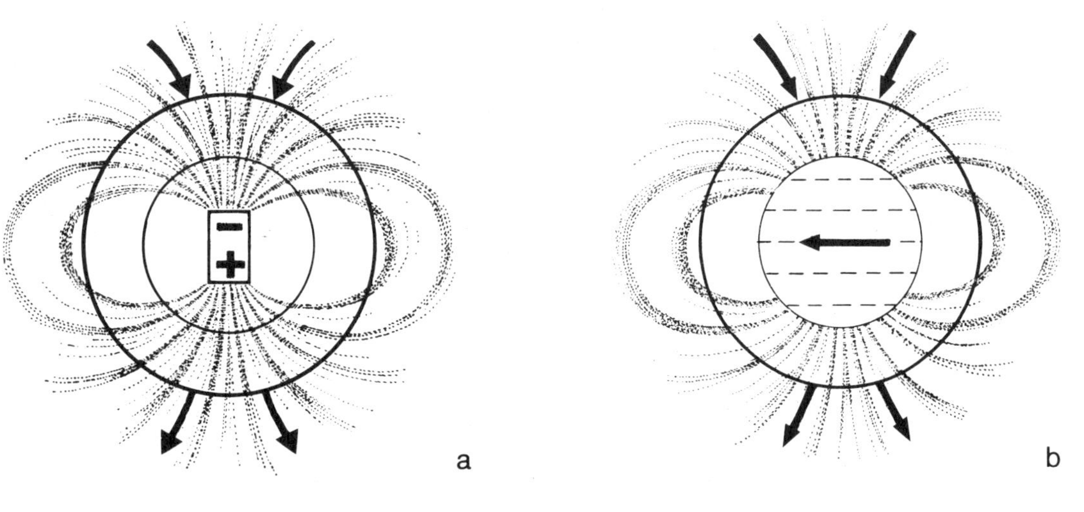

a b

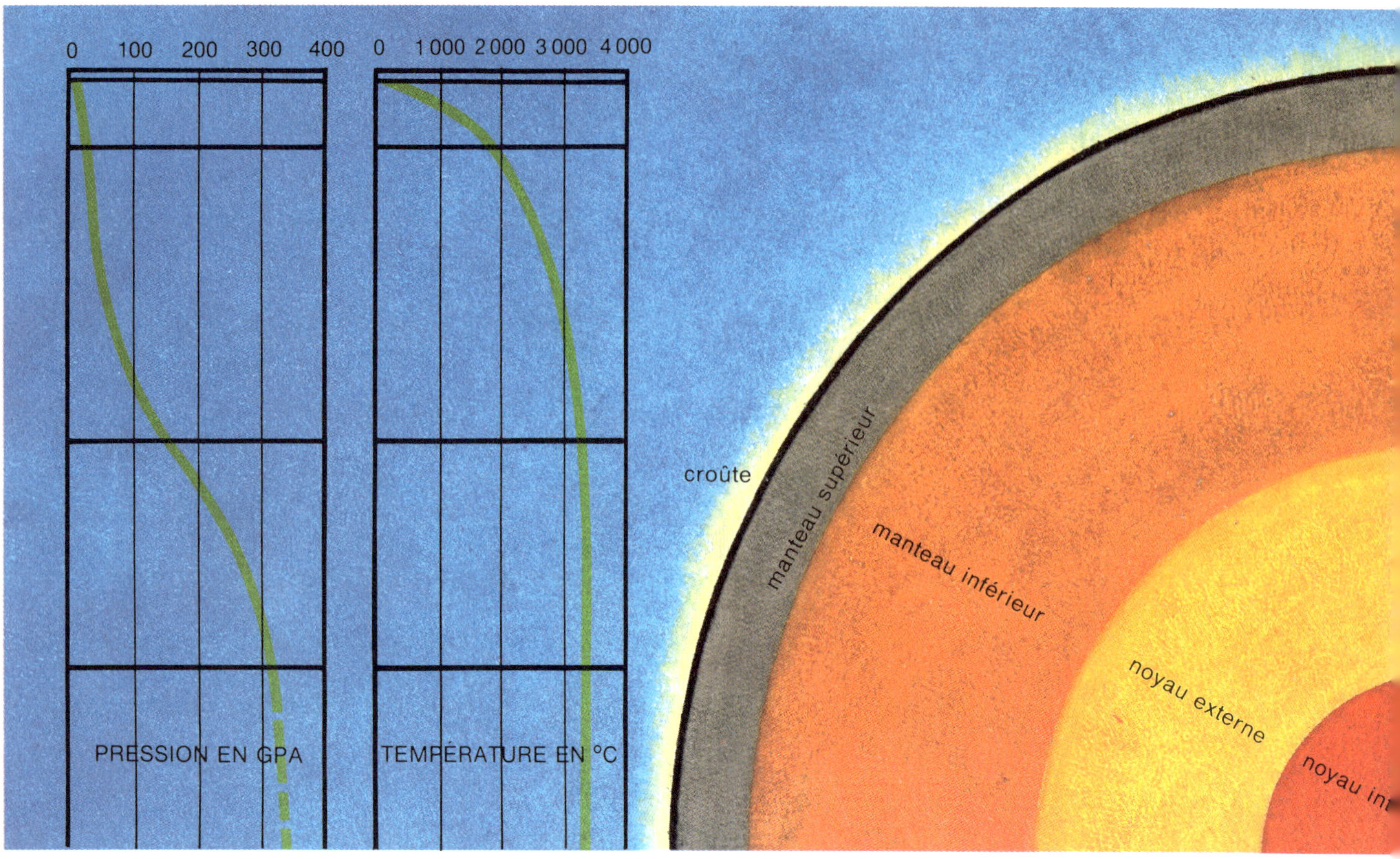

▲ ***Paramètres pris en compte pour déterminer la structure interne du globe***
En fonction de la profondeur : augmentation de la pression, de la température et de la densité moyenne de la matière ; variations brusques dans la direction et la vitesse de propagation des ondes sismiques.

informations qu'elles fournissent. La plupart de leurs éléments existent dans les mêmes proportions que celles des éléments non légers du spectre solaire. Elles contiennent aussi une certaine quantité d'eau, de carbone et de composés organiques (acides aminés), et même des particules métalliques. En somme, ces météorites nous font ainsi penser, par leur composition, à une planète miniature qui n'aurait plus qu'à s'organiser avec un noyau métallique, un manteau et sa croûte, tapissée d'une mince enveloppe organique superficielle. On a pu prouver que les chondrites ne proviennent pas des autres planètes. Jamais exposées à des températures élevées qui les auraient fait fondre, elles représentent un matériau de la plus haute importance aux yeux des scientifiques. Les chimistes ont découvert que les chondrites contiennent des particules étrangères à notre système solaire, matériaux recyclés qui proviennent d'étapes antérieures de l'évolution de l'Univers.

Quand, il y a 5 milliards d'années, un nuage de gaz et de poussières de notre galaxie s'est contracté en un corps dont la température s'est élevée à plusieurs millions de degrés, une étoile s'est formée : c'était notre Soleil. Le reste de la matière s'est dispersé en un disque dont les éléments les plus lourds se sont rassemblés : ce sont les planètes, dont notre Terre. L'étude de la composition et de la structure des météorites montre de quelle façon les particules ont pu s'agglomérer pour former des corps célestes. Les météorites renferment en effet des particules nées de la condensation des gaz de la nébuleuse solaire primordiale. En y réfléchissant bien, on se rend compte que la moindre particule de matière de la surface terrestre, le moindre atome du plus ordinaire de ses éléments (par exemple le silicium) ont une histoire extrêmement complexe et riche d'enseignements.

Maintenant qu'a été décrite globalement la composition des matériaux qui interviennent dans la genèse d'une planète, on est en mesure de reconstituer le scénario probable de cet événement, avec des étapes successives d'agglomération, d'accrétion et de réchauffement intense. Ce dernier, en faisant fondre la matière, a séparé les métaux des silicates. Compte tenu de leur plus forte densité, les métaux se sont concentrés au centre de la Terre pour y former le noyau (fer + nickel + soufre).

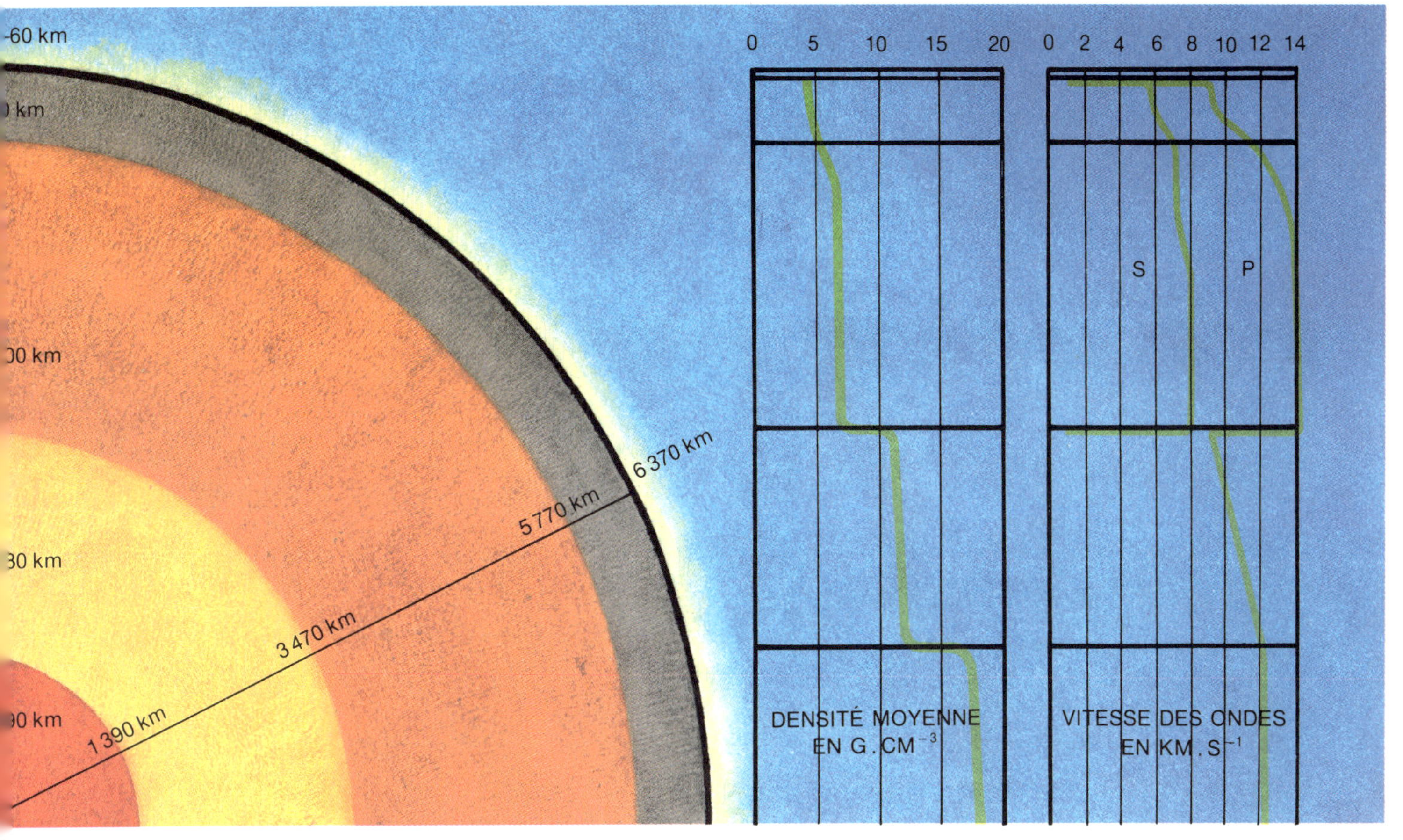

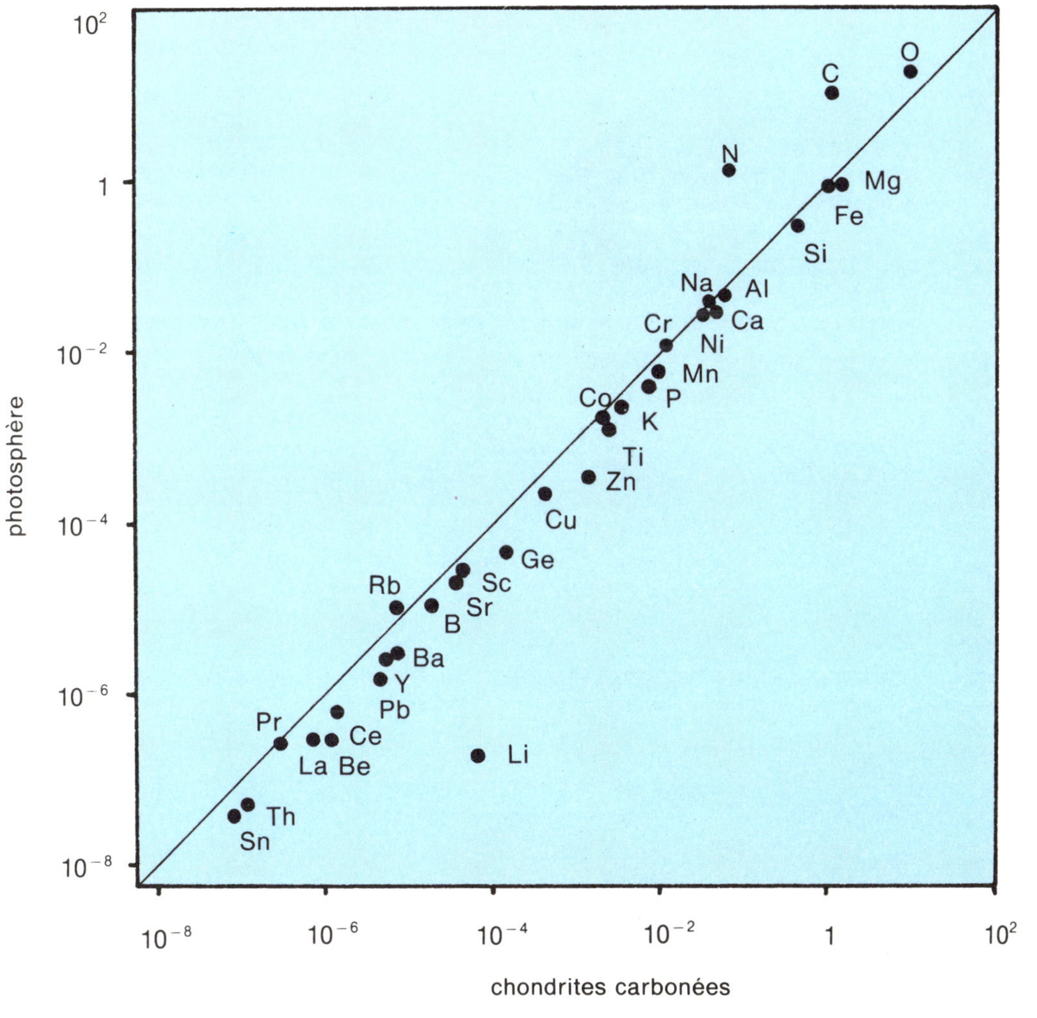

◀ ***Composition chimique comparée de la photosphère et des chondrites et météorites carbonées***
Le nombre de produits chimiques présents dans l'atmosphère solaire (photosphère) est pratiquement identique à celui qu'on trouve dans les chondrites et les météorites carbonées qui s'y rattachent, les différences portant essentiellement sur les teneurs en gaz condensés. Si la quantité d'éléments présents était absolument identique, les points correspondant à leurs teneurs se trouveraient rigoureusement alignés sur la même droite. Ce n'est pas exactement le cas, mais l'analogie entre les éléments présents dans la photosphère et ceux contenus dans les météorites porte à croire qu'ils proviennent de la même source. Comme la composition des météorites ressemble aussi à celle de la Terre, il est logique de penser que la Terre et toutes les planètes ont pour ancêtre commun un unique disque protoplanétaire.

L'étude structurale de la Terre fait l'objet d'une discipline scientifique complexe, la géophysique. En surface, on trouve des roches de densité relativement faible : 2,64 pour les granites, roches les plus communes, 2,8 pour les amphibolites. Or, la densité moyenne de la Terre est voisine de 5,52, soit deux fois plus. Cela signifie que la Terre abrite dans ses profondeurs un matériau bien plus lourd que les silicates périphériques.

La volcanologie apporte à ce sujet des informations intéressantes. Lors d'une éruption, un important flux thermique ascendant s'effectue, ce qui entraîne la fonte d'une partie des roches traversées, situées à faible ou moyenne profondeur. Les secousses sismiques enregistrées en surface (le point de plus forte intensité étant appelé épicentre) et dont le foyer (hypocentre) est situé à plusieurs kilomètres de profondeur, indiquent que l'intérieur de la planète est essentiellement solide : les ondes de propagation, de plusieurs types, s'y propagent en effect comme dans un milieu solide. Si les roches du manteau situées entre la croûte terrestre et le noyau avaient fondu, les ondes transversales ne pourraient s'y transmettre. Les sismologues ont observé un phénomène curieux à l'occasion d'importants tremblements de terre. Bien que les ondes sismiques se propagent dans toute la planète, on remarque une zone d'ombre sismique à l'opposé de l'épicentre, zone que les ondes transversales n'atteignent jamais quelle que soit la force du séisme. Cette constatation laisse supposer que le noyau comporte une couche externe liquide. On a aussi constaté que les différentes ondes ne se propagent pas à la même vitesse en fonction de la profondeur. Plus les ondes progressent vers l'intérieur, plus leur vitesse s'accroît, mais de façon irrégulière, par bonds. Cela met en évidence une hétérogénéité structurale, l'existence de différentes enveloppes séparées par des surfaces de discontinuité.

D'autres propriétés physiques de la Terre sont liées à l'existence de courants électriques, à l'origine de la magnétosphère. Il s'agit d'un champ géomagnétique, analogue à un dipôle, soumis à des irrégularités diurnes et à des fluctuations mensuelles et permanentes. Des études de paléomagnétisme ont en outre montré que la position du pôle Nord magnétique a varié au cours des temps géologiques. Cela implique que la source du champ magnétique se trouve à l'intérieur de la planète et qu'elle est étroitement liée à l'activité interne de celle-ci. Il existe d'autres propriétés géophy-

◀ ***Surface (ici démesurément déformée) du globe terrestre***
On représente généralement la Terre comme un corps rigoureusement sphérique. Son aplatissement au niveau des pôles (seulement 43 kilomètres pour un diamètre supérieur à 12 000 kilomètres) ne peut pas être exactement rendu sur un dessin. De même, il est impossible de rendre avec fidélité la véritable forme de la planète, déterminée grâce à des mesures de gravité effectuée par satellite. Aussi pour en donner une idée, l'illustrateur a représenté notre planète sous la forme d'une pomme de terre, en exagérant plus de mille fois les déformations réelles. Les boursouflures correspondent à un excès et les dépressions à un déficit de matière à la surface du globe terrestre.

▶ ***Propagation des ondes sismiques illustrant le rôle du noyau***

Les sismologues ont déterminé, à l'aide de technologies avancées, la nature et la vitesse de propagation des ondes sismiques. On distingue des ondes longitudinales (ou ondes P) et des ondes transversales (ou ondes S). L'illustration montre la propagation de ces deux types sous forme d'un grillage métallique. Les ondes longitudinales rapprochent et écartent les mailles par des forces de compression et d'extension. Les ondes transversales, en revanche, se propagent comme à la surface de l'eau. Autre différence, les ondes transversales ne se propagent pas dans les liquides, contrairement aux ondes longitudinales. Il existe un troisième groupe d'ondes qui progressent de manière plus complexe, non à l'intérieur du globe terrestre mais à sa surface. Ces ondes (appelées ondes L) ont une grande amplitude et une grande période. Ces différences de comportement des ondes sismiques longitudinales et transversales, qu'on observe lors de leur propagation au sein d'un corps solide ou d'un corps liquide, confirment l'existence et les dimensions d'un noyau terrestre pâteux sinon liquide. L'illustration représente une situation purement hypothétique : les ondes S, provoquées par un fort séisme qui aurait lieu au pôle Nord, seraient enregistrées uniquement dans l'hémisphère Nord, contrairement aux ondes P, qui seraient perceptibles aussi bien dans l'hémisphère Nord que dans l'hémisphère Sud, à l'exception d'une zone d'ombre pratiquement dépourvue de réception sismique (entre 103° et 142° par rapport à l'épicentre du séisme).

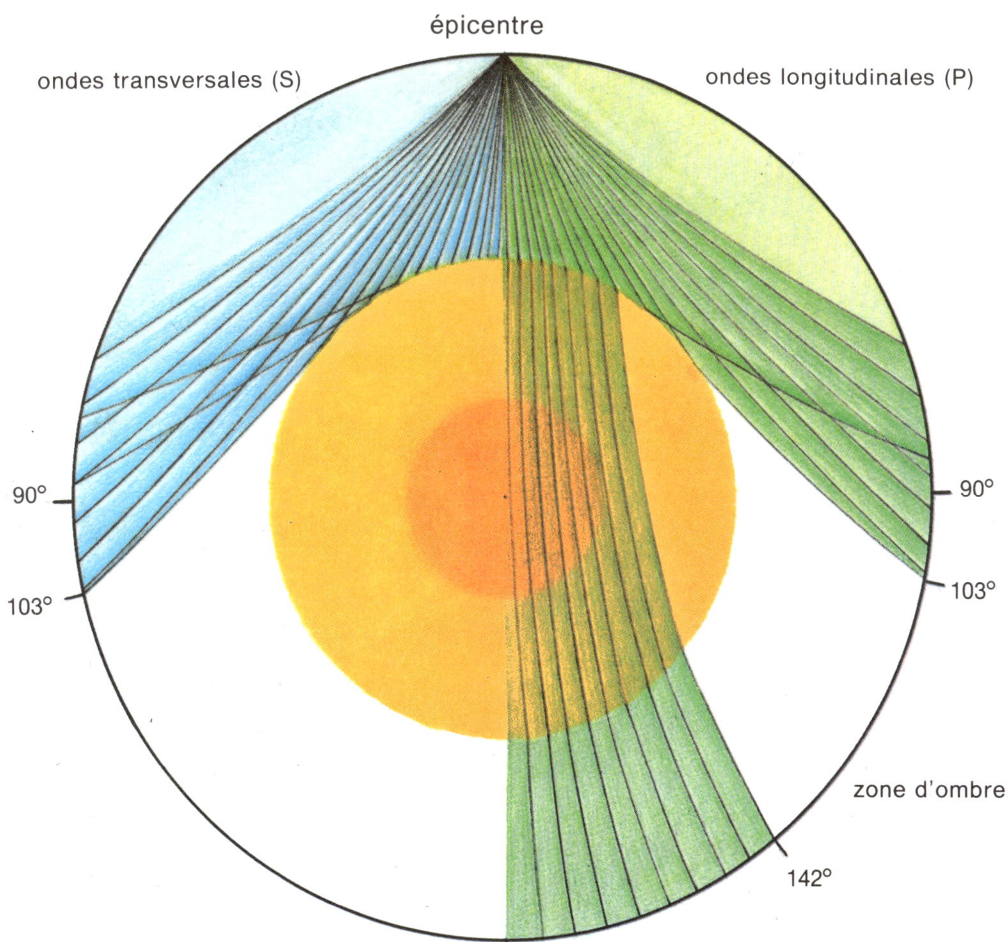

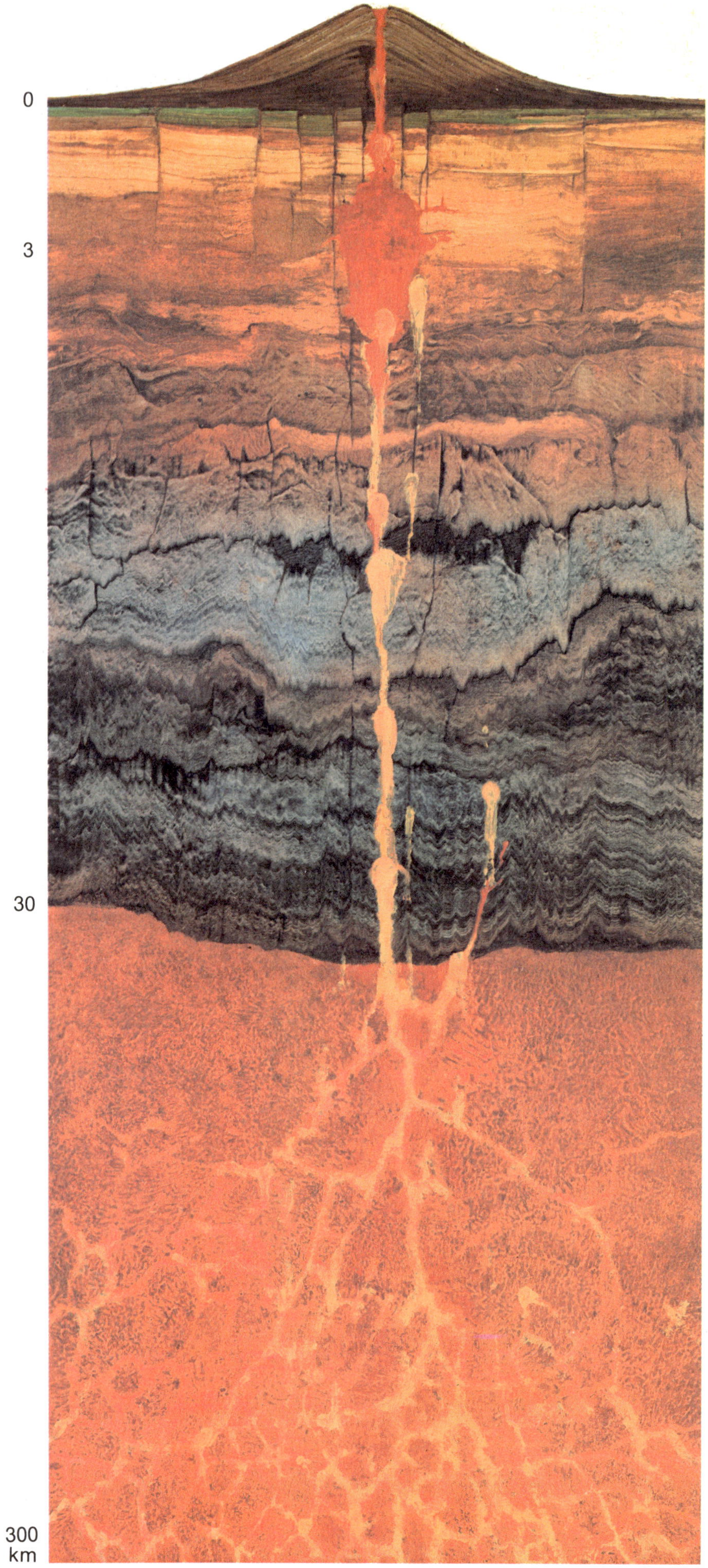

◀ ***La montée du magma***
Le magma basaltique se forme par fusion partielle du manteau. La densité moyenne du magma en fusion étant plus faible que celle des roches encaissantes solides, le magma monte pour s'accumuler dans des poches ou chambres magmatiques. Pour autant qu'il y reste longtemps, il se met à réagir avec les roches environnantes et si sa température baisse ou si les substances volatiles qu'il renferme s'échappent, il finit par se cristalliser, donnant naissance à des minéraux tels que l'olivine. En traversant la croûte, le magma subit d'autres modifications. À son contact, la croûte fusionne (plus facilement que le manteau) et le contamine, le « pollue » au passage. Si toutes les conditions s'y prêtent (densité du magma inférieure à celle des roches environnantes, existence de passages dans la croûte), le magma jaillit à la surface. Les roches cristallisées en profondeur sont dites intrusives, celles qui cristallisent en surface sont dites extrusives.

▶ ***Variabilité du gradient géothermique au sein de la lithosphère et de l'asthénosphère***
La différence entre lithosphère et asthénosphère est déterminée par des propriétés mécaniques différentes des deux enveloppes. La lithosphère est solide et rigide, l'asthénosphère molle et élastique. Cependant, la partie de la lithosphère qui correspond au manteau supérieur a pratiquement la même composition chimique que l'asthénosphère. Les différentes qualités mécaniques sont en partie dues à la température, plus élevée dans l'asthénosphère, ce qui la rend plastique ; plus froide, la lithosphère, est aussi plus cassante. L'illustration montre la distribution des températures dans le manteau supérieur, à la base des principales unités géotectoniques (dorsale, fonds océaniques, bouclier, haut plateau). On remarquera l'épaisseur de la lithosphère en zone continentale et sa minceur à l'endroit des dorsales.

siques intéressantes telles que la conduction électrique, la répartition de centres de gravité régionaux ou encore la forme même de la planète, qui n'est pas une sphère parfaite. Toutes ces informations constituent un ensemble de données fondamentales dans l'étude de la planète bleue.

À l'aide d'un scalpel imaginaire, découpons un quartier dans cette planète pour en découvrir l'intérieur. Le centre de la Terre se compose d'une matière dense appelée noyau. Malgré le peu d'informations dont on dispose à son sujet, on sait, d'après le comportement des ondes sismiques qui le traversent lors des tremblements de terre, que l'intérieur du noyau (la graine) est solide. Sa température atteint plusieurs milliers de degrés. La densité moyenne du noyau, nous l'avons vu, est dû à sa composition : l'analogie faite avec les météorites permet de supposer que la graine est formée d'un alliage de fer et de nickel, ainsi que d'autres éléments qui l'allègent un peu, notamment le soufre. Un noyau interne composé exclusivement de fer et de nickel serait en effet bien plus lourd.

Vers 5 100 kilomètres de profondeur, la graine est délimitée par une enveloppe dans laquelle coexistent les états solide et liquide. Cette enveloppe présente à peu près la même composition (fer et nickel allégés), elle est également très chaude. Vient ensuite le noyau externe. Cette masse pâteuse est le siège de courants dont l'action, associée à celle des courants qui affectent, à des vitesses différentes, l'enveloppe encore plus externe au contact du manteau intérieur siliceux, entraîne d'importantes répercussions sur l'ensemble des phénomènes planétaires. Ces mouvements produisent un effet analogue à l'effet produit dans une dynamo : ils engendrent un champ électrique qui détermine l'existence de la magnétosphère.

À l'extérieur du noyau, vers 2 900 kilomètres de profondeur, débute le manteau, constitué de roches qui présentent déjà les caractéristiques essentielles de celles qu'on trouve en surface dans les carrières par exemple. Elles sont toutefois plus denses et leur composition est sensiblement différente. En dépit d'énormes pressions (1 million d'atmosphères environ) et de températures qui dépassent 3 000 °C, le magma pâteux y subit progressivement le phénomène de cristallisation. Les roches en voie de formation y sont dans un état métastable, au seuil de la fusion, ce qui les maintient dans un état mou et plastique. Les déplacements de matière comparables aux mouvements des glaciers y sont très lents, probablement de quelques centimètres ou mètres par an.

Le manteau représente 80 % du volume du globe. De 2 900 à 700 kilomètres de profondeur, c'est le domaine de la mésosphère : les roches y sont un agencement très compact d'atomes de silicium, d'oxygène, de fer et de magnésium, tel le minéral appelé pérovskite. Vient ensuite l'asthénosphère, entre 700 et 400 kilomètres de profondeur. La compacité des minéraux y est moins grande (par exemple le spinelle). Vers 400 kilomètres de profondeur, la pression n'est plus que 130 000 fois supérieure à celle de l'atmosphère. Enfin, jusqu'à 30 kilomètres sous la croûte continentale et 6 kilomètres sous la croûte océanique, se trouve la partie la plus profonde de la lithosphère, l'enveloppe externe du manteau. La compacité des minéraux est encore moins grande (exemple : l'olivine). La composition des roches nous est directement connue, puisque

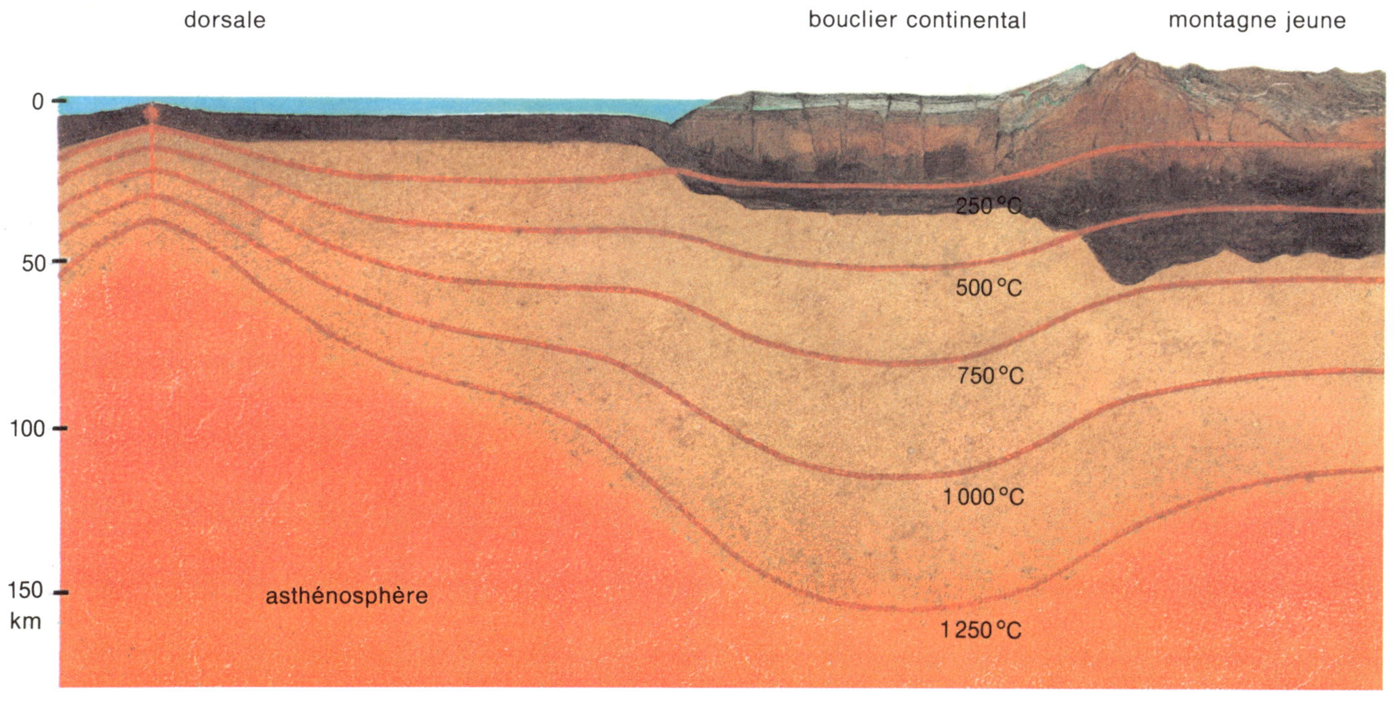

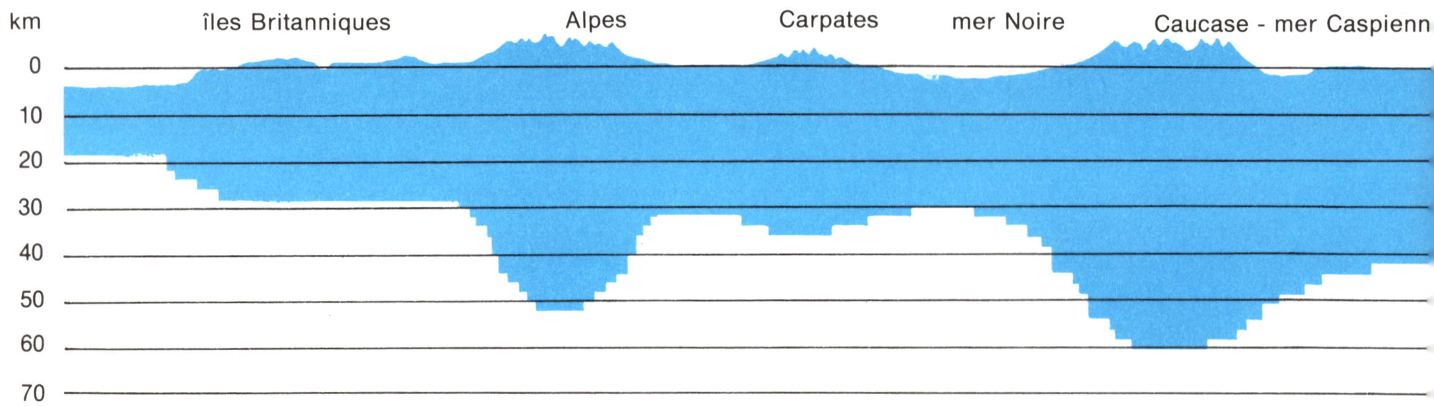

c'est celle du magma émis au fond des océans, au niveau des dorsales et par certains volcans. Le manteau supérieur est donc en contact avec la fine couche que représente la croûte terrestre. La lithosphère (en grec, *lithos* signifie pierre) correspond à la couche superficielle solide de la planète, c'est-à-dire à l'ensemble croûte et manteau supérieur. La lithosphère est dure et cassante, alors que l'asthénosphère est malléable, sa consistance rappelant celle du beurre ou du dentifrice.

On a pu se faire une idée assez précise de la composition chimique, minéralogique et pétrochimique du manteau grâce aux études modernes en géochimie et en pétrochimie. Le manteau doit être constitué de roches qui, partiellement fusionnées, se transforment en basalte. L'étude des roches volcaniques révèle que des roches appartenant au manteau, telles que les kimberlites, peuvent s'y trouver incluses lors de l'éruption du magma. D'autres preuves encore sont fournies par l'étude d'îlots continentaux de roches appartenant au manteau. Il arrive en effet qu'au cours d'un déplacement tectonique important, une partie du manteau s'enclave dans la croûte. Pétrochimistes et géophysiciens peuvent alors en étudier directement les propriétés chimiques et physiques.

Pour un géologue, sonder les profondeurs terrestres revêt un attrait magique, propre à tout ce qui est d'accès difficile. Pour connaître la structure de la croûte continentale, au moins dans sa partie la plus externe, il suffit de contempler les parois de vallées profondes, de canyons ou de montagnes. En ces lieux où l'action du temps a rongé le paysage, et pourvu qu'ils soient vierges de végétation ou presque, on découvre ce qui se passait en profondeur à quelques kilomètres sous la surface de la Terre. De tels sites ne sont pas rares : on en trouve sur tous les continents. Les géologues peuvent y étudier la structure et la composition des terrains et imaginer dès lors plus facilement les phénomènes qui se déroulent en profondeur. Avant de s'attarder sur ce sujet, il faut d'abord préciser la nature de ces terrains.

Il existe, entre le manteau et la croûte, une frontière aux propriétés physico-chimiques particulières. Par exemple, les ondes sismiques longitudinales (appelées ondes P parce qu'étant les plus rapides, elles arrivent les premières lors de leur enregistrement en un lieu donné) s'accélèrent sensiblement, leur vitesse passant de 5 km/s dans la croûte à 6,5 km/s dans le manteau supérieur. Cette frontière a été appelée discontinuité de Mohorovicic ou Moho, du nom du géo-

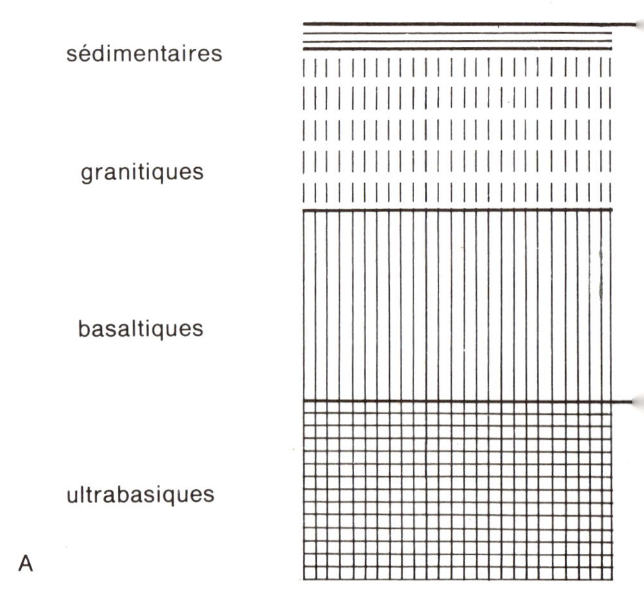

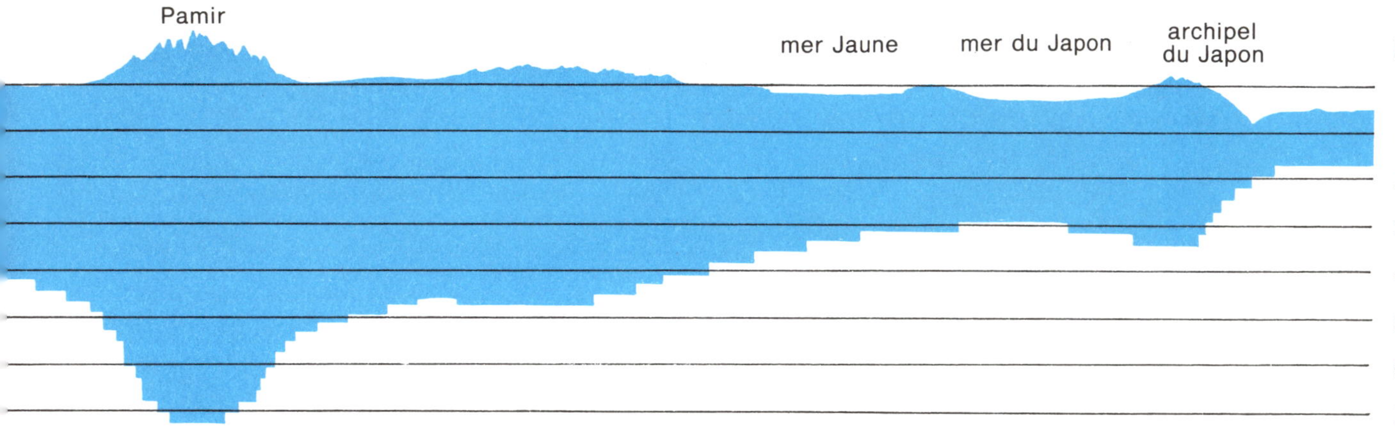

▲ ***Profil structural de l'Eurasie***
Des rives de l'Europe occidentale aux îles du Japon, ce profil révèle la puissance accrue de la croûte continentale dans les régions montagneuses. Le surcroît de masse constitué par les hauts reliefs est compensé par une plus grande épaisseur sous-jacente de matériaux lithosphériques moins denses que ceux du manteau supérieur dans lequel ils s'enfoncent.

physicien qui la mit en évidence au début de ce siècle. De part et d'autre de cette frontière, la composition des roches diffère. Celles qui sont situées au-dessous sont en général plus riches en magnésium, en fer, en nickel et en chrome. Par contre, les éléments comme le silicium, l'aluminium, le potassium, le sodium, le calcium, ainsi que divers oligo-éléments (éléments traces) tels que le rubidium, le baryum et le strontium sont plus abondants dans la croûte.

Nous avons déjà signalé que la croûte océanique diffère de la croûte continentale. Jeune (200 millions d'années au plus), la croûte océanique est constituée d'une pellicule sédimentaire qui repose sur un tapis basaltique s'étalant, depuis la dorsale océanique, sur le substratum que constituent les roches du manteau supérieur. La croûte continentale possède une structure nettement plus complexe. Elle renferme toutes les roches connues à la surface de la Terre : roches magmatiques telles que granite, diorite, andésite ; des roches sédimentaires telles que grès, argiles, calcaires ; enfin des roches métamorphiques telles que gneiss, schistes et micaschistes. Les scientifiques étaient persuadés il y a peu de temps encore, que l'écorce terrestre comportait, elle aussi, deux couches : une couche supérieure, chimiquement proche des granites, riches en silice, et une couche inférieure, proche des basaltes, déficitaire en silice. On a effectivement mis en évidence une limite, discontinuité au sein de la croûte continentale, appelée discontinuité de Conrad. Cependant, diverses vérifications et un forage très profond effectué

◄ ***Structure hétérogène de la partie externe de l'écorce terrestre***
Il y a loin entre cette réalité structurale chaotique (B) et le schéma simpliste (A) de la superposition d'un niveau granitique caché sous une couverture sédimentaire et reposant sur une couche basaltique flottant sur un magma ultrabasique.

B

Profils pédologiques
La pédosphère, pellicule de sol recouvrant la surface de la Terre, joue un rôle extrêmement important, malgré sa faible épaisseur. Les organismes terrestres, dont l'homme, en sont tributaires. Substrat des végétaux, le sol se trouve à l'origine d'un grand nombre de chaînes alimentaires. Sa formation est un processus complexe, variable et lent. Mais s'il faut généralement plusieurs siècles pour que s'élabore un sol, les activités humaines peuvent le détruire en quelques années. Les principaux facteurs qui déterminent le caractère du sol dans un lieu donné sont la nature des roches sous-jacentes, les conditions climatiques et le niveau de la nappe phréatique.

Cette première série d'illustrations représente des sols qui se sont formés sous des conditions climatiques analogues mais sur une roche mère différente.

◀ ***Ranker (sol montagneux) sur quartzite***
Le ranker est un sol de montagne souvent rajeuni, développé sur un substratum siliceux (granite, gneiss ou grès) ; en surface, la matière organique n'est pas décomposée.

sur la presqu'île de Kola (où l'on soupçonnait précisément l'existence de cette discontinuité à une profondeur de 7 kilomètres) ont révélé que cette subdivision n'est pas valable à l'échelle du globe. Parfois absente, la discontinuité de Conrad est souvent plus marquée, voire indécelable en certains points. Quant à la répartition des deux grandes catégories de roches riches ou pauvres en silice en deux niveaux superposés, il semble que ce soit là une interprétation quelque peu erronée.

Dans les années 1960, géologues et géophysiciens se sont intéressés principalement aux milieux océaniques. Notre conception actuelle de la géodynamique interne est fortement influencée par les résultats de ces recherches. Puis dans la décennie 1980, leur intérêt s'est porté sur la structure et la composition des continents.

Les spectaculaires progrès technologiques qui servaient auparavant à découvrir de nouvelles sources d'énergie et de combustibles, et plus spécialement de nouveaux gisements de pétrole, trouvent aujourd'hui des applications dans les recherches géolophysiques. À l'aide de charges explosives, on sait provoquer de mini tremblements de terre dont on enregistre les effets à proximité de leurs épicentres. Un traitement informatique approprié permet d'en reconstituer les cheminements et les étapes, à l'instar des tomographes utilisés en médecine pour les examens de l'organisme humain.

L'étude de la croûte terrestre par des méthodes empruntées à la sismologie offre une image quelque peu idéalisée de ses couches inférieures, jusqu'à une profondeur de 30 à 50 kilomètres. À la suite de ces expériences, on effectue aujourd'hui dans les pays industrialisés des forages que les géologues qualifient de profonds ou ultraprofonds. Il faut cependant se rappeler qu'aussi profonds qu'ils soient, ces forages dépassent à peine une dizaine de kilomètres de profondeur. En Russie, un forage de 13 kilomètres de profon-

▶ ***Podzol, sur gneiss***
Le podzol est un sol des régions tempérées plutôt froides (Canada, Russie, Scandinavie) ; l'humus qui le recouvre est incomplètement décomposé ; la roche mère sur laquelle il repose est riche en silice (gneiss ou grès par exemple) ; ce type de sol se trouve en France dans les Landes, sous les forêts de conifères.

▼ ***Sol brun, sur grès***
Parmi les sols bruns, il en est qui se sont développés sous les forêts de feuillus, avec un humus grumeleux et brunâtre appelé mull forestier.

▲ ***Sol brun, sur lœss***
Certains sols bruns, tel celui figuré ici, se trouvent dans des régions de steppes ; leur humus est un mull calcique.

deur a été effectué sur la presqu'île de Kola. D'autres sont prévus. Hormis cet objectif, des forages sont aussi pratiqués dans la recherche des gisements de minerais ou de pétrole. Premiers dans ce domaine de l'exploration de la croûte terrestre associée à la prospection des richesses du sous-sol, les géologues américains s'apprêtent à réaliser des forages sur leur territoire dans les régions également intéressantes du point de vue de la volcanologie et de la géothermie. En Allemagne, on prépare le forage le plus profond du monde : il devrait apporter de précieuses informations sur les différentes formations géologiques de l'Europe centrale. Au fond du puits, on créera un « laboratoire » qui analysera les fluides et les gaz à des profondeurs où la température dépasse 300 °C et où les matériaux utilisés traditionnellement pour la fabrication des instruments de forage perdent leurs propriétés mécaniques. Si l'on compare les 16 kilomètres de profondeur de ce forage aux 6 370 kilomètres de rayon du globe terrestre, on mesure toute la relativité de cette exploration *in vitro.*

Étant la plus accessible et donc la mieux connue, l'écorce terrestre peut être plus facilement subdivisée en unités bien distinctes. Ainsi peut-on distinguer : la pédosphère (horizons de sols), la cryosphère (croûte de glaces), l'atmosphère (enveloppe gazeuse), l'hydrosphère (totalité des eaux de la planète) et même la biosphère (monde de la nature organique). Décrire séparément chacune d'entre elles ne pose aucun problème. La situation se complique dès lors qu'on aborde les interactions entre deux ou plusieurs de ces entités. Les relations qui existent entre les parties solides de la planète, son enveloppe liquide et son enveloppe gazeuse sont tellement complexes qu'il est impossible d'appréhender séparément leurs différentes fonctions. Ainsi, la formation qui résulte de la désagrégation physique de la roche mère sous l'action de l'eau, de la glace, de l'air et des organismes montre que l'état de la pédosphère dépend de facteurs liés successivement ou simultanément à la lithosphère, à l'hydrosphère, à la cryosphère, à l'atmosphère et à la biosphère.

Il n'est pas facile d'imaginer la façon dont s'effectuent les échanges de matière et d'énergie entre les différentes enveloppes solides de la Terre puisque nous n'y avons pas directement accès. En ce qui concerne les échanges entre la lithosphère et l'atmosphère, la situation est *a priori* plus favorable puisque cela se passe en quelque sorte sous nos yeux. Cependant, un certain recul est nécessaire. Autour de la sphère solide (continents) et liquide (océans), l'atmosphère constitue une fragile enveloppe gazeuse qu'on a subdivisée en cinq grandes unités : troposphère, stratosphère, mésosphère, thermosphère et exosphère. Les quatre cinquièmes des gaz atmosphériques sont concentrés dans la troposphère, partie de l'atmosphère terrestre dans laquelle se déroulent les phénomènes météorologiques et s'effectue le trafic aérien. L'épaisseur de la troposphère est de 18 kilomètres à l'équateur, de 10 à 12 kilomètres aux latitudes moyennes. Elle est caractérisée par un gradient thermique décroissant, au fur et à mesure qu'on s'élève et par une composition chimique stable (voir illustration p. 67). Seule la teneur en gaz carbonique varie en fonction de l'heure de la journée, indépendamment de l'altitude. Vient ensuite la stratosphère, dans laquelle la température reste à peu près constante et dont la composition chimique est identique à celle de la troposphère. Elle s'élève jusqu'à 50 kilomètres d'altitude et c'est un merveilleux poste d'observation de la Terre : c'est là que stationnent les ballons météorologiques qui surveillent les déplacements des masses nuageuses.

Au-delà commence la mésosphère épaisse de 15 kilomètres. Sa densité moyenne et sa pression atmosphérique y sont réduites. Sa température descend jusqu'à − 100°C. La proportion de gaz légers augmente, la concentration en ozone, maximale à la limite supérieure de la stratosphère, décroît progressivement. Quant aux autres molécules gazeuses, leur proportion et leur composition restent constantes. La mésosphère

Cette seconde série rassemble des sols formés sur un dépôt sédimentaire détritique meuble non stratifié, argilo-calcaire et silteux, à grains microscopiques ; ce lœss (encore appelé limon des plateaux) est formé de fines particules accumulées par l'érosion éolienne au cours des glaciations et à l'ère post-glaciaire.

▶ ***Tchernoziom, sur lœss***
Le tchernoziom est un sol très noir et très fertile des régions continentales (Ukraine et centre-ouest des États-Unis), caractérisé par un humus très riche en matière organique en surface, calcique et granuleux en dessous.

▼ ***Sol à pseudogley, sur argile de lœss***
Le gley et le pseudogley sont des horizons pédologiques liés à la présence d'une nappe phréatique superficielle ou d'eaux stagnantes et caractérisés par des teintes grisâtres, bleuâtres, ou verdâtres dues à la présence de fer réduit.

est stable car les particules qui la composent sont soumises à l'attraction terrestre.

On définit ensuite une thermosphère, zone caractérisée par l'absorption de rayonnement solaire énergétique et donc par une forte croissance de la température avec l'altitude (valeur limite mesurée : 1 300 °C, à 200 kilomètres d'altitude). La thermosphère terrestre est située entre 85 et 600 kilomètres au-dessus de la surface de notre planète.

Au-delà, dans l'exosphère, commence la grande banlieue terrestre. Échappant à l'attraction terrestre, les particules les plus légères sont absorbées par l'es-

Cette dernière série montre d'abord un sol à gley, puis deux exemples de sols issus d'une roche mère calcaire.

◀ ***Sol à gley, sur alluvions de vallées montagneuses***

▶ ***Rendzine (humus carbonaté), sur substrat calcaire***
La rendzine est un sol formé sur une roche mère calcaire et comportant un horizon de couleur sombre, caillouteux et grumeleux, avec un humus de type mull calcique.

▼ ***Terra rossa, sur croûte calcaire***
La terra rossa est une argile rouge, résidu de la dissolution de terrains calcaires avec appauvrissement en silice et enrichissement en oxyde de fer. C'est un paléosol fréquent sous les climats méditerranéens.

▲ ***Répartition mondiale des principaux types de sol***
1 - tchernoziom,
2 - sol brun,
3 - podzols,
4 - vertisols,
5 - sols des montagnes,
6 - sols des toundras,
7 - sols des déserts.

Le terme de vertisol désigne des sols de climat chaud à fortes alternances saisonnières, dont une saison sèche très accentuée comme sur le pourtour méditerranéen. Les vertisols sont très riches en argile, avec un fort pouvoir de gonflement par l'eau et de rétraction au dessèchement. Ils sont gris sombre ou noirs, grumeleux en surface et prismatiques en profondeur. La dessiccation provoque à leur surface la formation d'un réseau polygonal de fentes béantes.

pace interplanétaire. On estime que chaque seconde, dans le volume d'un dé à coudre, plusieurs millions d'atomes d'hydrogène s'enfuient à jamais dans l'espace. L'exosphère est une zone de vide quasi absolu.

On peut aussi définir une ionosphère, aux limites fluctuantes. Cette région de l'atmosphère n'est pas caractérisée par sa température ou par sa composition chimique. Son existence et ses limites sont déterminées par une forte teneur en ions et en électrons libres et par son pouvoir réflecteur vis-à-vis du rayonnement cosmique. C'est une zone d'interaction entre ce rayonnement cosmique, le rayonnement solaire et le rayonnement terrestre. La pression y est si basse qu'elle constitue pratiquement un vide atmosphérique. Si les molécules d'azote et d'oxygène prédominent dans les couches basses de l'atmosphère, elles sont présentes aussi dans une partie de l'ionosphère. Entre 300 et 70 kilomètres d'altitude, les rayons X et les ultraviolets venus de l'espace provoquent la formation des ions et des électrons à partir des molécules d'azote et d'oxygène décomposées en atomes. En raison de sa forte conduction électrique, la couche ainsi formée perturbe les liaisons radio. Au-delà, la Terre exerce encore son influence sur le proche espace du fait de sa force de gravité, comme en témoigne son satellite naturel, la Lune, et par les propriétés électromagnétiques d'un espace appelé magnétosphère. Le champ magnétique terrestre y exerce une action prépondérante sur le plasma atmosphérique. Des particules se trouvent piégées le long des lignes de champ. Sous l'action du vent solaire, le champ magnétique terrestre se trouve emprisonné dans une cavité non sphérique, jusqu'à plus de 50 000 kilomètres de la Terre côté jour et dix fois plus loin côté nuit. C'est à ce niveau que se place la frontière entre l'environnement terrestre et le milieu interplanétaire.

Les particules les plus rapides, et donc d'énergie élevée, sont localisées dans des zones étroites, formant une ceinture de radiations appelée ceinture de Van Allen, découverte en 1958 lors des premiers vols de satellites américains. Cette ceinture est située à 3 500 kilomètres de la Terre au plus près et s'étend en d'autres zones jusqu'à 20 000 kilomètres. Ajoutons enfin que l'atmosphère subit aussi les conséquences de l'activité humaine, avec ses émissions de gaz carbonique, de composés de soufre et d'hydrocarbures chlorofluorés (les CFC), qui s'attaquent à la couche d'ozone.

Les images qui représentent la Terre comme un corps divisé de façon concentrique en sphères solides, liquides et gazeuses sont certes pratiques et assez jus-

▶ ***Structure de l'atmosphère***
L'atmosphère, enveloppe gazeuse de la Terre, est un système extrêmement dynamique dont les différents composants circulent aussi dans la lithosphère, dans l'hydrosphère et dans la biosphère. C'est un système dynamique mais équilibré. Les gaz légers, tel l'hydrogène, ont tendance à s'échapper dans les couches supérieures, alors que les gaz plus lourds se concentrent dans les couches inférieures. Pour la même raison, on trouve dans les grottes ou au fond des puits mal aérés de fortes concentrations de CO_2. *La stratification actuelle de l'atmosphère n'est pas due uniquement à l'action du champ de gravité : le rayonnement cosmique, à l'origine de l'ionisation des gaz, intervient également dans ce domaine. C'est ainsi que la couche d'ozone a pu se former. Ce rayonnement est aussi responsable du fait qu'à de fortes altitudes, là où la température est basse, l'air est très sec, son taux d'humidité étant pratiquement nul. L'illustration représente un profil d'enveloppe gazeuse très large qui s'étend depuis la surface de la planète jusqu'à une altitude de 10 000 kilomètres. Les différentes couches correspondent aux concentrations particulièrement importantes de tel ou tel gaz : A - ammoniac et oxygène, B - oxygène, C - hélium, D - hydrogène.*

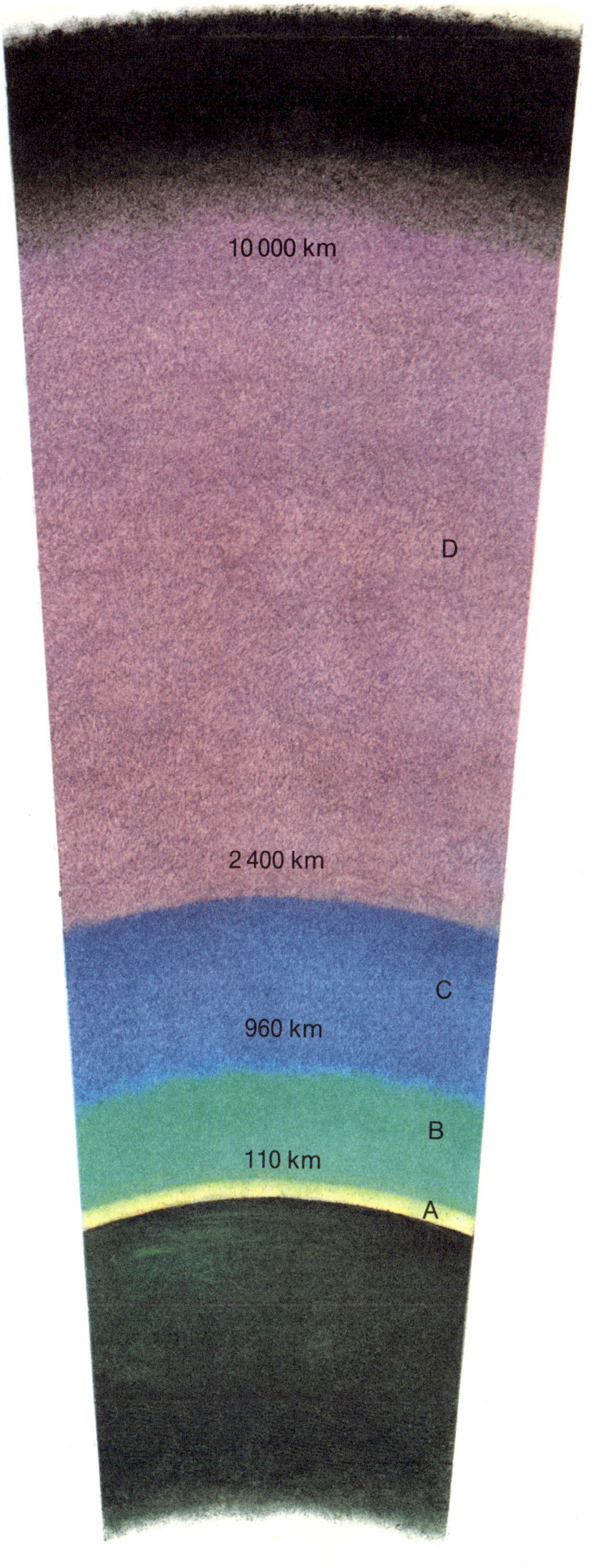

tes, mais cette affirmation appelle cependant une certaine réserve : notre planète est en effet caractérisée par sa perméabilité et par l'interaction permanente de toutes ses enveloppes. Les phénomènes qui s'y produisent en font un monde dynamique et habitable. On trace les sphères uniquement dans un souci de simplification et de classification des différentes unités terrestres. Il suffit d'imaginer les frontières de la biosphère, de l'atmosphère ou de la lithosphère à travers la représentation d'une molécule de gaz carbonique pour en constater l'irréalité. Dans le passé, après la formation de la Terre, cette simple molécule faisait certainement partie du manteau supérieur. Elle a pénétré dans l'atmosphère grâce à l'activité volcanique. Un organisme l'y a récupérée pour construire sa coquille, l'introduisant par ce biais dans la biosphère. Par la suite, la coquille est devenue fragment d'une roche sédimentaire, l'intégrant alors à la lithosphère. Elle a été réintroduite dans l'atmosphère après érosion des roches ou transformée par photosynthèse en oxygène et en composé carboné, constituant d'un organisme végétal. Cet exemple illustre l'importance que revêt l'étude de toutes les sphères terrestres, étude qui estompe les frontières de l'écologie classique et entremêle les cycles chimiques de la nature inorganique.

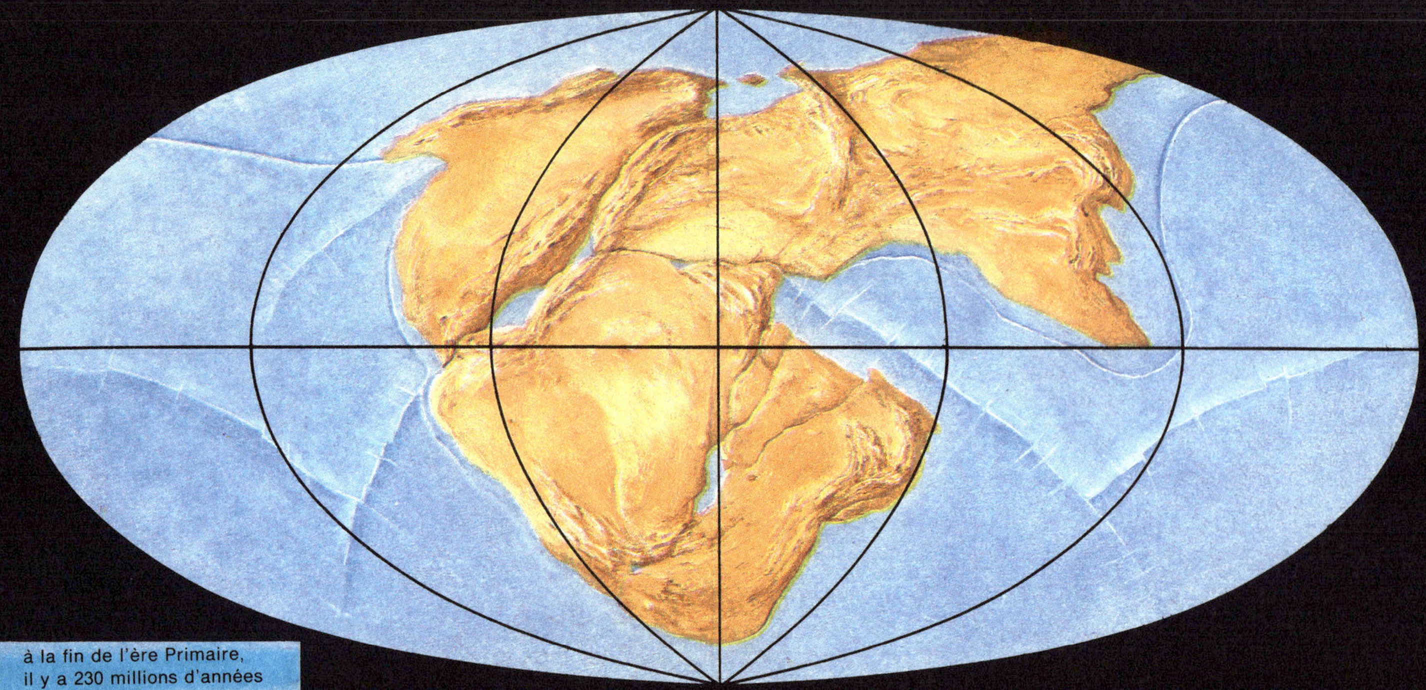

à la fin de l'ère Primaire,
il y a 230 millions d'années

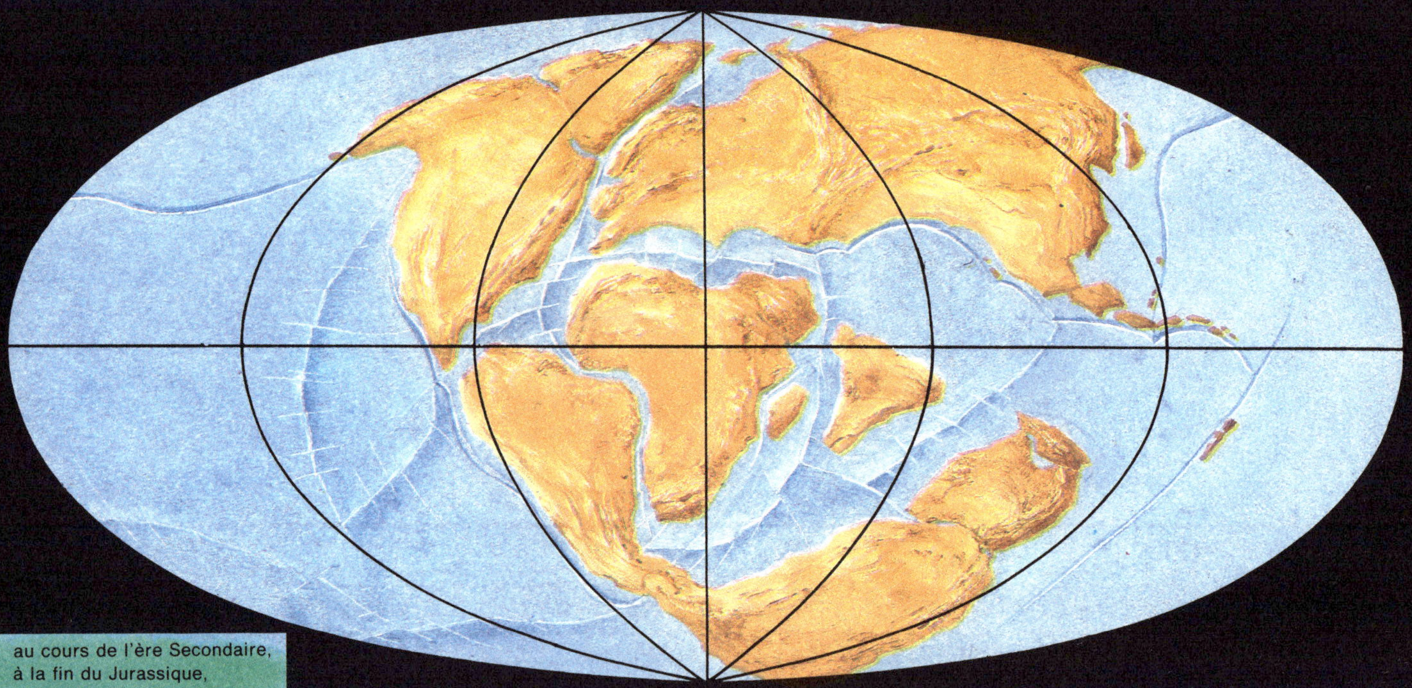

au cours de l'ère Secondaire,
à la fin du Jurassique,
il y a 135 millions d'années

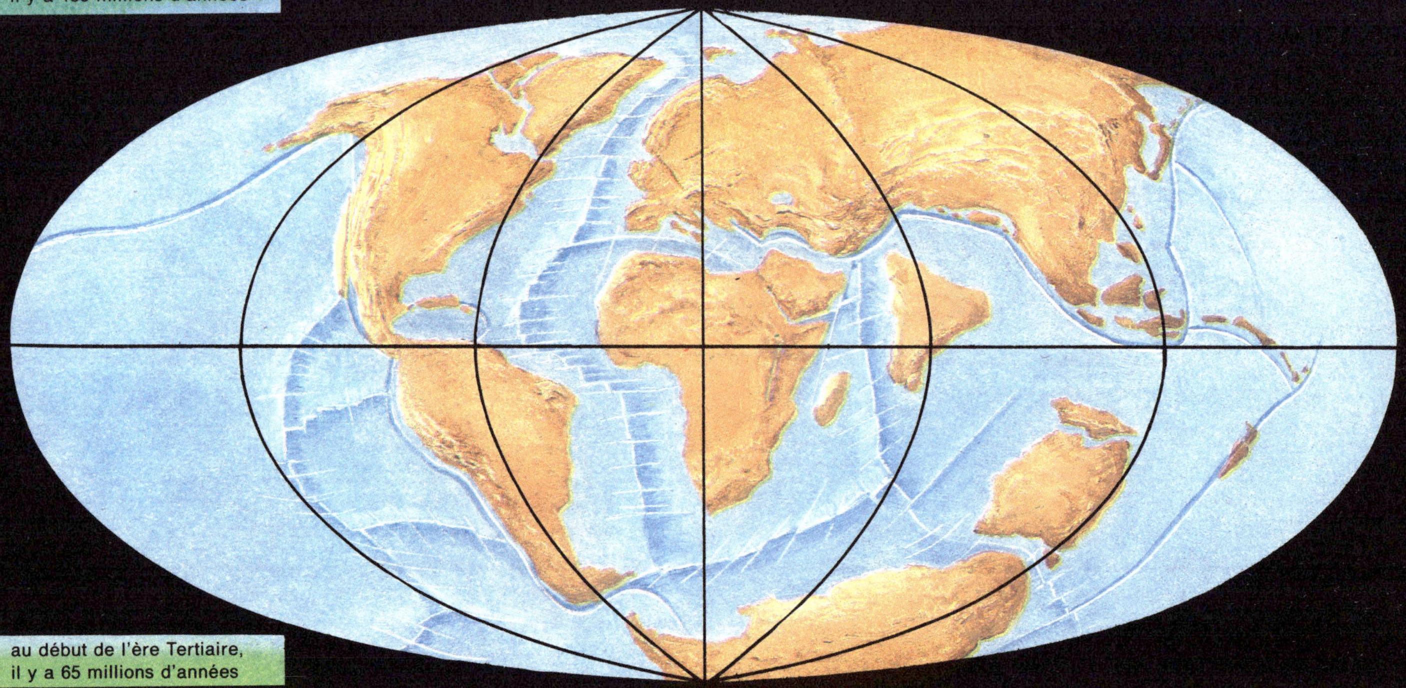

au début de l'ère Tertiaire,
il y a 65 millions d'années

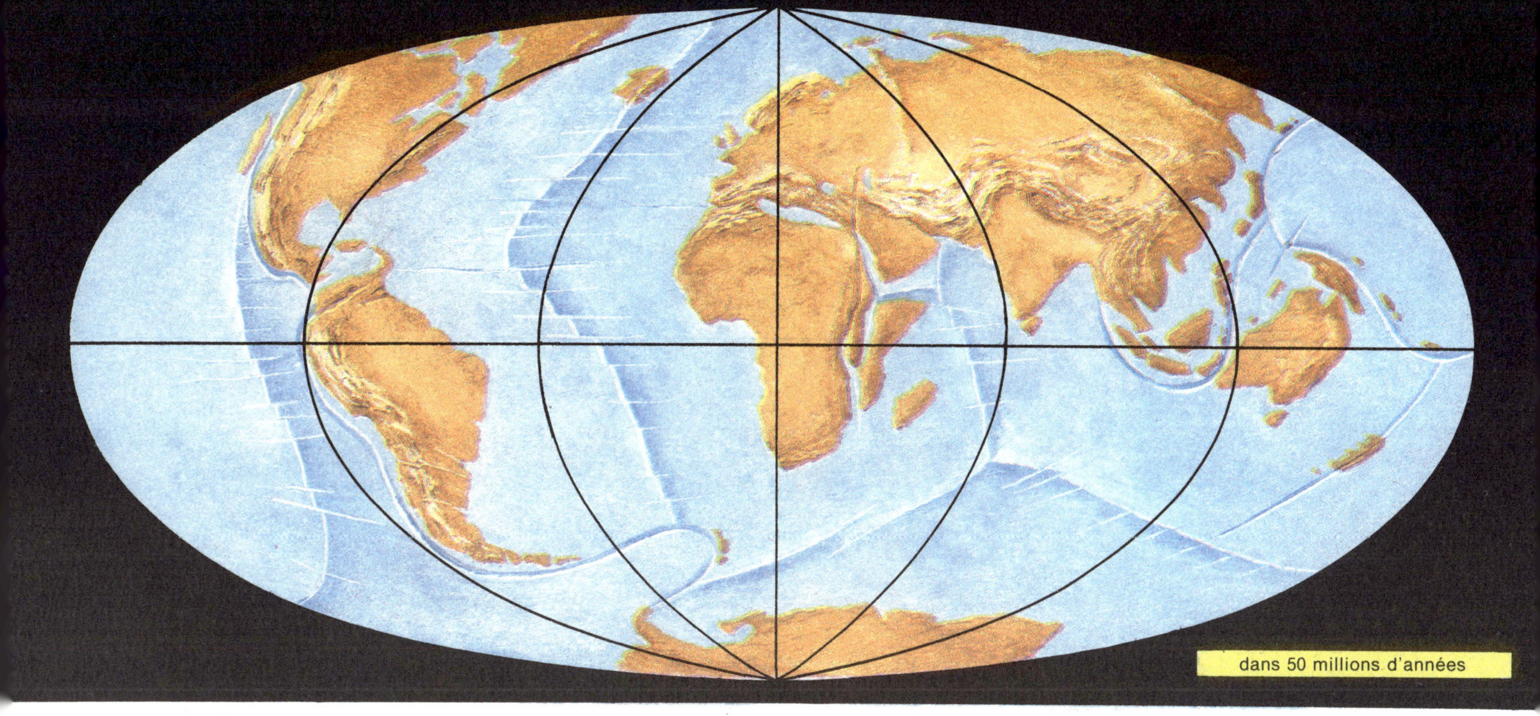

UNE PLANÈTE À LA FOIS STABLE ET TURBULENTE

Tout amateur de romans policiers et d'affaires criminelles sait très bien qu'une reconstitution permet souvent de résoudre une énigme. La même méthode est applicable à l'étude de l'histoire planétaire ; essayer de reconstituer des événements qui ont conduit à la formation des différentes unités géologiques est une idée aussi vieille que la géologie elle-même. La reconstitution des événements géologiques est très simple. Depuis l'époque du naturaliste anglais Charles Lyell, il y a plus d'un siècle, les géologues partent de l'hypothèse suivante : les phénomènes qui se déroulent actuellement à la surface comme à l'intérieur de la planète sont à l'image des événements anciens. On peut exprimer la même pensée de façon imagée en disant que le présent fournit la clé du passé. Voici un exemple simple pour illustrer cette observation : après une averse, un torrent en crue déplace des blocs de pierre. Si l'on découvre en un lieu donné des blocs de pierre similaires en l'absence actuelle de cours d'eau, on accepte volontiers l'idée que ce cours d'eau s'y trouvait dans les temps anciens. Le même raisonnement s'applique aux glaciers, à la mer, aux volcans, aux fonds océaniques. Pour comprendre ce qui s'est passé au cours des temps géologiques, il faut d'abord observer la dynamique actuelle des glaciers, des mers, des volcans ou des fonds océaniques. La transposition des phénomènes actuels dans le passé est l'application d'un principe admis par tous les géologues et les paléontologues,

◀ ***Paléogéographies successives de la planète :*** *à la fin de l'ère Primaire, il y a 230 millions d'années ; au cours de l'ère Secondaire, à la fin du Jurassique (vers −135 millions d'années) ; au début de l'ère Tertiaire (−65 millions d'années). En haut à droite, ce que sera la carte du monde dans 50 millions d'années.*
Il n'y avait au début qu'une seule grande masse continentale, la Pangée, dans laquelle les géologues distinguent deux supercontinents : la Laurasie au nord, le Gondwana au sud, formés d'un certain nombre de grandes plaques lithosphériques. L'écartement de ces plaques au cours de l'ère Secondaire a d'abord conduit à l'individualisation de cinq grandes régions : l'Amérique du Nord et l'Eurasie d'une part, l'Amérique du Sud, l'Afrique et l'Antarctique d'autre part, avec deux îlots déjà reconnaissables qui deviendront Madagascar et l'Inde. La dérive des continents s'accentuant, la fin de l'ère Secondaire a marqué l'autonomie du Groenland et de l'Australie et la montée de l'Inde vers le Nord. L'océan Atlantique est alors bien formé, avec une dorsale médiane, tout comme l'océan Indien. Le reste du globe est occupé par le Pacifique. La Téthys est cet anneau marin qui s'étire au sud de l'Eurasie et s'insinue entre les deux Amériques : il en résultera plus tard la Méditerranée et la mer des Antilles. Dans 50 millions d'années, le continent africain sera cassé et l'Australie aura rejoint la partie asiatique du Pacifique. L'Atlantique se sera élargi de 1 000 kilomètres supplémentaires.

▲ ***Théorie de la tectonique des plaques : schéma d'ensemble***
Selon cette théorie, la partie élastique du manteau circule dans les cellules de convection (représentées par des flèches rouges), qui sont le principal moteur des plaques. Les plaques océaniques (bleu foncé) portent le ruban (rouge) de la lave qui jaillit de la dorsale avant de se refroidir et de s'en éloigner pour finalement sombrer dans l'asthénosphère (en rouge). Les fosses se creusent dans les régions où la plaque océanique heurte une autre plaque, continentale ou océanique. Le processus de subduction qui est à l'origine de l'activité volcanique, commence dans les fosses océaniques. Le magma se forme dans la partie supérieure de la plaque en subduction et se manifeste à la surface sous forme d'arcs insulaires. Un processus analogue se produit dans la zone active des bordures continentales.

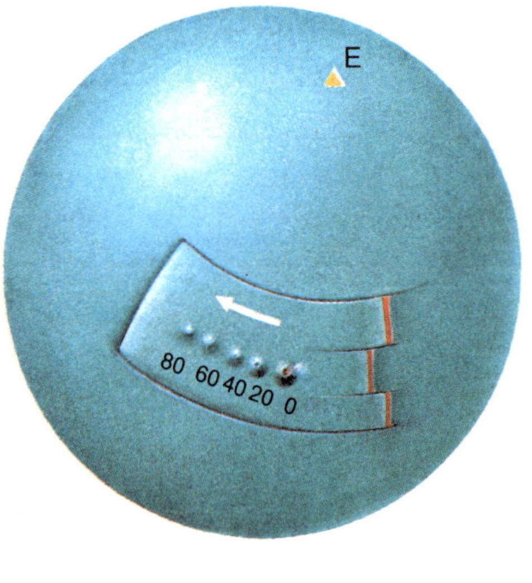

▶ ***Théorie de la tectonique des plaques : naissance d'une plaque océanique***
Si l'on déplace une plaque à la surface d'une sphère, toutes les autres plaques se mettent en branle. On peut décrire le mouvement de la plaque comme une rotation axiale. Au cours d'une telle expérience (exprimée mathématiquement dans le théorème d'Euler), les dimensions de la sphère ne doivent pas changer. Le mécanisme du mouvement des plaques lithosphériques est analogue. Pour chaque nouvelle situation, on doit redéfinir les pôles d'Euler (E sur croquis ci-contre). Lorsqu'une aire de croûte neuve se forme quelque part sur la planète, une aire similaire de croûte ancienne s'efface ailleurs, la Terre gardant ainsi ses dimensions. L'illustration montre la naissance d'une plaque océanique (la dorsale est représentée par des segments rouges), sa progression étant matérialisée par le jalonnement des volcans éteints sur le fond océanique (les numéros en indiquent l'âge en millions d'années). La fosse océanique correspond à la frontière de convergence des plaques (le mouvement des autres plaques n'est pas représenté).

▶ ***Théorie de la tectonique des plaques : manifestation volcanique au-dessus d'un point chaud***
Le point chaud fait partie de l'asthénosphère (bloc brun-rouge inférieur), ce qui implique qu'il est assez solidement fixé dans les parties profondes du manteau et considéré comme point fixe. L'apparition de cônes volcaniques successifs A, B, C témoigne du déplacement de la plaque superficielle. De telles régions sont à l'origine de l'activité volcanique dans les océans.

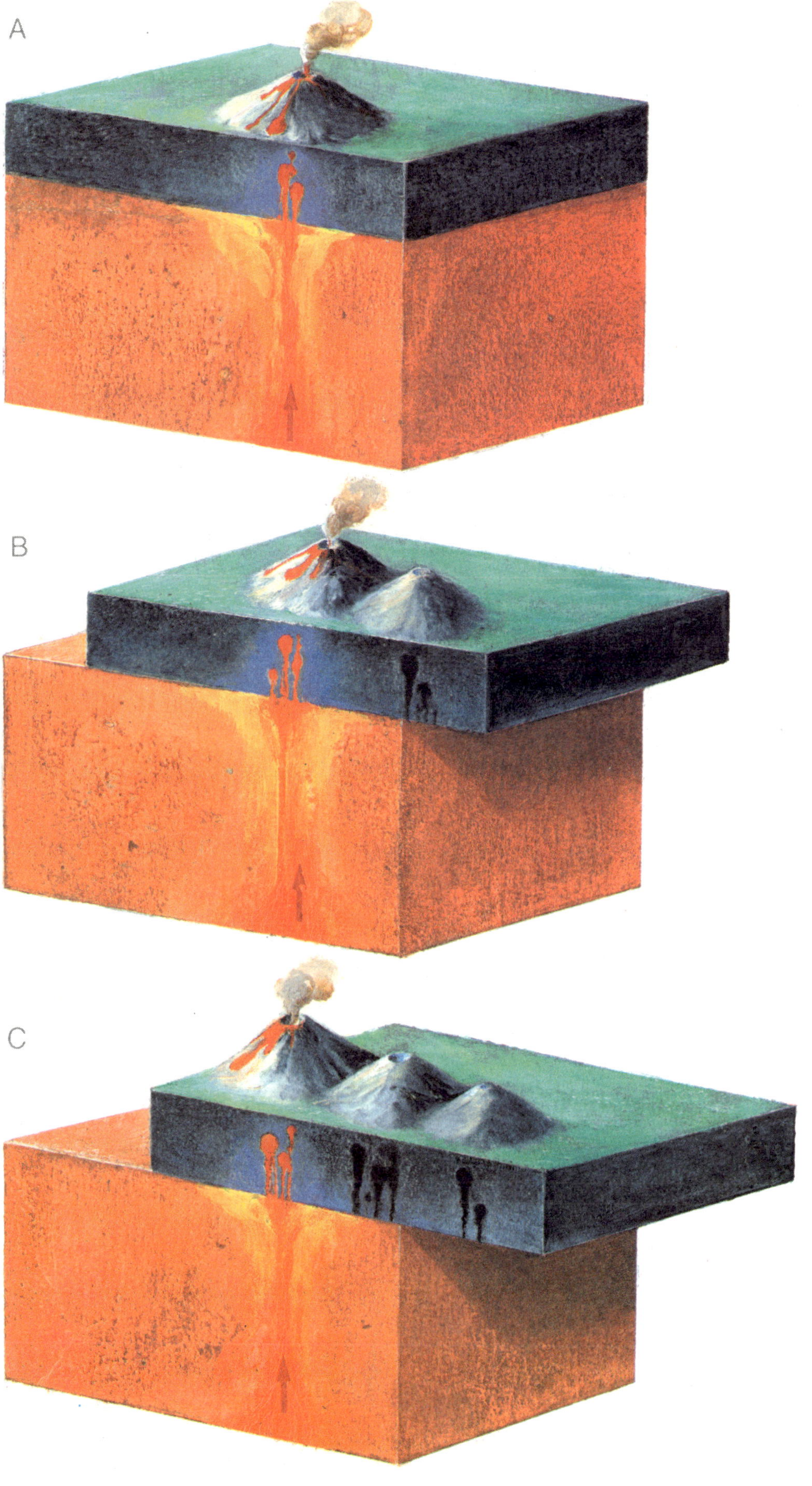

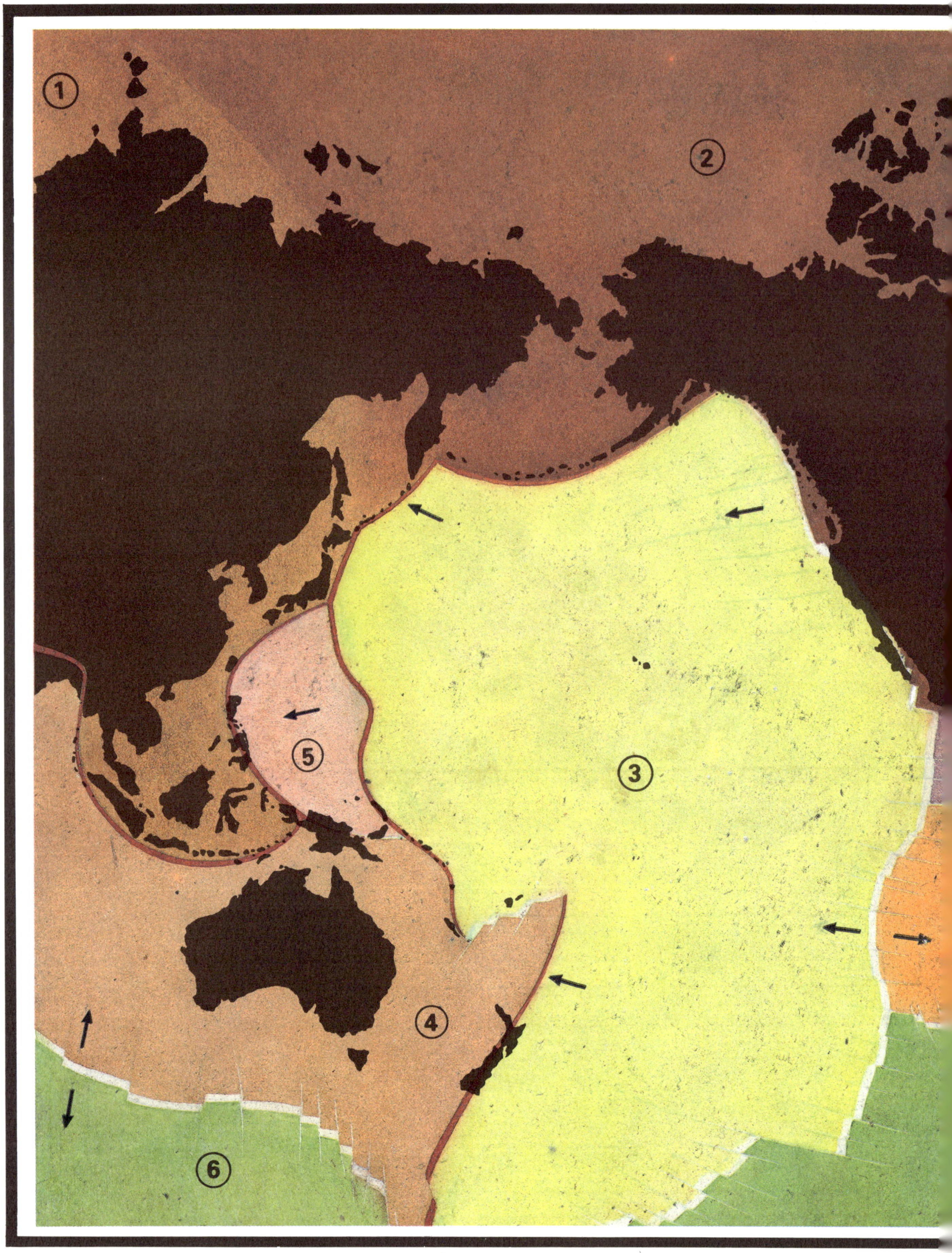

▲ ***Cartographie des principales plaques à la surface du globe***
Les différentes plaques lithosphériques du globe sont délimitées par des lignes d'activité sismique et d'éruption du magma. 1 - plaque Eurasienne, 2 - plaque Nord-Américaine, 3 - plaque du Pacifique, 4 - plaque Indo-Australienne, 5 - plaque des Philippines, 6 - plaque de l'Antarctique,

7 - plaque de Nazca, 8 - plaque des îles Cocos, 9 - plaque des Caraïbes, 10 - plaque Sud-Américaine, 11 - plaque de la Nouvelle-Écosse, 12 - plaque Africaine. Outre les plaques citées, les géologues ont défini une série de plaques plus petites, permettant d'expliquer des particularités géologiques locales.

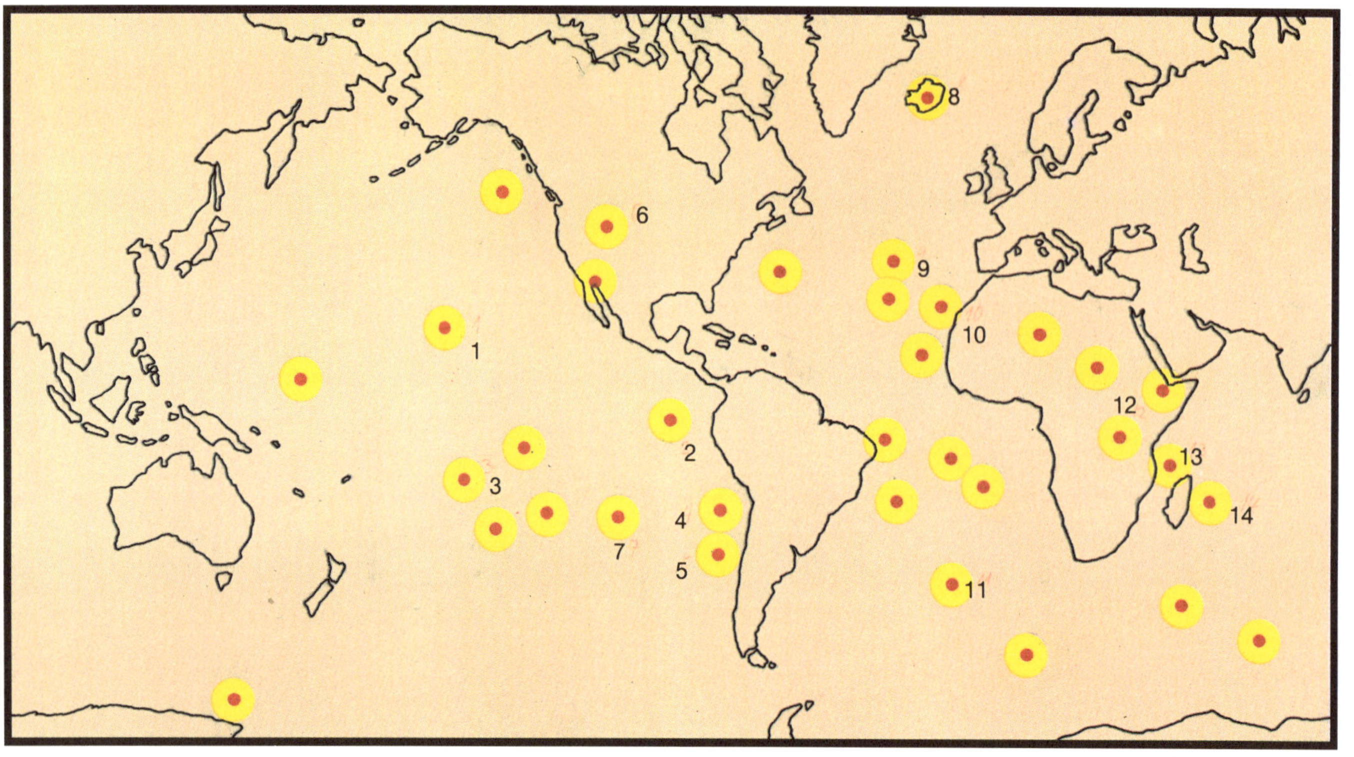

▲ ***Cartographie des principaux points chauds de la planète***
Dans les régions où le dégagement du flux thermique est intense, on observe une accumulation de magma d'origine mantellique. Ainsi se forment linéairement les rifts des dorsales ou localement des points chauds. Le cycle de la matière à l'intérieur de la Terre est un processus extrêmement complexe. L'illustration rapporte les points chauds les plus importants de la planète : 1 - îles Hawaii, 2 - îles Galapagos, 3 - Tahiti, 4 - San Felix, 5 - Juan Fernandez, 6 - Yellowstone, 7 - île de Pâques, 8 - Islande, 9 - les Açores, 10 - îles Canaries, 11 - Tristan da Cunha, 12 - rift oriental africain, 13 - les Comores, 14 - île de la Réunion.

appelé principe d'actualisme (ou d'uniformitarisme), selon lequel tout phénomène du passé trouve son modèle dans la nature actuelle, moyennant certaines corrections.

On peut certes émettre des objections à l'encontre de cette méthode comparative. Dans l'introduction, nous avons expliqué que la Terre évoluait au cours de son histoire : au début, son atmosphère était dépourvue d'oxygène, la planète était fortement bombardée par les météorites, les conditions thermiques n'étaient pas les mêmes. Le rayonnement solaire était moins intense, mais l'intérieur de la Terre produisait plus de chaleur.

Pour toutes ces raisons, on doit procéder à de nombreuses corrections dans l'interprétation des processus géologiques, sans oublier cependant que, dans l'histoire de la Terre, les derniers 200 millions d'années correspondent déjà à notre présent. L'ancienneté des continents étudiés n'excède pas 2 milliards d'années et les formations plus anciennes ne représentent que des

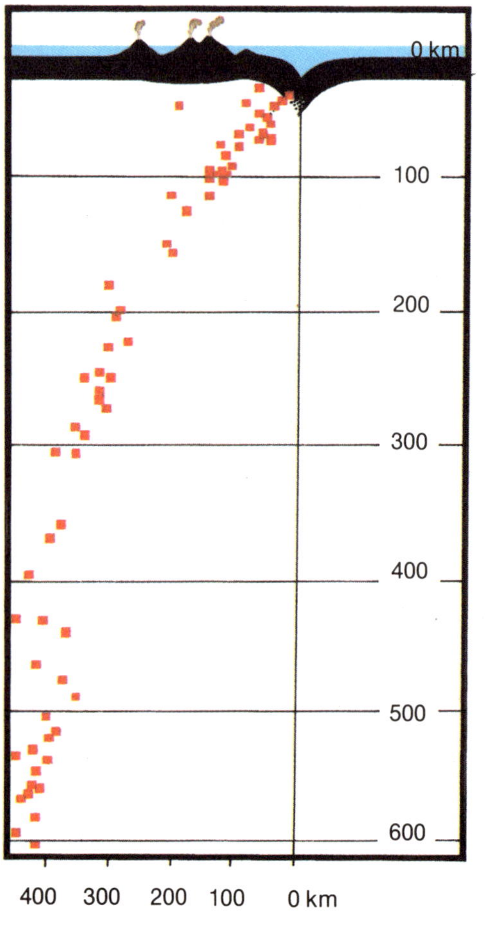

► ***Répartition des foyers de l'activité sismique à l'aplomb d'un arc insulaire***
On peut établir des profils analogues pour la plupart des arcs insulaires et des bordures continentales jusqu'à 600 kilomètres de profondeur.

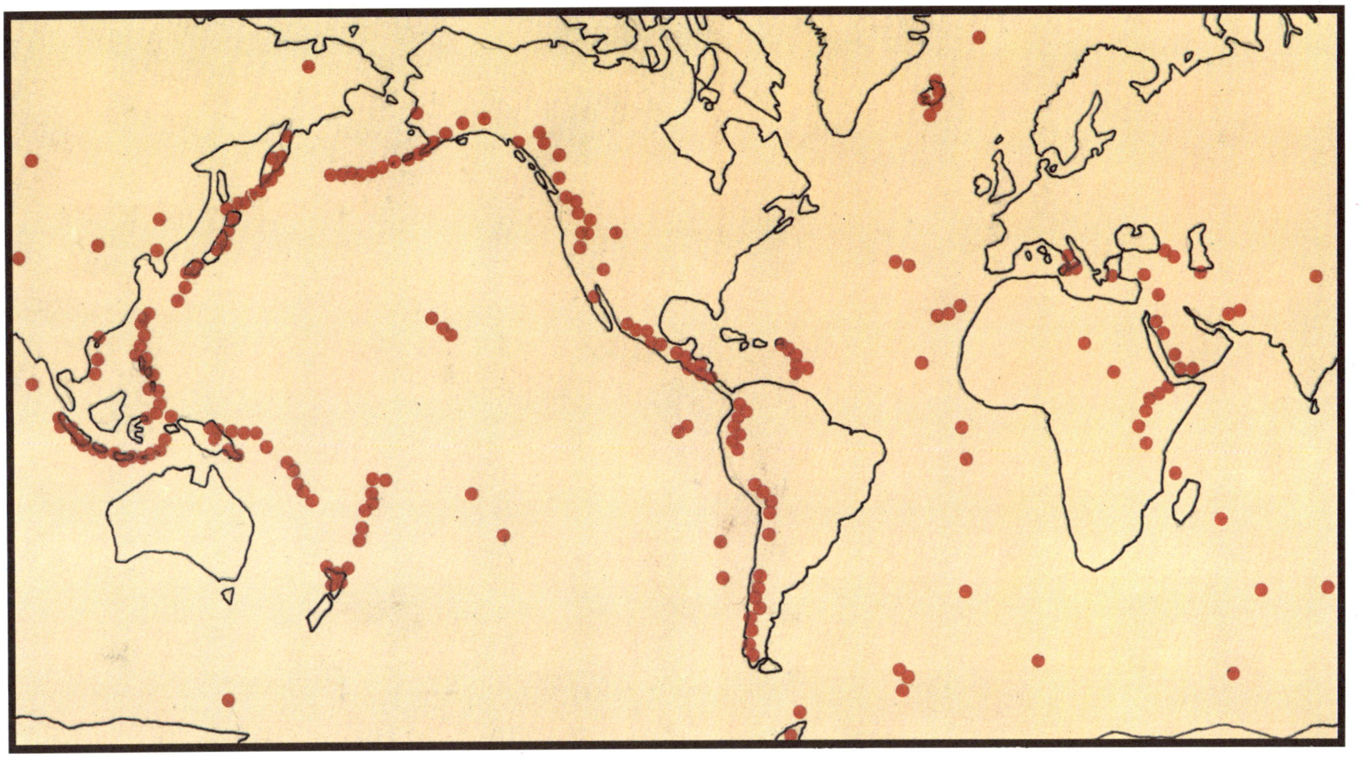

▲ ***Cartographie des zones volcaniques à la surface de la planète***
On compte plus d'un millier de volcans à la surface des continents, d'autres se cachent dans les océans. La carte localise les principaux d'entre eux, volcans des marges actives (bordure du Pacifique), des rifts continentaux (Afrique orientale), de la dorsale Atlantique (Islande, les Açores), enfin des points chauds (îles Hawaii, Galapagos).

fragments assez restreints de la croûte. On peut donc accepter, sans trop de correctifs, l'hypothèse selon laquelle l'activité géologique actuelle est un modèle acceptable pour l'étude des temps anciens.

La reconstitution du passé géologique, dont l'utilité n'est pas évidente *a priori*, connaît de nombreuses applications pratiques. Si l'on parvient à comprendre, par exemple, dans quelles conditions se forment actuellement les minerais de cuivre et de zinc, on sera mieux armé pour retrouver, dans les formations géologiques anciennes, un environnement issu de conditions analogues et révélateur d'une présence plausible de ces métaux. Aux yeux d'un écologiste, l'étude et la reconstitution des phénomènes géologiques en remontant le cours de l'évolution, risquent de nous engager dans des impasses, par exemple dans le cas des périodes de grandes catastrophes. Pour les mêmes raisons, la paléontologie, qui à l'origine se contentait de classer et de décrire des organismes fossiles, activité que le profane pouvait considérer comme parfaitement inutile, a gagné aujourd'hui ses lettres de noblesse. La paléontologie moderne s'intéresse aux différentes étapes de l'évolution, aux causes des catastrophes et aux répercussions de ces événements sur les organismes. Ces recherches ont permis le développement de nouvelles disciplines scientifiques telles que la biostratigraphie ou son équivalent dans le monde vivant, la chronologie des événements biologiques.

Un grand nombre d'éminents spécialistes des sciences de la Terre ont essayé, dans le passé, de recourir à différentes disciplines scientifiques pour expliquer les phénomènes géologiques passés ou actuels, cherchant ainsi à créer une base pluridisciplinaire pour l'étude de l'activité volcanique, de l'orogenèse ainsi que des changements brusques, des catastrophes écologiques. D'innombrables hypothèses et théories ont alors vu le jour.

On prétendait, par exemple, qu'en refroidissant, la Terre rapetissait. Selon cette hypothèse, les plissements seraient apparus sur la planète comme les rides sur une vieille pomme fripée. D'autres soutenaient au contraire que le volume de la Terre augmentait. Deux théories sont donc en compétition. Celle de la contraction est mécaniquement difficile à soutenir. Par contre, celle de l'expansion a reçu l'appui de l'apport expérimental simulant la montée du magma dans les dorsales océaniques et la dérive des continents. En outre, la paléontologie paraît abonder en ce sens : l'étude des stries d'accroissement de coraux de l'ère Paléozoïque, par exemple, montre que le nombre annuel de journées était plus grand qu'actuellement, donc que la Terre tournait plus vite en raison d'un plus petit diamètre.

La théorie de la tectonique des plaques s'est imposée universellement vers la fin des années 1960. Comme elle réunit plusieurs découvertes géologiques et géophysiques isolées, elle nous servira de support

▲ ***Paléogéographie de la planète à l'aube de l'ère Secondaire. Noter le début de l'individualisation de la péninsule indienne (triangle au centre de la carte)***
Pour connaître les origines de l'Himalaya, il nous faut remonter jusqu'à la fin de l'ère Primaire, époque où le supercontinent gondwanien s'étant disloqué, l'embryon de la péninsule indienne a commencé sa dérive vers le nord, jusqu'à heurter finalement, il y a de cela quelques millions d'années, la bordure méridionale du continent laurasien. Les paléontologues ont apporté des preuves irréfutables de l'existence de ces continents originels. L'existence du Gondwana est confirmée par les découvertes de végétaux fossiles appartenant aux mêmes genres et dispersés dans les formations géologiques du monde entier. Tel est le cas de Glossopteris *et de* Gangamopteris, *genres de ptéridospermées (fougères à graines) répandus en Afrique du Sud, en Amérique du Sud, en Inde, à Madagascar, dans l'Antarctique et en Australie. La distribution actuelle de ces genres fossiles dans les formations géologiques est indiquée en vert sur la carte.*

◄ **Glossopteris :** *plante typique de la flore gondwanienne.*

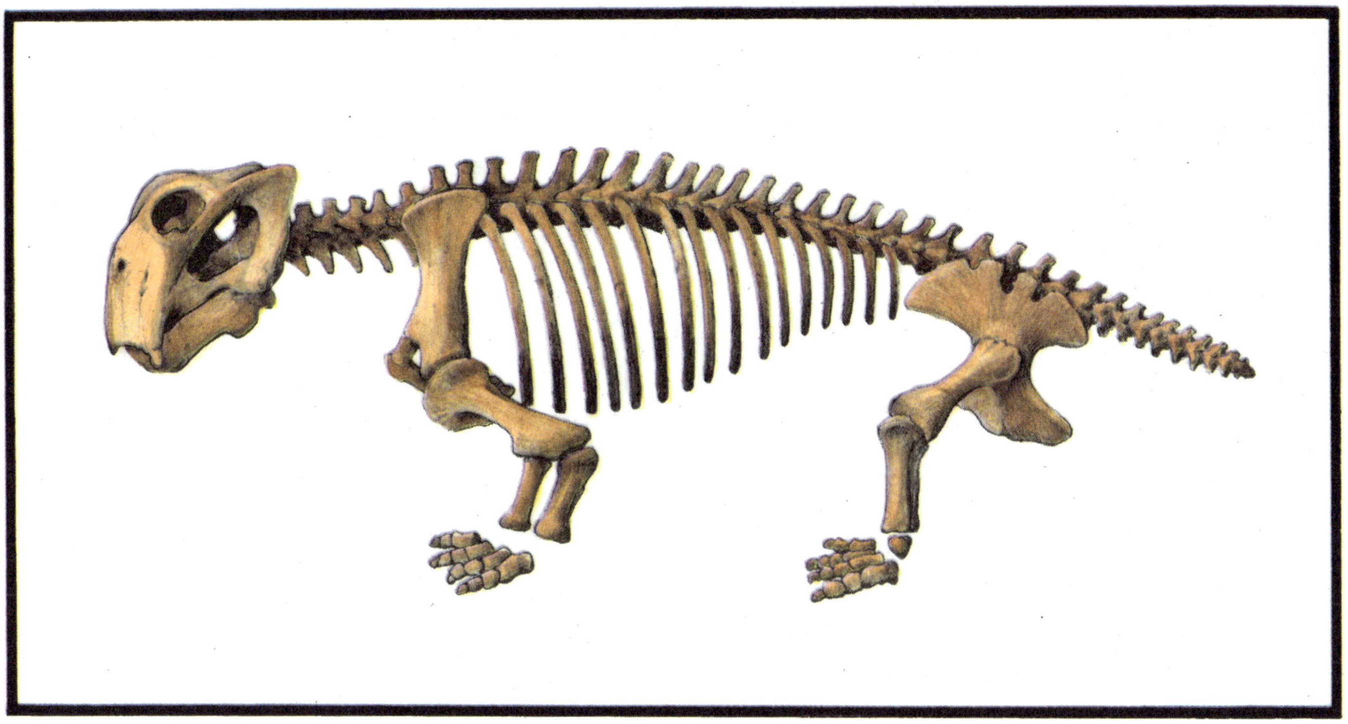

▲ **Lystrosaurus :** *reptile mammalien du début de l'ère Secondaire. La présence de ce curieux herbivore qui vivait dans les eaux peu profondes du Trias confirme l'existence d'une communication entre l'Antarctique, l'Afrique et l'Inde.*

dans cet exposé. La tectonique des plaques intègre en les réactualisant les hypothèses émises par les chercheurs depuis les années 1920. Parmi ceux-ci, on cite le plus fréquemment le scientifique allemand A. Wegener. La tectonique des plaques n'apporte pas de réponse définitive et universelle aux questions que les géologues se posent, mais elle semble toutefois mieux convenir à la recherche moderne que les hypothèses antérieures. Elle a conquis rapidement le monde scientifique anglo-saxon grâce à ses qualités : elle est simple, facile à comprendre et prend en considération simultanément tous les processus de la géodynamique internes et externes. Dans d'autres pays par contre, en Russie et dans l'est de l'Europe par exemple, elle s'est fait admettre difficilement dans les ouvrages et dans les laboratoires de géologie prévisionnelle. La théorie de la tectonique des plaques tire son prestige des applications pratiques qu'elle permet dans la recherche de nouveaux gisements et de ressources naturelles, tout en conciliant harmonieusement la géologie des fonds marins et celle des continents.

Il s'agit maintenant d'essayer d'esquisser un tableau, le plus vivant et réaliste possible, de l'activité géologique actuelle et d'évaluer dans quelle mesure l'homme s'y insère en influant sur ces processus. Compte tenu de la richesse des données de base, il sera probablement difficile d'opter pour les plus pertinentes et les plus significatives. Récapitulons :

— les zones de volcans et de tremblements de terre dessinent à la surface du globe des ceintures étroites de zones sismiques ;

— les fonds océaniques sont jeunes ; leur partie la plus jeune se situe au centre, à l'endroit où le flux de chaleur est très élevé et où l'activité volcanique est intense ;

— on enregistre dans les roches éruptives plus anciennes des fonds océaniques des modifications de champ magnétique, disposées symétriquement de part et d'autre du rift axial des dorsales ; les parties les plus anciennes des fonds océaniques s'étendent en bordure des continents ;

— les bassins ainsi que les fosses océaniques sont pauvres en sédiments ; les sédiments n'arrivent pas à se maintenir dans les fosses ou même à proximité ;

— dans les fosses océaniques, les tremblements de terre ont un épicentre peu profond ; plus on approche des continents, plus la profondeur des épicentres augmente, jusqu'à 700 kilomètres par endroits ;

— chaque région de fosses océaniques est immanquablement flanquée de volcans actifs, disposés en bordure des continents ou dans les structures appelées arcs insulaires ;

— les roches volcaniques des arcs insulaires ont une composition différente de celles qui constituent les dorsales ou qui apparaissent sur les continents ;

◀ ***Progression de l'Inde vers le Nord au cours de l'ère Secondaire***
À la fin du Secondaire, la péninsule indienne actuelle n'est qu'une île ou un microcontinent qui continue à dériver vers le nord (en haut de l'illustration). Au Tertiaire, en revanche, l'Inde entre en collision avec l'Asie (en bas).

▶ ***Localisation des épicentres à la frontière de collision des plaques indienne et asiatique***
L'épicentre d'un séisme est la projection verticale en surface de l'endroit où la tension accumulée s'est brutalement relâchée. L'ensemble des épicentres, repérés par les sismologues au bout de plusieurs années de mesures, montre clairement les zones de tension qui se créent dans la croûte à la frontière des plaques indienne et asiatique.

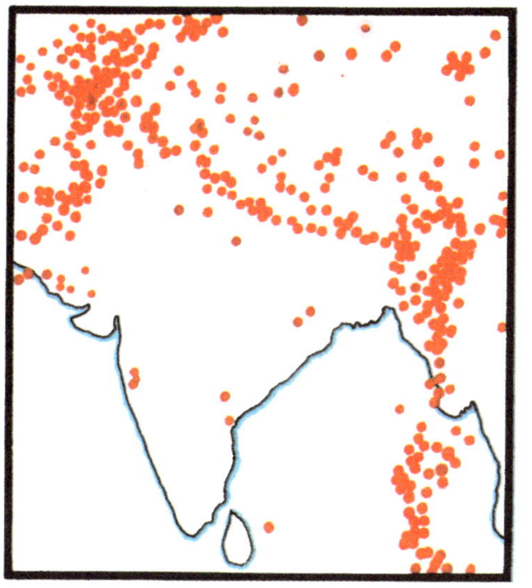

— la croûte océanique diffère de la croûte continentale par sa composition et ses roches sont plus jeunes ;
— la partie supérieure de la planète, la lithosphère, est solide et rigide ; elle repose sur l'asthénosphère, couche malléable dont le toit est situé entre 120 et 200 kilomètres de profondeur.

Après ces observations fondamentales, voici quelques propriétés physiques bien connues : si une plaque posée à la surface d'une sphère se met à dériver, elle entraîne avec elle les autres plaques superficielles. On comprend ainsi que le tracé de la côte orientale du continent sud-américain s'emboîte exactement dans les contours de la côte occidentale d'Afrique.

Dans les pages suivantes, on tâchera de reconstituer le scénario des comportements passés et présents de la Terre.

Suivant ce scénario, le manteau de la Terre est en mouvement. L'asthénosphère, plastique, recèle des sources de chaleur distribuées irrégulièrement, ce qui engendre des flux thermiques et des déplacements de matière dans le manteau. Il se forme ainsi une série de cellules géantes de plusieurs milliers de kilomètres, appelées cellules de convection. Ces cellules affleurent à l'endroit où s'étendent aujourd'hui les dorsales, véhiculant vers la surface la chaleur, mais aussi les roches éruptives basaltiques, issues de la fusion partielle des matériaux mantelliques. Comme le nouveau matériau s'amasse à l'endroit de l'affleurement de la cellule de convection, le matériau ancien, solidifié, est repoussé latéralement. De cette façon, une lithosphère océanique se fige en refroidissant sur l'asthénosphère plastique. Elle glisse sur cette dernière depuis la dorsale

▶ ***Âge des roches du fond océanique en Atlantique en fonction de leur éloignement par rapport à la dorsale médiane***
Les mesures de datation du plancher océanique par des méthodes radioactives attestent une lente dérive de part et d'autre de la dorsale. Les roches les plus jeunes se trouvent en bordure des dorsales, les autres en étant d'autant plus éloignées qu'elles sont plus anciennes. Connaissant l'âge et la position des roches par rapport à la dorsale, on peut calculer la vitesse de la dérive. On a constaté que c'est le fond du Pacifique occidental qui se déplace le plus rapidement.

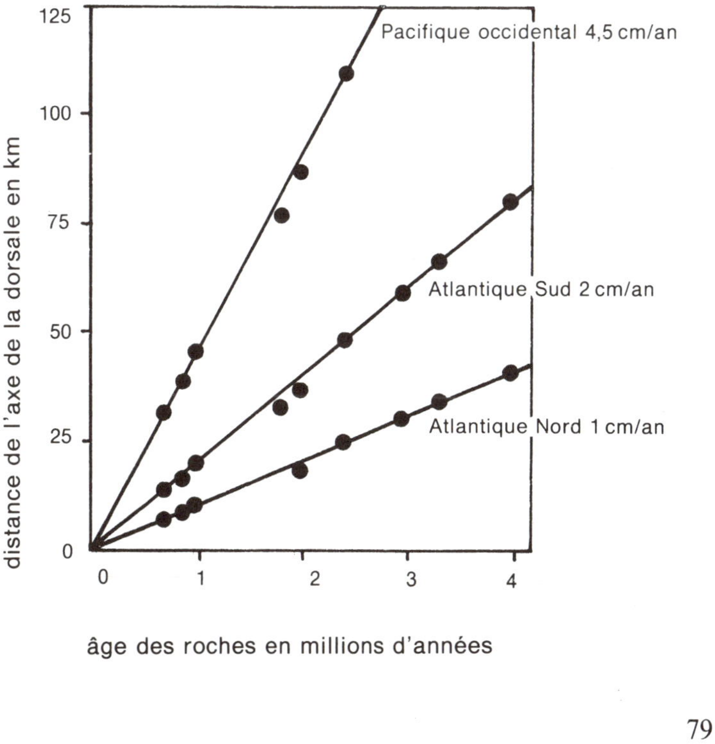

vers le continent. Au cours de son cheminement, elle se refroidit encore davantage, devenant de plus en plus épaisse et rigide, une couche de sédiments tapissant progressivement sa surface. Sa progression atteint une vitesse de 5 à 10 centimètres par an. À une certaine distance de la dorsale, la plaque refroidie finit par en rencontrer une autre. Elle peut alors soit se plier et s'enfoncer sans heurts dans le manteau plastique, soit se glisser sous cette autre plaque en la soulevant, soit encore l'affronter et se soulever avec elle.

Lorsqu'une plaque océanique affronte une plaque continentale, elle s'enfonce facilement sous elle, car la plaque continentale, formée de matériaux riches en silicium et pauvres en composés de fer, est bien plus légère. L'enfoncement de la plaque océanique est accompagné d'une augmentation de sa température et de sa pression, ce qui en rend les roches plus denses et contribue à leur enfoncement plus aisé dans le manteau supérieur. Mais entre le moment où la plaque océanique prend naissance de part et d'autre d'une dorsale et celui où elle va plonger sous un continent, ses roches subissent d'importantes transformations. Lorsque la lave jaillit du fond océanique, une violente réaction se produit entre le magma et l'eau salée. La lave éclate, libère les gaz, réagit avec l'eau. La composition de la roche éruptive en train de refroidir se modifie alors, ainsi que celle de l'eau environnante.

On rencontre sur les fonds océaniques des sources thermales dans lesquelles l'eau salée est chauffée par la chaleur terrestre. Les sources qui jaillissent des courants magmatiques profonds transportent quantité de substances minérales, y compris celles qui formeront des gisements de minerais. Les zones de dorsales et les plaines abyssales sont un important lieu de transferts de matière et d'énergie entre la lithosphère, l'atmosphère et l'hydrosphère.

Bien que les sédiments des fonds océaniques soient rares et géologiquement jeunes, certains composants recyclés de la croûte continentale réussissent tout de même à pénétrer dans les fosses, en même temps que les roches éruptives des dorsales. Détériorées par l'érosion, les roches continentales donnent naissance à des sédiments, le plus souvent emportés par les cours d'eau jusqu'à la mer avant de se déposer sur les fonds.

▼ ***Profil structurel de la zone d'affrontement entre plaque indienne (à gauche) et plaque asiatique (à droite)***
Une chaîne de collision est le résultat de la rencontre entre deux plaques. La collision entre l'Inde et l'Eurasie fournit un bon exemple de ce phénomène dont a résulté la surrection de l'Himalaya. La plaque indienne (représentée dans les tons bruns à gauche de notre profil) transporte à sa surface des roches sédimentaires (en jaune). Elle entre en collision avec la plaque asiatique (en marron clair et en orange). De grandes épaisseurs de croûte continentale s'accumulent à cette occasion, les sédiments étant entraînés avec la plaque indienne sous la chaîne de l'Himalaya (le mouvement est indiqué par la flèche). Lors de cet affrontement, d'énormes masses de matériaux s'enfoncent dans les profondeurs de la Terre, formant à cet endroit une croûte particulièrement épaisse. Les roches peuvent fusionner au cœur de cette masse, donnant naissance aux magmas granitiques. Dans la zone de collision, l'épaisseur de la croûte himalayenne est estimée à environ 70 kilomètres, soit le double de l'épaisseur moyenne de la croûte continentale dans les régions de boucliers ou de plates-formes.

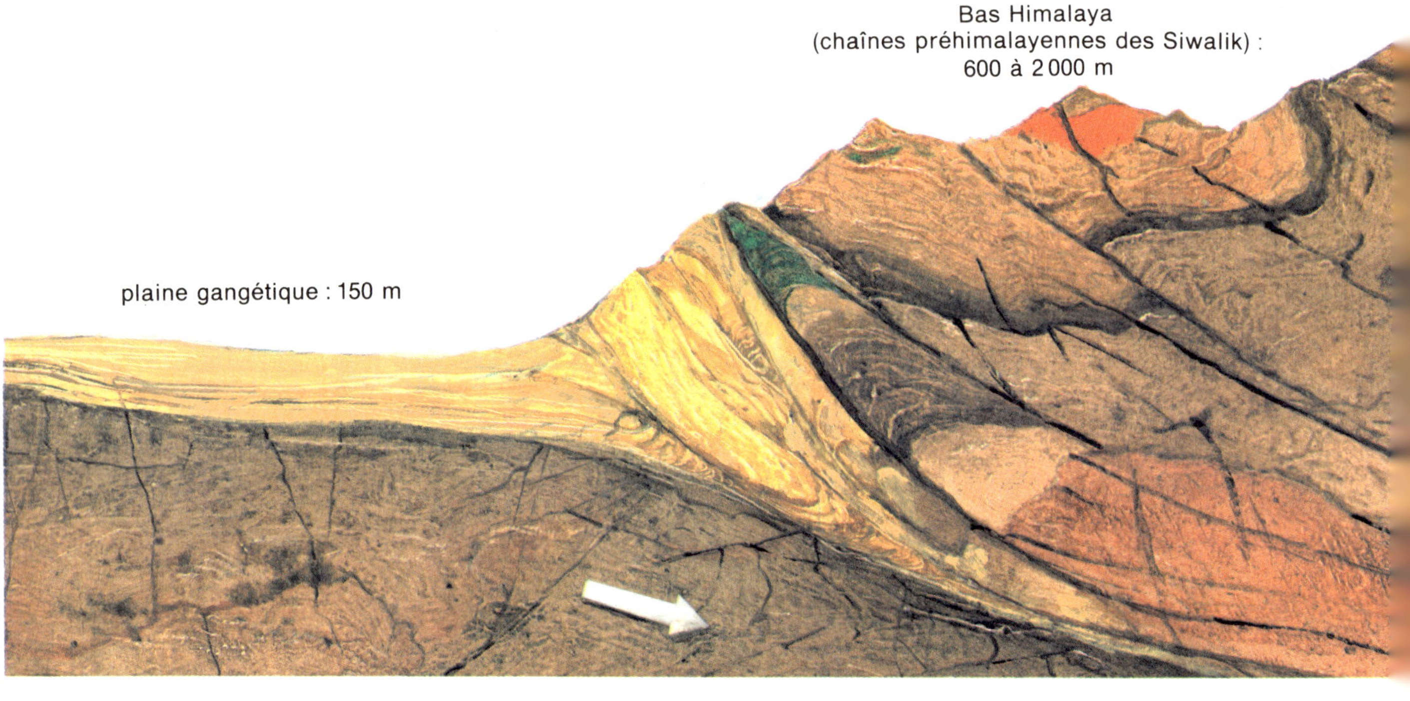

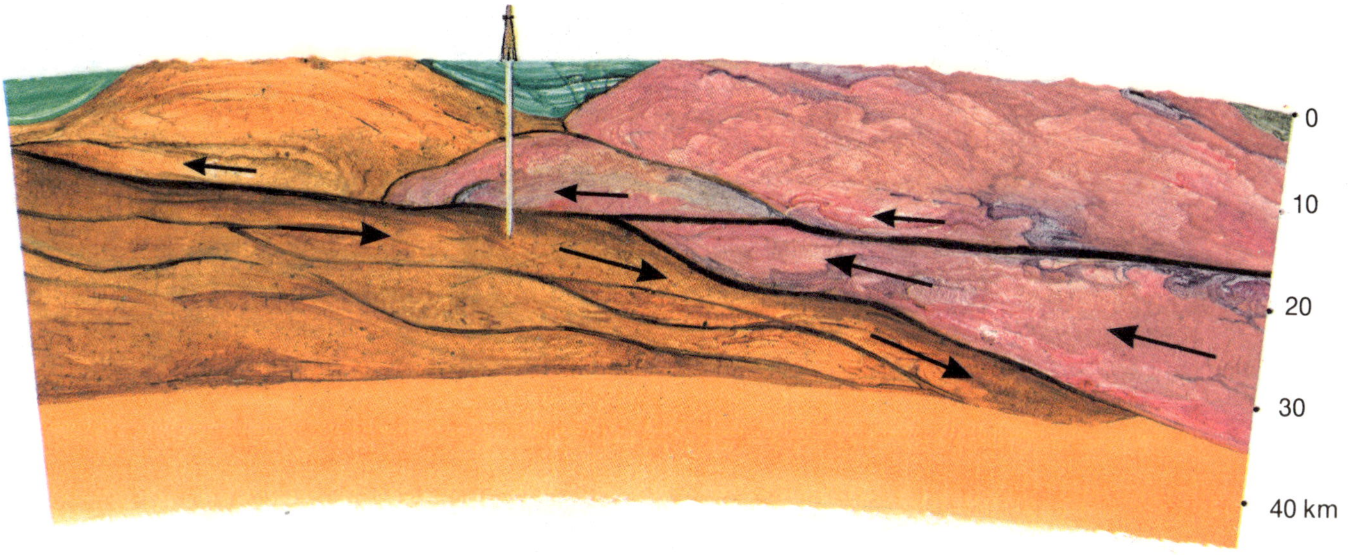

▲ ***Forage d'Oberfalz (Allemagne)***
La vérification des observations indirectes et des mesures géophysiques effectuées lors de forages profonds permet de progresser dans la connaissance de la croûte continentale. Le forage réalisé à Oberfalz (Allemagne) fait partie de ces expériences d'avant-garde. Une fois achevé, le programme complet prévoit une pénétration de 16 kilomètres de profondeur et la traversée de deux unités géologiques (moldo-danubienne à droite, saxo-thuringienne à gauche) qui se chevauchent dans cette région. Le manteau sur lequel elles reposent n'est pas touché par le forage.

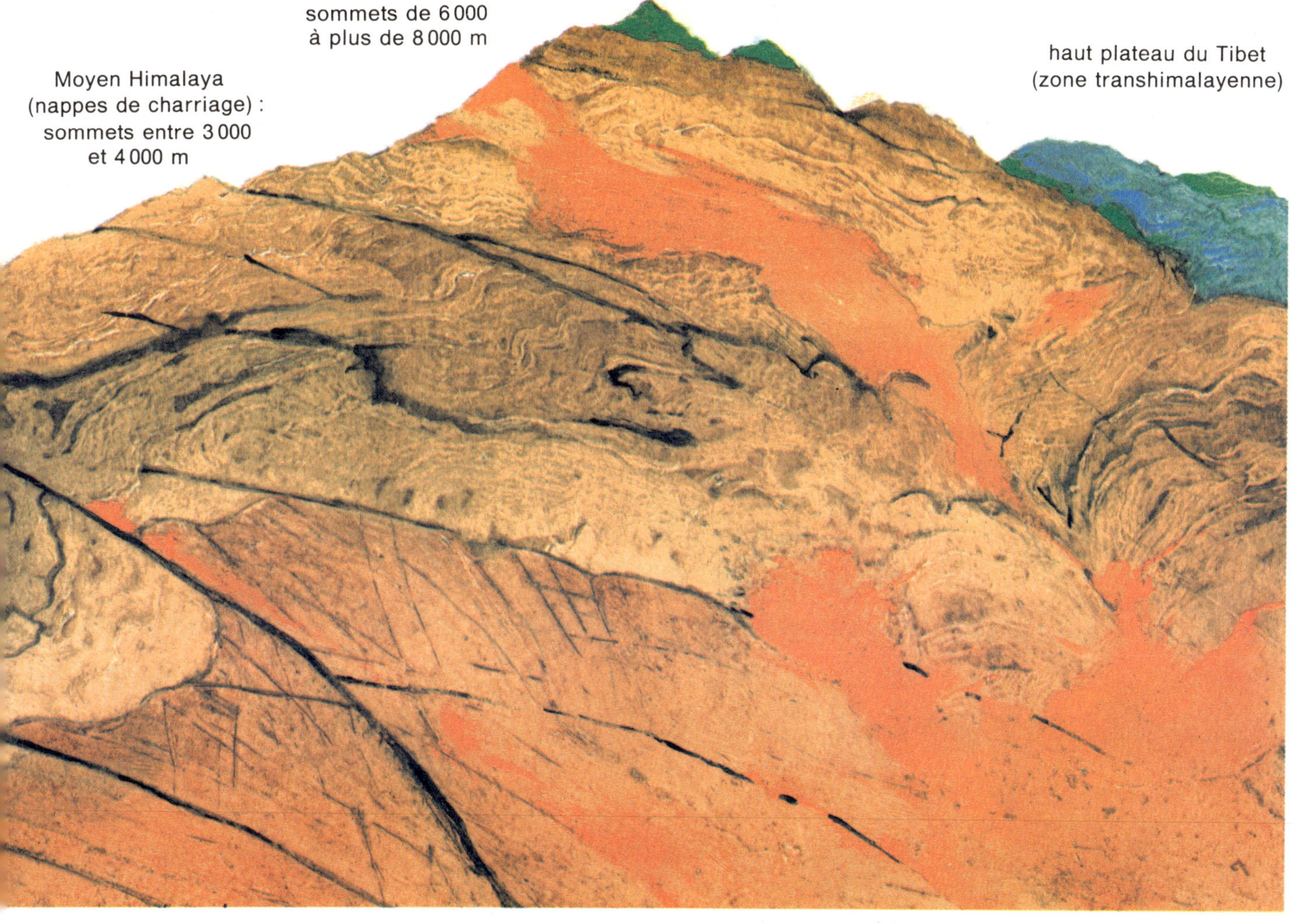

◀ ***Paysage sous-marin au niveau d'une source hydrothermale***
*On a remarqué, grâce aux observations effectuées par sous-marins, que des sources d'eau bouillante saturée de soufre et de métaux dissous jaillissent des fonds océaniques. On les appelle fumeurs noirs (*black smokers*). Des gisements de métaux non ferreux (cuivre, zinc, plomb ...) se forment en ces lieux. La découverte des sources hydrothermales a permis d'expliquer non seulement l'apparition de tels gisements, souvent liés aux sédiments de mer profonde, mais aussi d'étudier des formes de vie aussi variées qu'insolites à de telles profondeurs.*

▼ ***Pillow lava***
*Les fonds océaniques rappellent souvent, par leur aspect, les torrents de lave pétrifiés sur les continents. Mais en bordure d'îles volcaniques basaltiques (Hawaii par exemple) ou sur les dorsales, on observe d'énormes boules empilées et moulées les unes sur les autres. Elles ressemblent à des coussins ou à des oreillers (en anglais *pillow lavas*) et correspondent à des émissions de lave visqueuses refroidies en milieu aqueux.*

▶ ***Matérialisation des inversions du champ magnétique terrestre au cours des cinq derniers millions d'années***
Le centre d'attraction magnétique du globe terrestre (appelé pôle Nord magnétique) n'étant pas un point fixe, sa position a varié au cours du temps par rapport au pôle Nord géographique. Lors de la cristallisation des minéraux dans une roche, à une époque donnée, ceux qui sont ferreux (telle la magnétite) s'orientent dans la roche en formation comme le fait une aiguille aimantée. En quelque sorte, la direction du pôle Nord magnétique se trouve fossilisée. C'est ainsi qu'en étudiant certains types de roches sédimentaires (par exemple des argiles actuellement recouvertes par les glaces antarctiques), on a mis en évidence des inversions du champ magnétique terrestre (découverte faite en 1906 par le physicien français Bruhnes). Plus d'une centaine ont été repérées. La figure montre les plus récentes. Elles délimitent des périodes de polarité dite normale (en noir) alternant avec des périodes de polarité inverse (quand pour ces dernières, le pôle Nord magnétique était situé dans l'hémisphère Sud — couleur jaune). La trace rouge indique la dorsale océanique. Des mesures radiochronologiques effectuées sur des roches volcaniques ont permis de dater les inversions avec précision.

◀ ***Zones de divergence et zones de convergence aux frontières de plaques lithosphériques***
La situation la plus simple est représentée sur la première illustration : elle correspond à une zone de divergence située sur une dorsale. La réalité est souvent plus complexe : la dorsale étant fréquemment interrompue par une série de fractures (deuxième illustration). Lorsque l'une des plaques se glisse sous l'autre (troisième illustration), la zone de convergence correspond au phénomène de subduction. Lorsque des portions de croûte océanique sont charriées sur la bordure continentale, il y a obduction (quatrième illustration). La zone de collision est généralement peu nette dans le cas d'affrontement entre deux plaques continentales. Les flèches indiquent la direction des différents segments.

Tectonique souple (zone de plis)

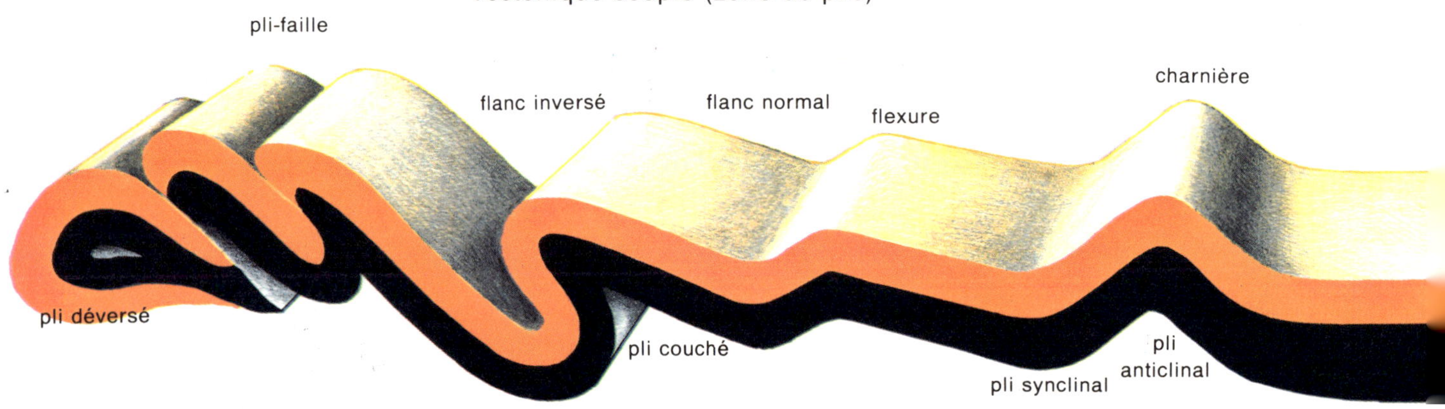

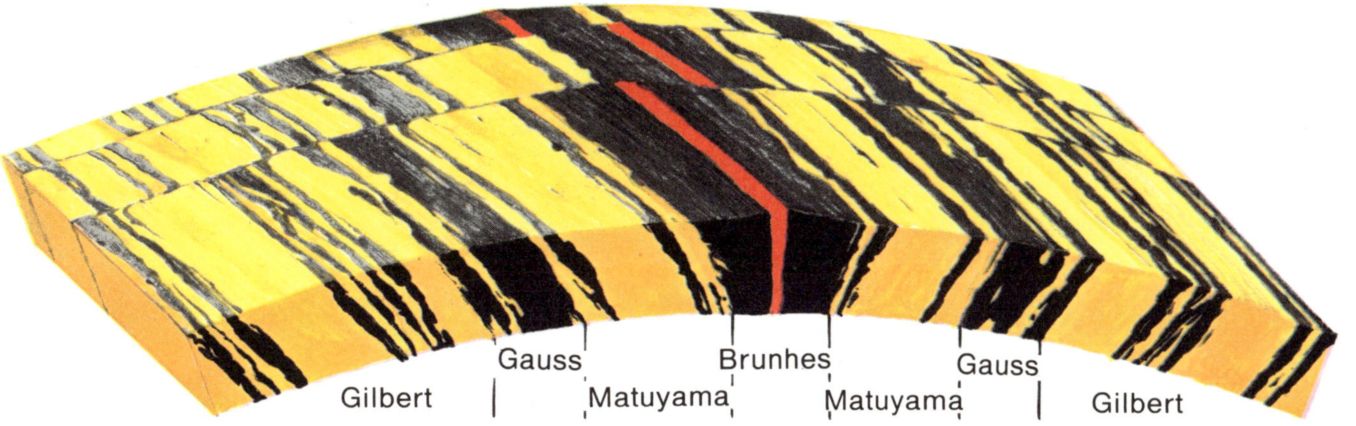

Ce matériau continental peut être entraîné avec la plaque dans les profondeurs de la lithosphère et y subir diverses transformations auxquelles on a donné le nom général de métamorphisme.

Les deux autres cas de figure sont plus complexes. Dans le cas de subduction, c'est-à-dire d'insertion de la plaque océanique sous une plaque continentale, la densité moyenne des roches se modifie, l'eau et d'autres éléments instables s'en échappent. En se libérant, l'eau qui abonde dans les roches de la plaque océanique transforme la partie supérieure de celle-ci et en entraîne parfois la fusion partielle à la suite de déplacements de la matière dans le manteau. Des zones d'activité sismique se forment, analogues à cel-

▼ ***Tectonique souple (à gauche) et tectonique cassante (à droite)***
Dans des formations sédimentaires relativement malléables, des forces de contraintes tangentielles entraînent des formations souples allant de la simple flexure au pli-faille. Dans des formations plus rigides, les fortes contraintes provoquent des cassures (les failles), verticales ou obliques, délimitant des panneaux qui se trouvent alors soulevés ou affaissés les uns par rapport aux autres. Ainsi se forment des horsts, structures tectoniques constituées par des failles normales de même direction, limitant des compartiments de plus en plus affaissés en s'éloignant du milieu de la structure. Symétriquement se forment les grabens, ensemble de compartiments affaissés vers le milieu de la structure, pouvant se traduire dans la morphologie par des fossés d'effondrement (ou fossés tectoniques) : la plaine d'Alsace et les Limagnes en sont des exemples typiques. La formation d'un graben exige une extension (ou distension) de la région concernée. Il en résulte de fréquentes émissions volcaniques. Cela explique aussi la présence des grabens aux premiers stades d'une ouverture océanique (voir l'illustration page 89).

Tectonique cassante (zone de failles)

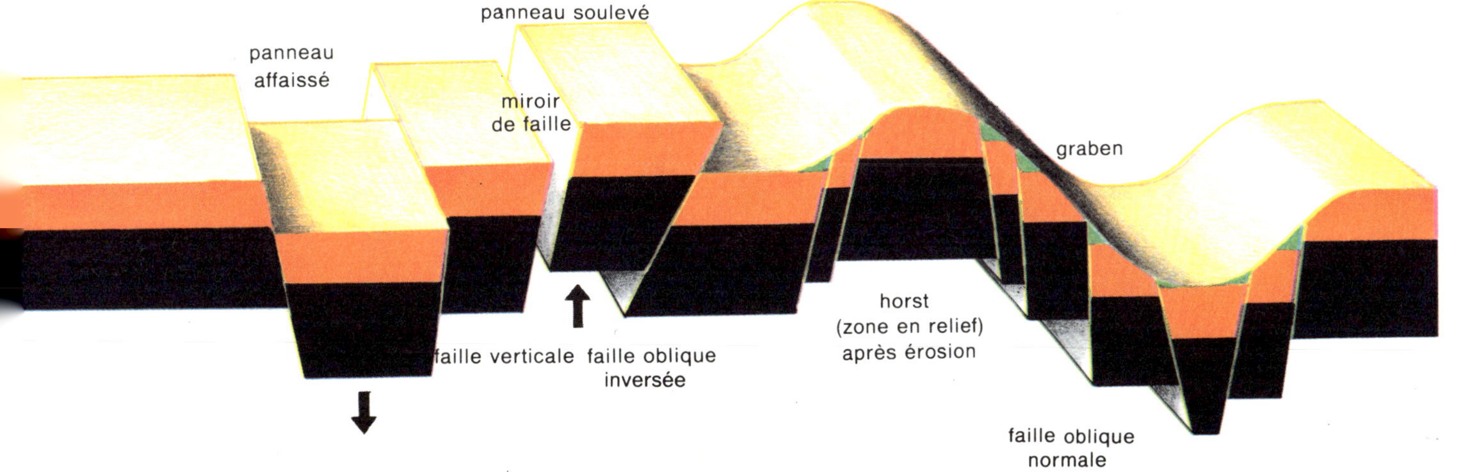

les qui bordent le Pacifique, de la presqu'île du Kamtchatka à la Nouvelle-Zélande, en passant par les Kouriles, le Japon, les Philippines, la Papouasie-Nouvelle-Guinée et les îles Salomon. Aux antipodes, la chaîne volcanique ourle toute la côte occidentale des deux Amériques. Elle jalonne le front de collision entre la plaque océanique et d'autres plaques. Le mécanisme général qui englobe la genèse des plaques océaniques, leurs mouvements, leur subduction ou leur collision constitue la cause déterminante de toute acitivité géologique sur la Terre : le mouvement d'une plaque entraîne celui de toutes les autres.

Les grandes plaques océaniques (pacifique, américaine, eurasienne, africaine, indienne, antarctique) ainsi que les microplaques auxquelles ont été donnés des noms exotiques (Nazca, Cocos, etc.) glissent conformément au principe énoncé précédemment. Depuis 200 millions d'années, la plaque africaine s'éloigne de la sud-américaine tout en entrant en collision, au nord, avec la plaque eurasienne. Ainsi, on distingue deux types de frontières : la zone de divergence qui s'ouvre entre les plaques qui se séparent et la zone de convergence coincée entre deux plaques qui se rapprochent. Les zones de divergence s'étendent au niveau des dorsales océaniques, les zones de convergence longent les arcs insulaires, les bordures continentales actives et les chaînes de collision.

On a constaté que les volcans jalonnent aussi bien

▼ ***L'Islande : exemple exceptionnel d'activité d'une dorsale en zone partiellement émergée***
L'émersion d'une dorsale est un phénomène très rare. L'Islande fait figure d'exception sur quelques centaines de kilomètres carrés. Sur l'illustration, les champs de lave sont représentés en noir, les étendues de glace en blanc. Les noms désignent les centres volcaniques les plus importants.

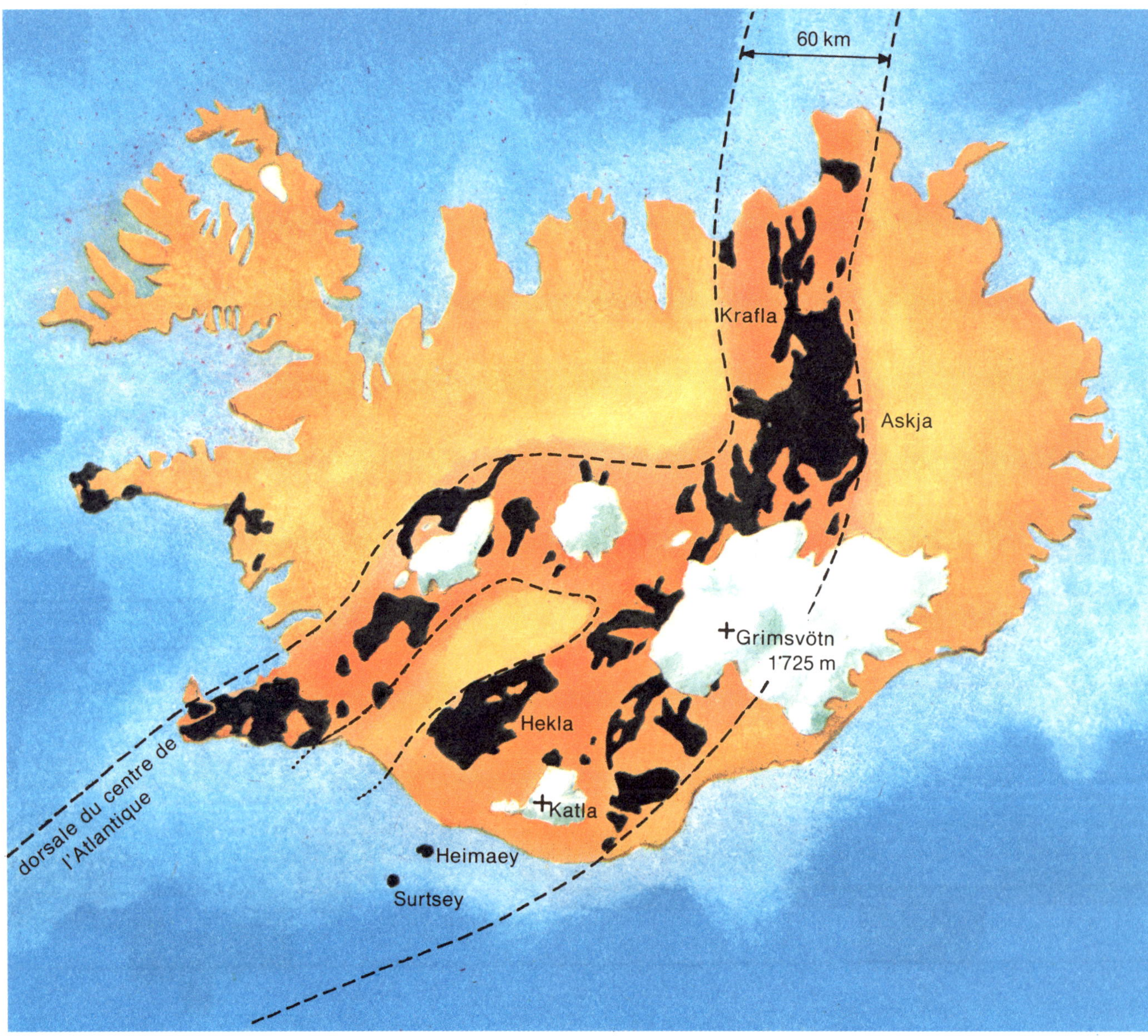

les zones de divergence (telle la dorsale médio-atlantique) que les zones de convergence (comme l'arc insulaire ouest-pacifique), régions où les matériaux mantelliques remontent en surface. Toutefois, la carte du monde révèle l'existence de deux autres zones d'activité volcanique, situées en dehors des frontières de plaques lithosphériques. Cette situation serait-elle en contradiction avec la théorie de la tectonique des plaques ? Avant toute conclusion hâtive, il convient de considérer plus en détail ces deux régions : la première s'étend dans la zone lacustre d'Afrique orientale, aux environs du grand rift. Comment y expliquer la présence de ces volcans actifs, dont le Kilimandjaro est le plus célèbre ? De fait, la situation géologique de l'Afrique orientale est celle d'une dorsale océanique. On a pu vérifier que le manteau plastique y est proche de la surface sur tout le parcours du rift continental. Le rift de la mer Rouge s'est formé à l'endroit où l'activité des matériaux mantelliques est très forte, sa structure ne différant que légèrement de celle d'une vallée axiale de dorsale océanique. Cela signifie que dans quelques millions d'années, la partie orientale de l'Afrique se séparera de sa partie occidentale. Les deux plaques ainsi constituées, qui se présentent aujourd'hui comme un rift à lithosphère continentale mince, s'éloigneront l'une de l'autre, laissant entre elles un espace océanique naissant.

L'autre région d'activité volcanique *a priori* surprenante correspond à l'emplacement d'une vingtaine de points chauds dans le monde, les plus connus d'entre eux se trouvant aux îles Galapagos, aux îles Hawaii et à Tahiti. Selon la théorie des plaques lithosphériques, les volcans surgissent à leur périphérie : ils ne devraient donc pas exister en leur centre. En dépit de cette contradiction apparente, ces volcans « rebelles » fournissent un argument supplémentaire en faveur de cette théorie. Leur mécanisme ressemble à celui d'un cinématographe. Au-dessus d'un point chaud, profondément ancré quelque part dans l'asthénosphère, la plaque océanique rigide se déplace. Le magma, qui se fraie un chemin vers la surface, la perfore d'une rangée de cratères, les plus anciens étant sans cesse décalés en raison du glissement de la plaque.

Dans le chapitre consacré à la géomorphologie, nous avons vu que les plus hautes montagnes telles que les Alpes, le Caucase ou l'Himalaya sont constituées de roches jeunes. Récentes, elles se sont formées il y a seulement quelques dizaines de millions d'années. Des mesures ont montré que les chaînes des hautes montagnes continuent à grandir, bien qu'en même temps l'érosion les use. Regardons une carte géologique du monde sur laquelle les roches du même âge et de la même origine sont représentées. À l'instar du système andin, le système montagneux eurasien compte de nombreux volcans. Récemment encore, il y en avait beaucoup dans les Carpates ; les sommets caucasiens les plus hauts sont aussi d'anciens volcans. L'Asie Mineure, la Turquie, mais aussi le versant septentrional de l'Himalaya et le haut plateau tibétain sont parsemés de volcans actifs. Il en est des régions de haute montagne comme des lignes sismiques : elles correspondent à une zone frontière entre deux plaques, zone active, géologiquement jeune.

Les géologues considèrent que ces volcans résultent de la collision de deux plaques lithosphériques, plaques continentales dans le cas des massifs eurasiens cités, plaques océaniques à l'origine des arcs insulaires dans le Pacifique. Quant à la côte pacifique de l'Amérique du Sud, elle correspond à une zone de subduction de la plaque océanique sous une plaque continentale.

Les plaques continentales sont généralement formées de roches sédimentaires, éruptives et métamorphiques. Les montées magmatiques, aussi bien que l'interaction entre l'atmosphère, l'hydrosphère et la lithosphère terrestre ont joué un rôle déterminant dans la formation de ces roches. La dynamique liée à la tectonique des plaques doit la diversité de ses effets à celle des propriétés mécaniques des roches impliquées : certaines sont fragiles et se cassent, d'autres sont malléables et se plient. Ce matériau hétérogène est en grande partie façonné par l'eau et le vent, par la sédimentation et le métamorphisme. Repris dans les profondeurs de la croûte terrestre, à la suite d'une collision intracontinentale, il y subit des températures et des pressions élevées. Chaque type de roche réagit à sa manière. Imaginons, par exemple, un sédiment argileux qui contient des fragments de bois. Une simple compression chasse l'eau renfermée dans l'argile et un faible réchauffement suffit pour transformer le bois en charbon de bois. Les roches et leurs composants réagissent comme ce bois, en modifiant leur structure interne. Sous l'influence de facteurs variés, les molécules d'eau et d'autres molécules de base se disposent différemment, donnant ainsi naissance à de nouveaux minéraux et composés chimiques, en équilibre avec les conditions environnantes. Ce phénomène, appelé métamorphisme, correspond à un ensemble de transformations de la roche en réponse à de nouvelles conditions physiques, chimiques et mécaniques : température, pression, déficit ou excès d'eau, etc. Le métamorphisme se produit également si la roche est traversée par des fluides chauds, si elle se trouve en présence d'un matériau en fusion ou si elle subit une intense déshydratation.

Il arrive que les circonstances qui accompagnent la collision et la compression de deux plaques continentales provoquent la fusion des roches, celles-ci remontant à la surface de la Terre sous forme de magma. La plupart des roches, cependant, restent à l'état solide. Elles se déforment et s'adaptent aux conditions sans cesse changeantes, en libérant leurs composants instables (eau, gaz carbonique, ions de sodium et de chlore), lesquels réagissent avec d'autres minéraux lors des mouvements de la matière. Ces minéraux sont par la suite dissous et réintégrés à la surface lithosphérique, à l'hydrosphère ou à l'atmosphère.

Les roches sont donc sensibles aux mouvements des plaques. Des formations rocheuses, même plus ou moins puissantes et étendues, peuvent se briser, glisser sur des failles disposées horizontalement et se superposer comme des écailles. Pour cette raison, la tectonique des plaques intervient en tant que facteur essentiel dans l'évolution structurale de la lithospère. Le cas de l'Himalaya fournit de bons exemples pour illustrer la tectonique intraplaque. L'Inde (représentée en marron et en orange sur la figure page 78) vient percuter la plaque eurasienne dans son déplacement vers le nord. Sous l'effet d'importantes contraintes mécaniques, sa couverture sédimentaire se plisse tandis que son substrat s'enclave sous l'Himalaya, s'y trouvant soumis à de fortes pressions et températures qui en entraînent la fusion partielle. On sait en réalité peu de choses sur ce qui se passe à de telles profondeurs : on ne peut que simuler ces processus en laboratoire, en reconstituant des conditions adéquates de température, de pression, de teneur en eau et de composition chimique des matériaux.

Ces matériaux, les roches, sont des systèmes chimico-minéralogiques dont la composition globale est à peu près constante et dont la diversité constatée résulte de transferts et de partages de matières incessants liés à la géodynamique de la planète. Ces modifications de la chimie des roches s'effectuent pour l'essentiel par l'intermédiaire d'une phase fluide, dont la composition est en général très différente de ce qui reste à l'état solide. Dans le cas de la fusion partielle d'une roche — l'Himalaya par exemple — le magma formé est une partie moins dense et plus mobile que les solides résiduels qui ont tendance à rester sur place, alors que la masse visqueuse pourra migrer vers les zones supérieures à la faveur de fractures. En outre, au sein du magma, il y a séparation mécanique des premiers minéraux cristallisés du reste de ce magma (dit magma résiduel). On conçoit donc que de ces différents milieux naissent des roches de composition variée. Par exemple, la fusion du manteau supérieur donne naissance à des liquides basaltiques. Par différenciation magmatique, ces liquides conduisent à des cumulats de cristaux (péridotites et gabbros) et à des liquides résiduels de composition granitique. Mais d'autres granites peuvent avoir une origine différente, par exemple provenir de la fusion partielle de matériaux de la croûte terrestre, océanique ou continentale. Le matériau chimique qui conduit à la formation des granites peut donc aussi bien provenir de la montée de liquides basaltiques que de la reprise de sédiments détritiques. Roches les plus communes à la surface de la Terre, les granites se forment à l'intérieur de la croûte dans des conditions banales de température (600-700 °C) et de pression (5 000 atm.). Si ces conditions sont réunies, s'il se trouve un matériau chimique adéquat et de l'eau en abondance, il se forme alors un magma granitique. Celui-ci se mélange facilement aux autres roches, pénétrant sans difficulté dans les complexes plissés. L'étude de la formation du granite intéresse particulièrement la géologie minière. En effet, le granite apparaît en présence de toute une série d'éléments utiles parmi lesquels prédominent les minerais d'étain et de molybdène.

On pourrait supposer que la plupart des événements présentés dans ce chapitre sont imputables aux forces internes, telles que la géothermie, mais ce serait mésestimer l'importance de ce composé très ordinaire qu'est l'eau. L'eau intervient en effet en tant qu'élément médiateur dans les échanges de matière et d'énergie. Sans l'eau de l'hydrosphère, principalement celle des bassins de sédimentation, l'eau à l'état liquide, les roches granitiques ne pourraient pas se former et la croûte terrestre n'existerait pas. D'ailleurs, sans cette eau lithosphérique, la croûte continentale n'existerait pas telle quelle aujourd'hui. Intervenant comme élément le plus actif lors de la fusion des roches au sein de la croûte continentale, l'eau joue un rôle primordial dans le métamorphisme et dans la formation des minerais. Les magmas granitiques ne pourraient pas exister : à partir du moment où ils approchent de la surface, ils se refroidissent et se cristallisent. Or les cristaux des minéraux qui forment le granite solide ne renferment qu'une faible quantité d'eau initiale, celle-ci s'étant dissoute dans le magma chaud sous des pressions élevées. La plupart de cette eau qui ne fait pas corps avec la roche retourne dans l'hydrosphère, sous forme de source thermale par exemple, et peut très bien prendre part ultérieurement au cycle de l'eau à la surface de la Terre comme eau météorique. L'étude isotopique de l'eau renfermée dans les roches volcaniques confirme d'ailleurs qu'elle a participé à ce cycle de l'eau. Il est certain que la majeure partie de l'eau superficielle contenue dans les lacs, dans la mer ou dans les nuages, est issue du manteau supérieur. Transportée vers la surface par les roches plutoniques lors des premières étapes de l'évolution de la Terre, cette eau est devenue partie intégrante de l'hydrosphère, tout en pouvant d'ailleurs retourner dans le manteau, au moment de la subduction ou de la collision des plaques. Et il s'écoulera encore des millions d'années avant que la montée d'un magma ne la restitue à l'hydrosphère.

Cet exemple de l'eau montre bien les relations qui existent entre processus endogènes (qui ont lieu dans les profondeurs de la planète) et processus exogènes (qui se déroulent à la surface). Enfin, ce n'est pas seulement l'eau qui voyage entre l'hydrosphère, l'atmosphère et les différentes couches lithosphériques : d'autres matériaux prennent également une part active à cette circulation, pour la simple raison que l'eau en est l'incontournable dissolvant.

▶ ***Le rift oriental africain : exemple de cassure d'un continent***

La région lacustre de la région des grands lacs africains (lacs Malawi, Tanganyika, Victoria et Turkana, auxquels s'ajoutent un grand nombre de lacs moins étendus) appartient à la zone d'un grand rift intracontinental appelé rift est-africain. Ce rift comporte un système de vallées axiales parsemées de volcans (indiquées par des triangles sur l'illustration) et limitées par des failles (dont l'inclinaison est représentée par des lignes dentées). Au nord du lac Turkana, commence en Éthiopie le rift d'Asal, auquel fait suite la mer Rouge. Le long de la côte méditerranéenne joue le décrochement d'Aqaba-mer Morte. Tout cet ensemble matérialise une grande cassure du continent africain. Depuis 20 millions d'années déjà, l'Arabie se détache de l'Afrique dont elle est à présent séparée par une ouverture océanique juvénile (la mer Rouge), le rift d'Asal n'étant qu'au stade de la déchirure. Plus en retard encore est le rift est-africain, mais on est certain que dans quelques millions d'années, les deux plaques lithosphériques déjà individualisées vont s'éloigner l'une de l'autre et la région lacustre actuelle cédera la place à une mer semblable à la mer Rouge.

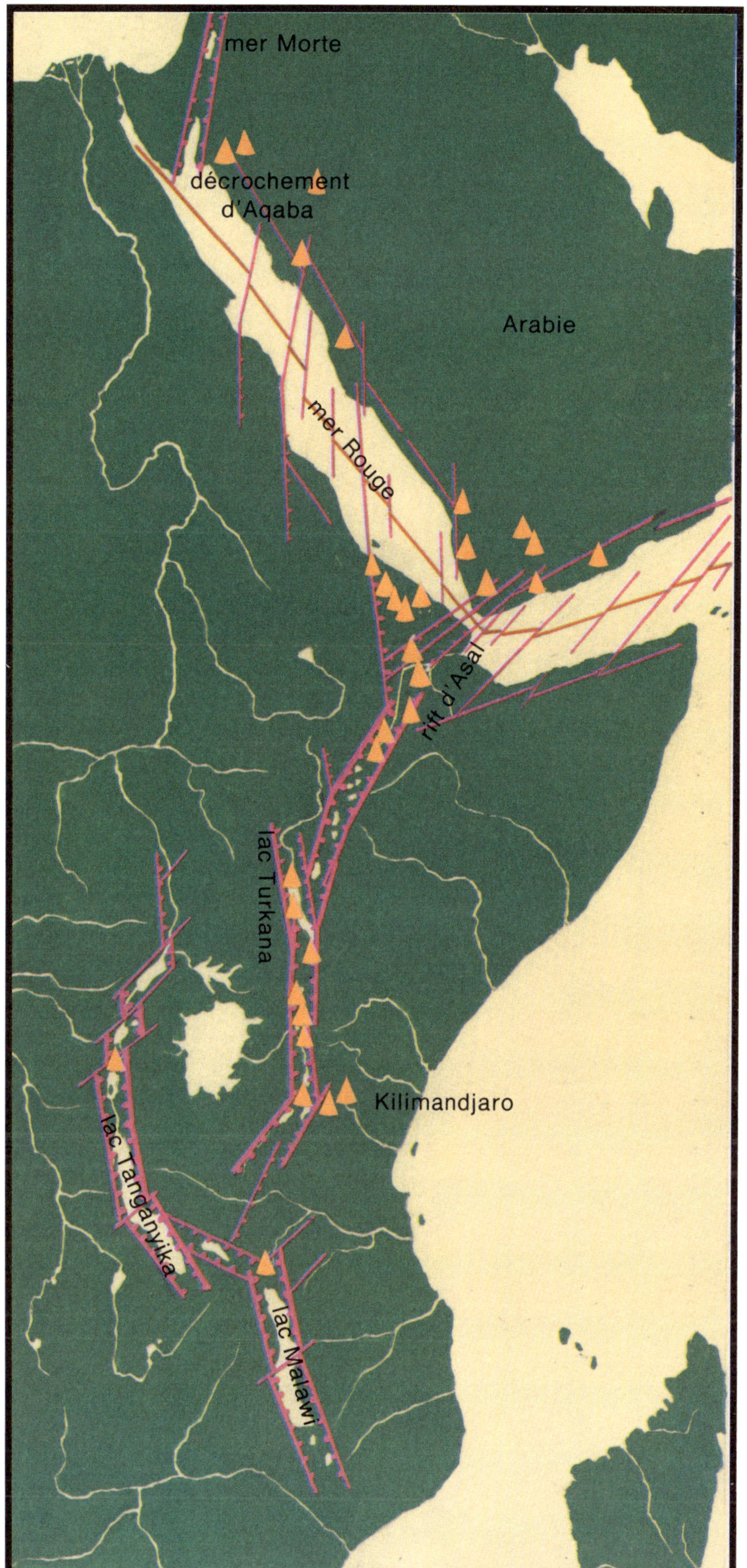

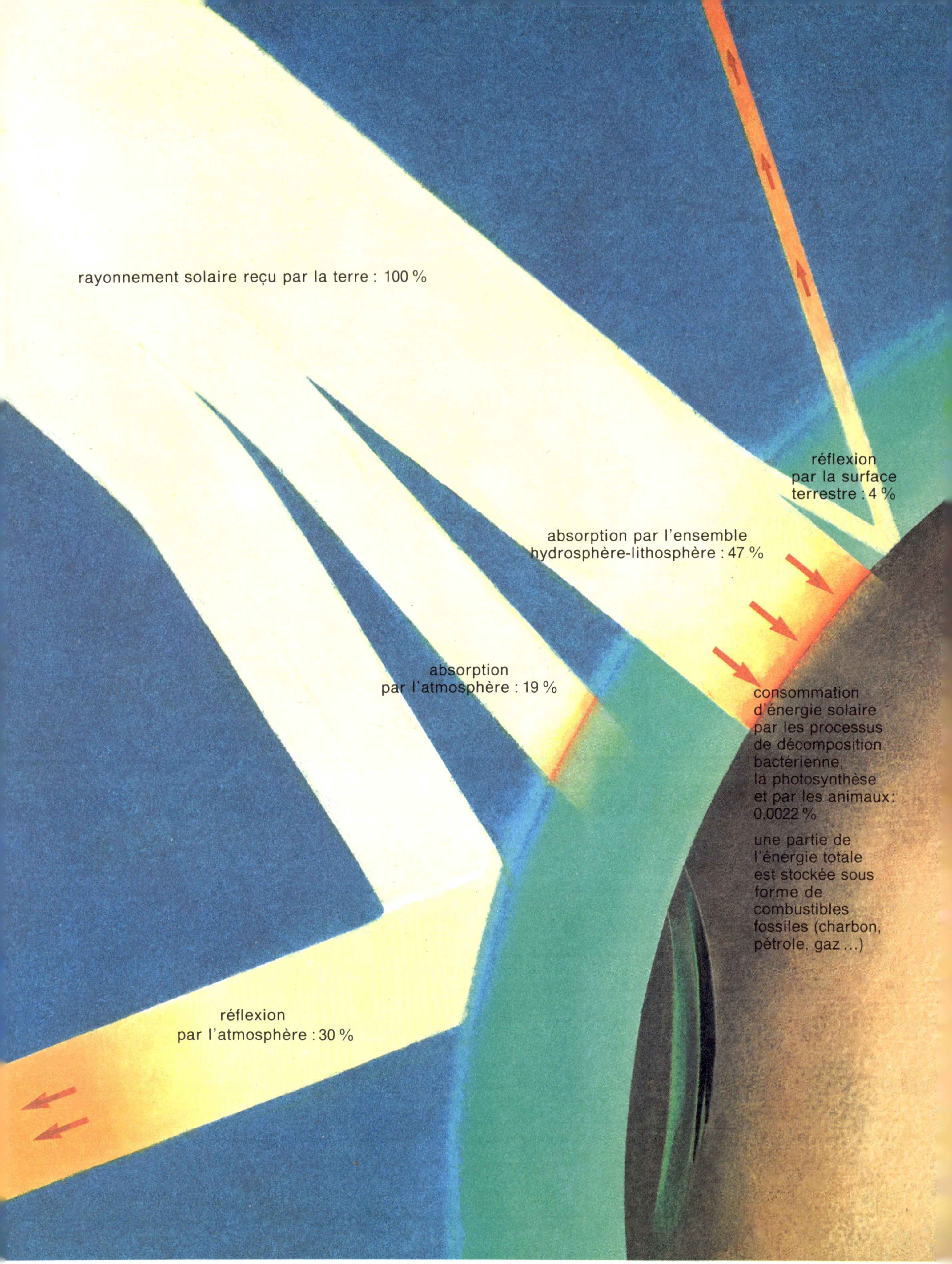
rayonnement solaire reçu par la terre : 100 %
réflexion par la surface terrestre : 4 %
absorption par l'ensemble hydrosphère-lithosphère : 47 %
absorption par l'atmosphère : 19 %
consommation d'énergie solaire par les processus de décomposition bactérienne, la photosynthèse et par les animaux : 0,0022 %
une partie de l'énergie totale est stockée sous forme de combustibles fossiles (charbon, pétrole, gaz ...)
réflexion par l'atmosphère : 30 %

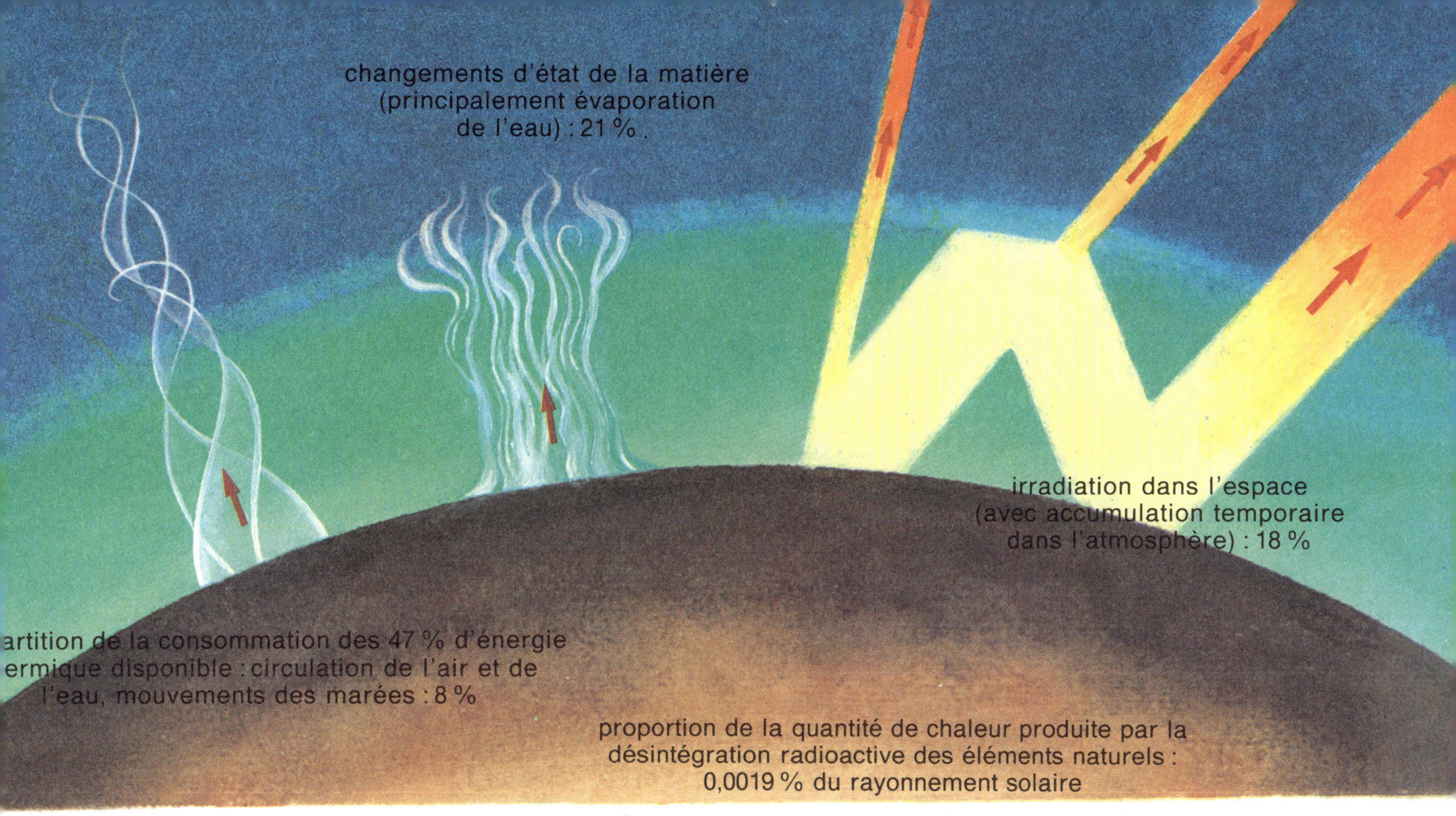

LES FORCES VIVES DE LA TERRE

La Terre est un corps en perpétuel mouvement : des plaques entières de lithosphère se déplacent ; courants, marées, tempêtes brassent continuellement l'eau des océans ; la lave jaillit des cratères ; brises, vents, tornades déplacent d'énormes masses d'air. Les chaînes montagneuses se dressent, les fosses océaniques se creusent, les plaques se fissurent, les roches sont rongées par l'érosion, la structure des matériaux se modifie, de nouveaux minéraux apparaissent. Chacun de ces phénomènes consomme de l'énergie. Or la Terre n'est pas un *perpetuum mobile*, un simple mécanisme d'horlogerie qui, une fois remonté, fonctionne à l'infini. Où puise-t-elle sa force motrice, quelle en est la nature ?

L'histoire de la Terre est semblable à la mémoire humaine : plus on remonte dans le temps, moins le souvenir est précis, les événements successifs s'estompant et s'effaçant mutuellement. Déchiffrer les épisodes marquants de l'évolution de la planète est déjà difficile mais dresser son bilan thermique, faire la comptabilité de ses débits et de ses crédits énergétiques l'est encore davantage. La Terre se comporte comme un enfant qui s'amuse dans un bac à sable : il bâtit des châteaux, puis les détruit pour en construire d'autres, et cela avec le même sable auquel il ajoute de temps en temps du matériau neuf. L'évolution de la croûte terrestre suit la même voie : les roches et les unités géologiques anciennes servent à la formation de ro-

◀ ***L'énergie thermique de la planète Terre***
Quotidiennement, depuis sa naissance, la Terre est alimentée en énergie par le rayonnement solaire. Elle n'utilise approximativement que la moitié de l'énergie reçue, constituant un système parfaitement équilibré depuis au moins 3 milliards d'années entre quantités de chaleur reçue, restituée et émise, ce qui lui permet d'avoir une température de surface globalement constante. Le Soleil est évidemment la source d'énergie la plus puissante, mille fois plus que toute autre. Toutefois, la Terre possède ses propres sources d'énergie : une part provenant de la chaleur originelle encore très élevée au cœur de la planète ; une part stockée sous forme de combustibles fossiles et que l'Homme libère brutalement depuis deux siècles ; enfin une part produite par le phénomène exothermique de la radioactivité. Tout cela est infime et cependant, à l'échelle humaine, n'est aucunement négligeable. À cette échelle, la quantité de chaleur emmagasinée dans les premiers kilomètres de la croûte terrestre est considérable : au moins mille fois plus que les ressources cumulées de tous les combustibles fossiles. L'énergie géothermique est donc une ressource importante que l'humanité sera conduite à mieux exploiter.

ches et d'éléments neufs. Cette évolution cyclique constitue un obstacle à la reconstitution de l'histoire énergétique de la Terre. Néanmoins, pour tenter d'y parvenir, il faut comme précédemment recourir à la démarche actualiste, selon laquelle les phénomènes géologiques du passé s'expliquent de la même manière que ceux du présent. Il est donc nécessaire, en premier lieu, de s'intéresser à la situation énergétique actuelle de la Terre.

La planète possède deux sources principales d'énergie : une source externe, exogène (le rayonnement solaire) et une source interne, endogène (son propre noyau). Aussi puissant soit-il, le système énergétique endogène n'équivaut qu'à une fraction du système exogène. Historiquement, il n'en constitue d'ailleurs qu'un fragment isolé et en quelque sorte fossilisé dans une petite boule de matière : la planète Terre, qui n'en libère que très lentement la chaleur piégée.

Le Soleil fournit donc à notre planète la majeure partie de son énergie, la chaleur restituée par le noyau terrestre ne correspondant qu'à une infime parcelle de l'énergie consommée. Ces deux sources complémentaires agissent en synergie : l'énergie solaire absorbée par l'atmosphère terrestre atteint 400 watts par mètre carré au sol, alors que l'énergie géothermique parvenant en surface n'est que de 60 mW, soit entre cinq et dix mille fois moins. Il ne s'agit là que du flux solaire effectivement récupéré sur notre planète, car la quantité d'énergie que le Soleil émet en direction de la Terre est de l'ordre de 1 400 W/m^2, grandeur appelée constante solaire. De cette quantité, 40 % sont réfléchis dans l'espace, et des 60 % absorbés par l'atmosphère, la moitié seulement parvient à la surface terrestre. Cette énergie solaire n'y est d'ailleurs pas distribuée de façon homogène : les quantités varient en fonction des régions, dépendant de l'altitude, de la latitude, des saisons, de l'alternance des jours et des nuits, etc.

La situation est analogue quant à la diffusion de l'énergie thermique interne du globe. La géothermie est plus particulièrement perceptible dans les zones actives de l'écorce terrestre, par exemple dans les régions d'activité volcanique des dorsales, des arcs insulaires, des rifts et des points chauds. Inversement, on trouve dans le monde des endroits où le flux thermique est très bas.

La température du globe terrestre augmente avec la profondeur : soit 1 °C tous les 33 mètres dans les premiers kilomètres. C'est le gradient géothermique.

◀ ***Extension de la calotte glaciaire sur l'Europe septentrionale lors de l'avant-dernière glaciation du Quaternaire (Riss)***

Une prise de vue satellitaire fictive montre l'étendue de cette glaciation dans le nord de l'Europe et l'importance des glaciers qui coiffent les sommets des chaînes montagneuses (Carpates, Alpes et Pyrénées). La prise en glace de l'eau a fait baisser le niveau des océans, mettant à nu une partie de la plate-forme continentale. Le réchauffement actuel du climat conduit à l'inverse à la fonte des glaciers et à la montée du niveau de la mer.

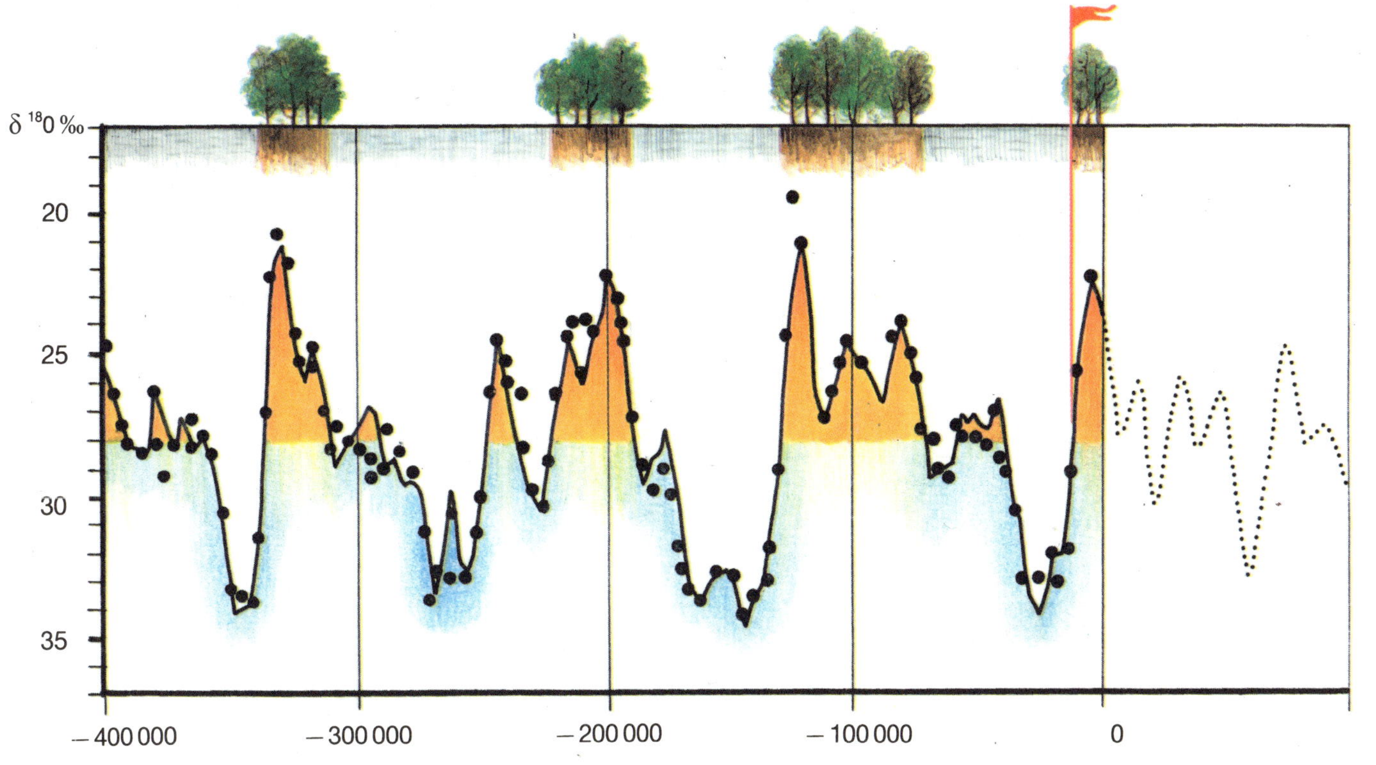

▲ ***Appréciation des variations de température durant l'ère Quaternaire à partir du profil de distribution des isotopes de l'oxygène dans les roches sédimentaires***
L'exploration moderne des fonds océaniques, les forages entrepris dans les couches sédimentaires, les analyses effectuées en laboratoire des échantillons prélevés ont permis de déterminer la durée des glaciations et de calculer les variations de température. On observe des oscillations régulières de températures sur la courbe tracée à partir de la distribution d'isotopes de l'oxygène. À une échelle plus petite, des oscillations analogues apparaissent aussi au bout d'intervalles de onze ans qui correspondent à des pointes de l'activité solaire. Le drapeau rouge indique sur le diagramme le début de la période interglaciaire, commencée il y a 12 000 ans. Sous les latitudes tempérées, le réchauffement a progressivement dégelé le sol et permis l'extension des îlots de feuillus les plus résistants (bouleaux et noisetiers par exemple). Puis les essences végétales se sont diversifiées et une épaisse couverture d'humus s'est constituée à l'abri des forêts.

Il n'y a guère d'ailleurs que les dix premiers mètres qui soient sensibles aux variations thermiques de l'atmosphère : au-delà, la température est stable et ne s'élève qu'en suivant le gradient géothermique.

Les radioéléments, isotopes de l'uranium, du thorium et du potassium, interviennent aussi dans le bilan thermique de la Terre. Les roches produisent de l'énergie thermique en fonction de leur richesse en éléments radioactifs. Ces radioéléments étant surtout présents dans la couche supérieure de la croûte, c'est à ce niveau qu'elles produisent le plus d'énergie thermique. Ainsi, la production thermique du granite est-elle cinq fois supérieure à celle du basalte situé plus en profondeur, elle-même dix fois supérieure à celle des roches mantelliques. Ceci explique pourquoi le flux de chaleur est si peu régulier, même dans les régions géologiquement calmes où la chaleur n'est pas transmise par les mouvements de convection au sein du manteau. La carte des flux thermiques révèle en outre d'autres aspects intéressants, tel par exemple le degré de communication entre la surface et les couches internes de la planète. Il ne faut pas oublier que les roches constituent d'excellents isolants thermiques, à condition qu'elles soient imperméables. Dans ce cas, elles ne transmettent pas la chaleur qui demeure prisonnière dans les profondeurs de la Terre.

Une carte à l'échelle mondiale de la distribution géographique des flux de chaleur, donc de production géothermique, confirme l'existence des plaques lithosphériques. Les régions de dorsales, zones d'expansion, sont caractérisées par un flux de chaleur élevé. Même phénomène dans les régions de rifts et dans les zones de collision, à activité volcanique intense. Inversement, dans les régions anciennes des fonds océaniques, dans les fosses ainsi que sur les boucliers continentaux, les flux de chaleur sont nettement plus faibles. Ce bilan conforte la théorie selon laquelle la chaleur terrestre est transmise à la surface à la fois par conduction, au sein des masses immobiles et par les courants de convection liés à la tectonique des plaques.

Au fil du temps, les sources d'énergie thermique radioactives s'affaiblissent. Cela signifie qu'à l'origine, la Terre a connu une situation beaucoup plus productive qu'aujourd'hui en ce qui concerne la chaleur émise par les eléments radioactifs. Le rôle qu'ont joué alors

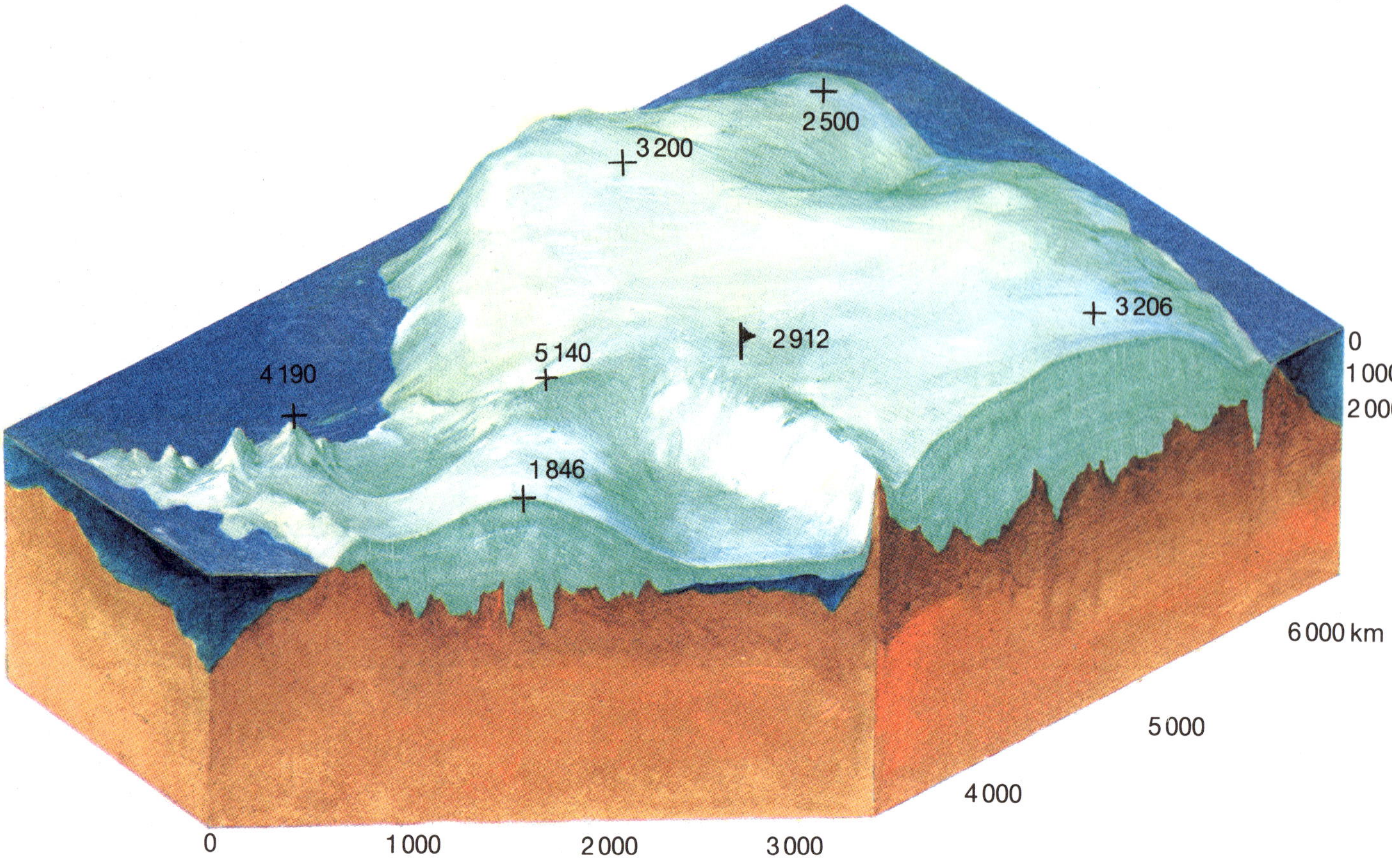

▲ ***Calotte glaciaire de l'Antarctique***
L'Antarctique est le plus grand glacier continental de notre planète, le plus grand réservoir d'eau potable, et d'un certain point de vue l'un des plus terribles dangers qui menacent l'humanité. Sa fonte totale ou partielle, provoquée par l'effet de serre, pourrait en effet conduire à une catastrophe générale, du fait de l'élévation de plusieurs mètres du niveau des océans.

les radioéléments de courte période, c'est-à-dire au temps de désintégration très bref, n'est pas encore bien connu. Bien qu'il soit extrêmement difficile de prouver leur existence, certaines théories leur accordent un rôle majeur lors de la genèse des planètes.

Notons ici qu'on ne peut appliquer la démarche actualiste à la reconstitution des premières étapes de l'histoire terrestre : ces premiers instants de la planète, son accrétion, sa structuration par les forces de gravité sont autant d'événements uniques.

L'étude des planètes voisines (Mars, Vénus, Mercure) et de la Lune permet cependant d'aborder le problème. Moins actifs que la Terre, chacun de ces corps célestes se comporte, pour reprendre notre image, comme un enfant calme, sinon ensommeillé, qui joue dans son bac à sable : il construit un seul château, puis s'en va. Les planètes voisines ont conservé les traits évolutifs caractéristiques des premières étapes de l'évolution de la Terre. Les géologues éprouvent beaucoup de difficultés à résoudre des énigmes que pose l'étude des roches très anciennes, celles dont l'âge dépasse 2 milliards d'années. On comprend dès lors qu'ils soient parmi les plus ardents partisans de la recherche spatiale. Ils sont convaincus que l'étude des surfaces planétaires et lunaire fournira de précieuses informations utiles à la compréhension des phénomènes qui ont présidé à la naissance de la Terre. Les premiers résultats sont d'ailleurs plus que prometteurs, les découvertes inespérées. Dans le cas de la Lune, par exemple, là où les géologues s'attendaient à ne trouver qu'un objet céleste froid, ils ont découvert que sa genèse s'était accomplie à très haute température, en état de fusion, phénomène qui a dû se produire également pour les planètes.

On peut imaginer ainsi les débuts de la formation d'une planète. Les fragments de matière traversent l'espace à une vitesse cosmique. Captés par un centre de gravitation, ils s'y agglutinent pour former l'embryon de la future planète. L'énergie cinétique de la particule en mouvement se transforme alors en énergie thermique, appelée chaleur d'accrétion, ce qui représente un type de conversion énergétique banal.

La matière ainsi amassée présente certaines particularités. Peu différencié, ce matériau primitif renferme des éléments métalliques, des particules siliceuses, ainsi que des composés de soufre et des isotopes de radioéléments (uranium, thorium, potassium). À haute température, les éléments métalliques et les composés soufrés se séparent de la partie siliceuse dans un processus analogue à celui qui se déroule dans un haut fourneau. La fraction métallique, plus lourde en raison de sa densité moyenne élevée, s'amasse au centre de la planète. Ce processus libère une certaine quantité de chaleur, appelée chaleur de gravité. De nombreux chercheurs considèrent que la séparation des métaux et des silicates n'est pas achevée et qu'elle va se poursuivre dans le globe terrestre pendant 2 milliards d'années au moins. Ce qui signifie que la chaleur de gravité intervient encore de nos jours dans le bilan énergétique de la Terre.

Si l'on étudie le bilan thermique de la Terre au cours de son évolution, on constante l'existence d'un équilibre entre dépenses et apports énergétiques. Notre planète est en outre capable d'assurer, au moins partiellement, la régulation de l'apport énergétique externe, la source de chaleur endogène n'intervenant

▶ ***Répercussion des variations du climat sur un profil pédologique***
L'alternance des périodes glaciaires et interglaciaires s'inscrit dans les différents horizons du sol. Les horizons les plus riches se forment au cours des périodes chaudes. L'exemple de l'Europe centrale montre un sol brun actuel assez pauvre (A) qui recouvre la terre à brique, le lœss. Celui-ci provient d'une époque froide et sèche pendant laquelle la végétation était maigre et le balayage du sol par le vent très actif. L'horizon B représente un sol imparfaitement constitué formé lors d'une période de très basse température. Les horizons C, D et E correspondent au contraire à des périodes interglaciaires plus chaudes.

que de façon négligeable dans cette régulation. Le fait que depuis si longtemps la Terre possède de l'eau à sa surface implique que les températures y oscillent dans des limites compatibles avec l'apparition de la vie. Cet équilibre thermique implique également que les sources de chaleur endogène et exogène se complètent harmonieusement.

Un autre facteur encore est venu changer le cours des événements dans l'histoire de la Terre : le hasard. Il y eut de longues périodes au cours desquelles la Terre possédait une atmosphère différente de celle d'aujourd'hui. Dépourvue d'oxygène, elle ne comptait que des oxydes et des molécules d'ammoniac. Aujourd'hui on sait que d'infimes différences dans la composition de l'atmosphère suffisent pour influer sur le bilan thermique de la Terre, l'excès ou le manque de tel ou tel gaz atmosphérique (gaz carbonique, méthane, etc.) pouvant le bouleverser entièrement. L'augmentation de concentration de l'un quelconque de ces composants gazeux entraîne l'échauffement des couches inférieures de l'atmosphère, provoquant ainsi un effet de serre. L'équilibre thermique assuré tout au long de l'histoire géologique de la Terre paraît incroyablement stable, bien que la production de chaleur endogène ait baissé de façon considérable. On peut donc s'interroger sur l'évolution des quantités d'énergie que la Terre a reçues de l'espace et sur les fluctuations du rayonnement solaire depuis sa naissance. On sait que la productivité énergétique de notre Soleil était de 40 % inférieure à ce qu'elle est de nos jours. Ce déficit était compensé par la température initiale élevée de notre planète : chaleur résiduelle du corps primitif accré-

◀ ***L'immersion progressive du Mont-Saint-Michel en cas de réchauffement de quelques degrés de la planète***
La baie du Mont-Saint-Michel témoigne d'interactions entre température, couverture glaciaire et niveau des mers. Le socle granitique qui émerge de la mer culmine à 78 mètres et le clocher de l'abbaye mesure 80 mètres. L'image montre l'ampleur de la submersion, en cas de fonte partielle ou totale du glacier antarctique.

▶ ***Relation entre densité de la population humaine et altitude***
Les conséquences d'une éventuelle montée du niveau des mers seraient d'autant plus catastrophiques que la densité de la population est bien plus grande à de faibles altitudes qu'à des altitudes plus élevées. Les chiffres de gauche indiquent le nombre d'habitants par kilomètre carré, ceux de droite correspondent à l'altitude.

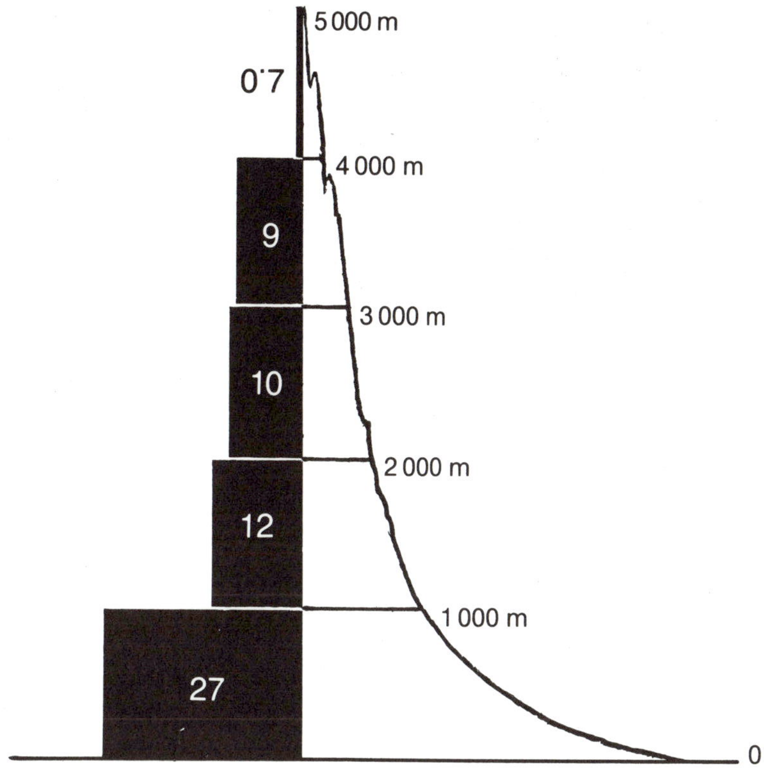

▼ ***Évolution thermique de l'atmosphère au cours d'une belle journée d'été en Europe***
La courbe sur fond jaune correspond à la totalité de l'énergie solaire qui atteint la surface de la Terre et la courbe rouge aux températures moyennes réelles de l'air au niveau du sol. Noter le décalage entre les deux courbes.

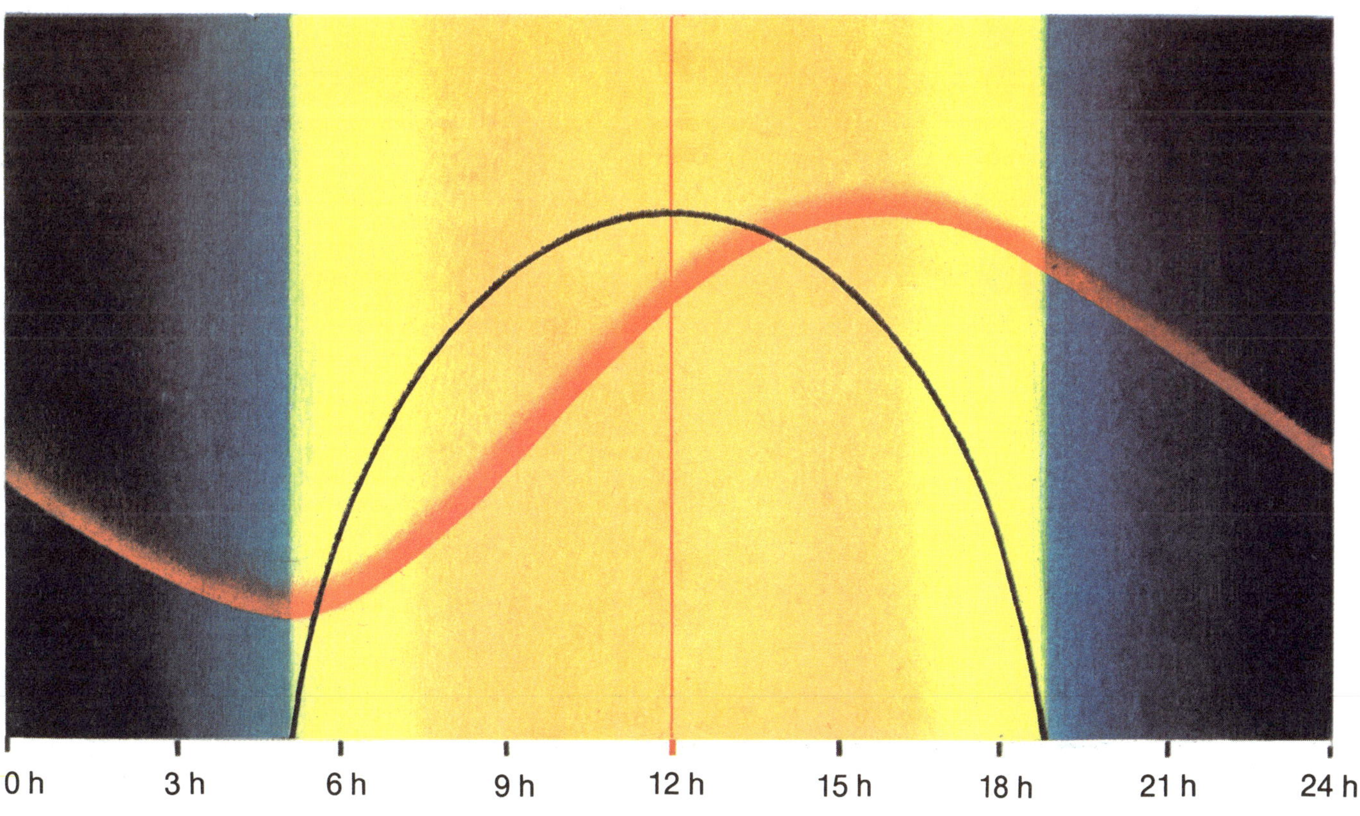

tionné et chaleur ajoutée du fait de la radioactivité de certains de ses éléments. Grâce à cette compensation, la Terre ne s'est pas refroidie. Progressivement s'est mis en place un système d'autorégulation entre lithosphère, atmosphère et hydrosphère. Il est même probable que l'effet de serre contre lequel nous essayons aujourd'hui de lutter intervenait alors comme facteur primitif.

Beaucoup plus tard, les organismes vivants vinrent participer à cette autorégulation. Au fur et à mesure de l'accroissement de la biomasse, celle-ci est devenue un facteur non négligeable de la gestion énergétique de la planète via la production de gaz carbonique.

Les ouvrages d'écologie traitent en détail la question des transferts d'énergie dans la nature. Dans certaines régions du globe, l'apport d'énergie détermine, avec la nature du substrat rocheux et la situation géographique, l'évolution de tel ou tel relief et la nature d'écosystèmes capables de s'y maintenir. Les interactions entre l'atmosphère, la lithosphère et l'hydrosphère influent, par exemple, sur l'érosion des roches et la formation de tel ou tel type de sol : lœss, tchernoziom, podzol ou latérite. Les excès ou les déficits temporaires d'énergie sont donc répercutés dans la physionomie des paysages. La surproduction de masse organique survient là où l'excès d'énergie est associé à d'autres conditions propices.

De ce point de vue, l'histoire géologique de notre planète a connu des épisodes remarquables. Au Carbonifère par exemple, à la fin du Paléozoïque, le développement d'une végétation tropicale luxuriante a entraîné une surproduction de matière organique à l'échelle mondiale. L'énergie solaire utilisée par les plantes s'est trouvée fossilisée sous forme de charbon, énergie que l'industrie humaine libère aujourd'hui. Inversement, la Terre a dû faire face à une pénurie d'énergie lors de phases glaciaires. Les glaciers progressant, la température moyenne des océans baissant, la consommation d'énergie a augmenté plus vite que sa production. L'exemple le plus récent appartient à l'ère Quaternaire. Lorsque commence une phase au cours de laquelle le carcan des glaces polaires fond lentement, la planète dispose à nouveau d'une quantité suffisante, voire excessive, d'énergie. La consommation d'énergie est alors très élevée, si bien que banquises et glaciers servent de tampon énergétique contre la surchauffe de la Terre. Au cours des dernières glaciations, la température a baissé en moyenne de 5 °C par rapport aux périodes interglaciaires. Outre les écarts de température, la composition de l'atmosphère

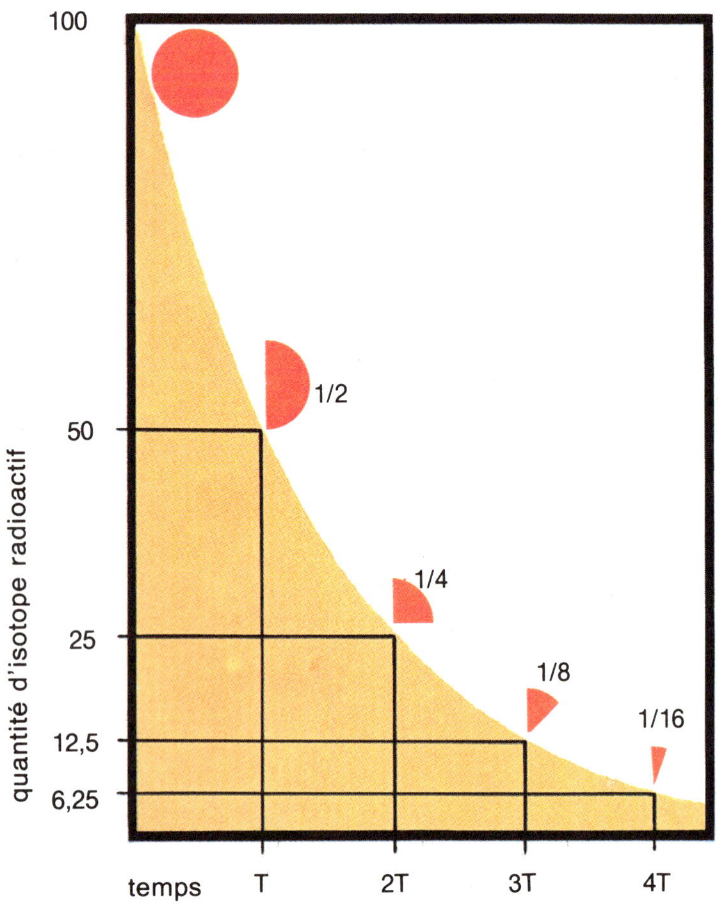

◀ ***Principe de la radiochronologie***
La matière est constituée par un assemblage d'atomes qui comportent un ou plusieurs électrons (chargés négativement) gravitant autour du noyau lui-même composé de neutrons (particules neutres) et de protons (chargés positivement). Il arrive que différents atomes d'un même élément possèdent un nombre différent de neutrons : on leur a donné le nom d'isotope. Certains isotopes sont stables, d'autres sont radioactifs, c'est-à-dire qu'ils se transforment spontanément en d'autres éléments avec émission de divers rayonnements. On appelle période le temps nécessaire à la transmutation de la moitié de la masse du radioélément, c'est-à-dire pour que la moitié des noyaux d'un élément radioactif donné se soit désintégré. Chaque isotope a sa période propre. La période est indépendante de toute action extérieure et varie considérablement d'un noyau à l'autre (de 10^{-12} secondes à 10^{17} années). La connaissance des périodes est mise à profit pour la datation des roches. L'illustration représente les périodes de demi-valeur de n'importe quel isotope radioactif, tout en montrant les différences quantitatives qui surviennent dans la production de chaleur terrestre. Au fil des temps géologiques, la réserve d'éléments radioactifs diminue et la quantité de chaleur produite par ce phénomène diminue d'autant. Pour dater des roches ou des fossiles récents, on recourt à des isotopes de période relativement courte, par exemple le ^{14}C. Cet isotope est hérité de l'azote ^{14}N par bombardement cosmique dans la haute atmosphère. Alors que le ^{12}C est abondant et stable dans la nature, le ^{14}C est rare et instable ; sa période est de 5 574 ans. Il suffit de mesurer le rapport carbone 12 sur carbone 14 pour calculer l'âge d'une roche carbonatée ou d'une coquille, puisqu'on pourra déterminer depuis combien de temps les êtres vivants qui en sont à l'origine sont morts, c'est-à-dire n'assimilent plus de ^{14}C. Pour dater des roches très anciennes, on recourt à des isotopes de très longue période (uranium, thorium, potassium).

▲ ***L'effet de serre en zone urbaine***
La présence de certains gaz (gaz carbonique, méthane, vapeur d'eau) influence le climat de la planète, tant localement que dans son ensemble. L'effet de serre se produit surtout dans les zones urbaines, les jours de soleil où la pression atmosphérique est forte. La stagnation de l'air fait monter la température. Le gaz carbonique, la vapeur d'eau et divers autres gaz, absorbant les rayonnements de grande longueur d'onde, jouent un rôle de bouclier atmosphérique, interdisant la circulation de l'air entre les couches atmosphériques supérieures froides et les couches inférieures fortement chauffées.

change au cours de telles périodes. Les scientifiques ont prouvé que pendant les ères interglaciaires, l'atmosphère contenait un quart de gaz carbonique en plus et deux fois plus de méthane.

À première vue, le bilan énergétique de la planète est bien équilibré. Dans un avenir plus ou moins immédiat, cet équilibre dépendra de la façon dont l'homme saura comprendre et maîtriser l'ensemble des phénomènes mis en jeu. Ces derniers temps, l'homme est intervenu directement dans les transferts énergétiques que contrôlait jusqu'alors un système naturel d'autorégulation. L'homme s'est mis à consommer trop vite les réserves d'énergie fossile que sont le charbon, le pétrole, le gaz naturel. Outre un réchauffement de l'atmosphère, leur combustion produit des effets secondaires, que l'on peut comparer à des troubles digestifs consécutifs à l'ingestion d'un médicament. La surproduction de composés soufrés, azotés et carbonés perturbe les équilibres naturels auxquels le monde vivant est adapté. La planète est progressivement into-

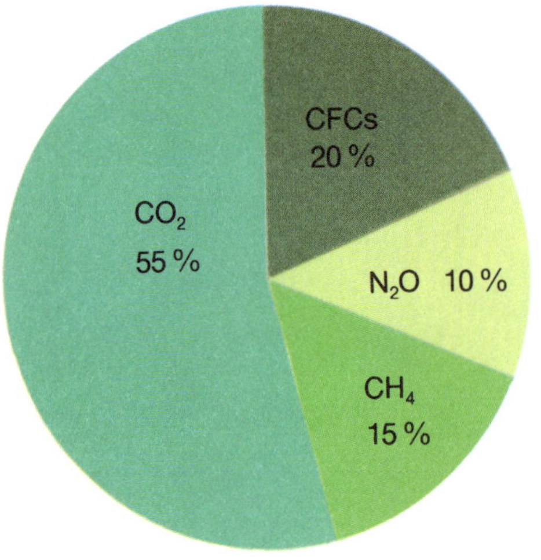

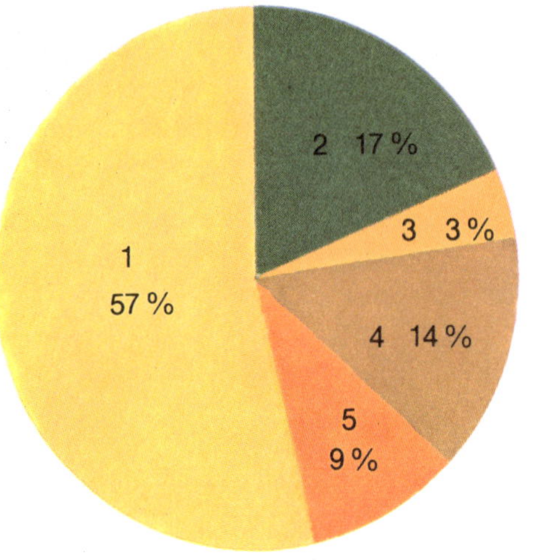

▲ ***Principales substances chimiques participant de nos jours au réchauffement de la planète***
La question du réchauffement global de la Terre déborde actuellement le cadre de la seule recherche scientifique. Les prévisions sont si alarmantes que les hommes politiques eux-mêmes ont dû s'intéresser sérieusement au phénomène de l'effet de serre. Cependant, avant de prendre des décisions, il faut réunir des données fiables, les connaissances dans ce domaine étant encore hypothétiques. Il est aujourd'hui possible d'avancer des estimations sur la participation de tel ou tel composé chimique au réchauffement de la planète. Le gaz carbonique est le principal facteur de réchauffement. Viennent ensuite les hydrocarbures chlorofluorés (CFC), le méthane et les oxydes d'azote.

▲ ***Principaux secteurs de l'activité humaine responsables du réchauffement de la planète***
La production d'énergie (1) est la première source de formation des composés responsables de l'effet de serre (57 %). Les consommations ménagères (2) viennent au deuxième rang, les hydrocarbures chlorofluorés, utilisés comme fluides cryogènes dans les réfrigérateurs ou encore comme gaz propulseurs dans les bombes aérosols, contribuant pour beaucoup au réchauffement de la Terre (17 %). Les autres facteurs sont l'agriculture (4), le déboisement, les nouvelles formes d'exploitation des terres (5) et l'industrie (3).

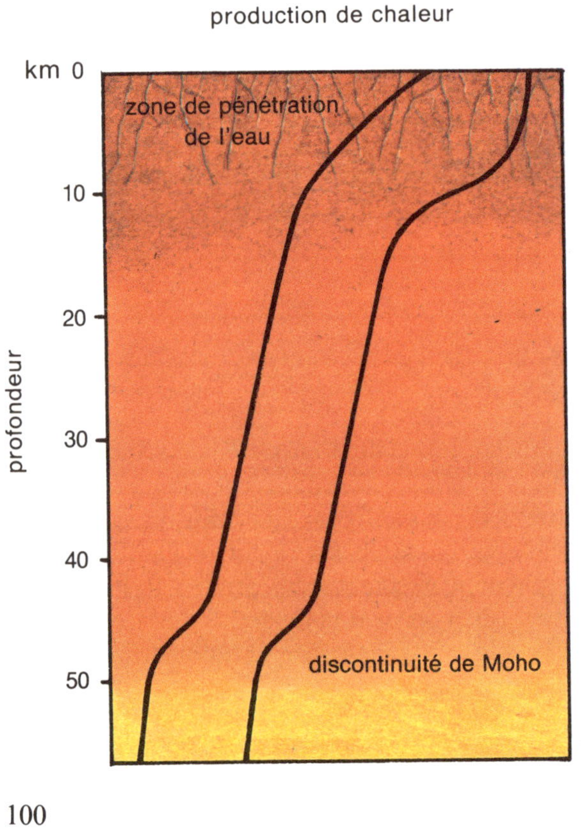

◀ ***Répartition et transmission de l'énergie géothermique***
La quantité de chaleur qui s'échappe de la Terre est la somme de plusieurs sources thermiques. La diminution de la chaleur interne du globe et les concentrations de radioéléments dans les couches supérieures de l'écorce terrestre sont les principales sources de l'énergie géothermique. Ces concentrations diminuent dans les couches plus profondes de l'écorce et sont minimes dans le manteau. La production thermique de chacune de ces zones dépend donc de leur teneur en éléments radioactifs. Le mode de transmission de cette énergie varie selon les zones considérées : dans les profondeurs terrestres, la chaleur se transmet par conduction, mais dans les parties supérieures, surtout dans les zones d'infiltration des eaux superficielles, c'est la convection qui joue un rôle essentiel dans les transferts de chaleur.

xiquée et certaines régions du globe sont déjà durement touchées, voire sinistrées. En certaines localités d'Europe centrale et d'Amérique du Nord, la santé de l'homme est gravement menacée. Or, la pollution atmosphérique ne respecte pas les frontières des États et concerne inexorablement toute la planète.

Les scientifiques ont longtemps cru que les émissions de gaz carbonique dans l'atmosphère étaient sans conséquence majeure. Les plantes consomment ce gaz, matière première dans la photosynthèse. L'atmosphère initiale de la planète en contenait mille fois plus que notre atmosphère actuelle. Mais en 1957, deux scientifiques américains, R. Revelle et H. E. Suess, ont donné l'alarme en affirmant que l'humanité prenait des risques graves en s'exposant ainsi au gaz carbonique.

Autre sujet d'inquiétude : face à la poussée démographique et aux exigences croissantes de la société, les réserves d'énergie fossile s'avèrent déjà insuffisantes. Il est impératif non seulement de chercher de nouvelles sources d'énergie, mais aussi de recourir à des mécanismes d'autorégulation naturels dont la longue histoire gélogique de la planète a montré l'efficacité. Si fiers soient-ils de leurs découvertes et de leurs progrès technologiques, les hommes ne les ont pas encore parfaitement compris ni, à plus forte raison, maîtrisés.

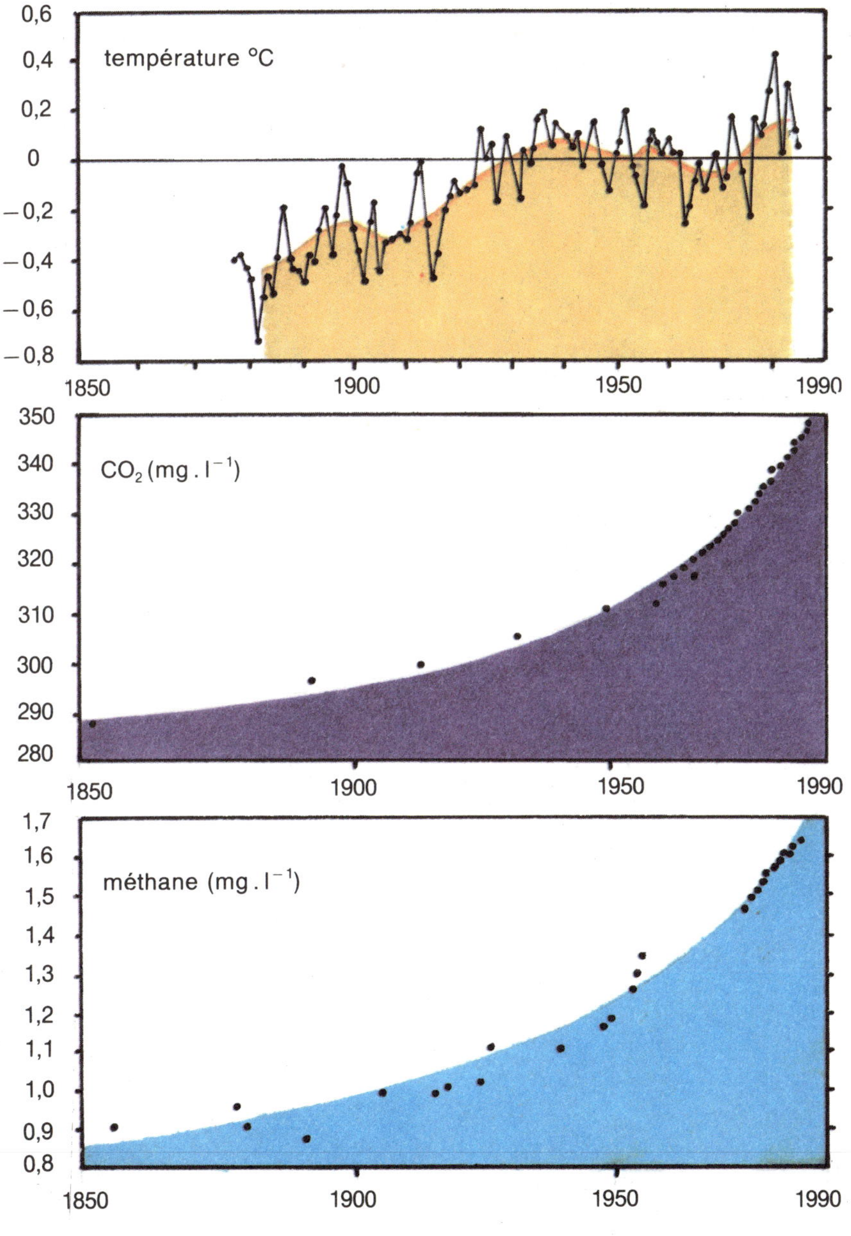

◄ ***Augmentation des concentrations atmosphériques en méthane (en bas) et en gaz carbonique (au milieu) et élévation de la température (en haut)***

Trois illustrations inquiétantes : les concentrations atmosphériques en gaz responsables de l'effet de serre (gaz carbonique et méthane) augmentent. La température moyenne de la Terre semble augmenter corrélativement, quoique assez faiblement pour l'instant. S'agit-il d'un changement durable global ou d'une perturbation passagère ? L'observation porte sur une période trop brève pour que puissent en être tirées des conclusions définitives.

LES CYCLES DE LA MATIÈRE

Un torrent dans lequel s'entrechoquent des blocs rocheux fracturés, une rivière en crue chargée de limons, une forte marée qui rejette à la plage un lit de galets, un vent de sable dans le désert sont autant d'images qui illustrent le phénomène de l'érosion superficielle de la planète. Les produits de l'érosion, pour la plupart, sont transportés par les cours d'eau jusque dans les mers et les océans sous forme de sables fins, de boues, de vases et de substances dissoutes. Le sel marin provient exclusivement des continents et, en théorie, sa concentration devrait être de plus en plus forte, compte tenu du fait qu'il s'accumule dans l'eau de mer depuis de longues périodes géologiques. Or, en dépit de grandes disparités locales (la salinité de la mer Rouge ou de la Méditerranée, par exemple, étant bien plus forte que celle des océans), les concentrations de

◀ ***Quelques aspects de la géomorphologie de surface et de la structure interne de l'écorce terrestre illustrant les différentes étapes du cycle de Hutton***

L'érosion, le transport, la sédimentation, la diagenèse (processus de compaction et de cimentation), le métamorphisme, l'activité magmatique et la remontée du magma sont les principales étapes du cycle géologique énoncé par Hutton. Le cycle achevé, l'érosion s'attaque à nouveau aux roches dénudées. L'illustration représente l'ensemble de ce cycle de façon schématisée. L'abrasion du cône volcanique, la vallée voisine creusée dans une formation gréseuse, témoignent d'une intense action érosive ; les sillons qui labourent les flancs du volcan correspondent au décapage des voies de coulée lavique. Dans la partie inférieure de l'illustration, les sédiments se déposent, puis se déforment et s'enfoncent dans les profondeurs de la Terre ; ils s'y transforment par métamorphisme, ou bien y fusionnent avant de réapparaître en surface sous forme de lave. Les étapes successives de ce cycle peuvent se prolonger pendant des dizaines ou des centaines de millions d'années. Son caractère récurrent est vérifié sur chaque parcelle de la surface terrestre. Localement, on n'observe qu'une étape de ce cycle : par exemple le dépôt des sédiments ou l'activité du magma. Les géologues essaient de savoir quel est l'élément moteur du cycle de la matière, de quelle façon les roches pénètrent dans les profondeurs de la Terre. On croyait autrefois que les roches s'enfonçaient du fait de leur propre poids au fond de géosynclinaux, bassins allongés et profonds dans lesquels s'accumulent les sédiments. Puis sous l'action de poussées latérales, elles se déformaient ou se cassaient (voir l'illustration page 106). Depuis une trentaine d'années, ces observations de terrain donnent lieu à une nouvelle interprétation, en accord avec la théorie de la tectonique des plaques. Ces ensembles lithosphériques se déplacent horizontalement et c'est de leur confrontation que résulte le soulèvement des roches ou au contraire leur enfoncement dans les régions profondes de la planète.

il y a 1,6 - 1 million d'années

il y a 1 million - 100 000 ans

il y a 100 000 ans

▲ ***Évolution géomorphologique du volcan de l'île de Santorin en rapport avec ses périodes d'activité et le processus d'érosion***
Cette série d'illustrations récapitule l'histoire du volcan de l'île de Santorin, en mer Égée. Elle montre que l'activité volcanique peut certes conduire à l'édification de reliefs, mais qu'elle peut aussi, tout comme l'érosion, être un agent de destruction. Une gigantesque éruption, survenue vers 1500 avant J.-C., a détruit la ville d'Akrotiri, le volcan et l'île toute entière. Entre 1707 et 1950, un nouveau volcan s'est formé au centre de la caldeira ainsi constituée.

la plupart des sels minéraux dissous dans l'eau de mer sont constantes. Les études isotopiques et les recherches paléontologiques en apportent la preuve. Ces substances dont les proportions par rapport à l'ensemble sont constantes sont appelées « constituants primaires ». Les deux ions les plus importants sont évidemment le chlore (près de 19 g/l) et le sodium (environ 10,5 g/l), qui entrent dans la composition du chlorure de sodium. Viennent ensuite, dans l'ordre d'importance décroissante : le magnésium, le soufre (sous forme de sulfates), le calcium, le potassium, le brome, le carbone (gaz carbonique et carbonates), le strontium et le bore. C'est cette constante de chaque ion pris séparément par rapport à l'ion chlore qui détermine la teneur totale de l'eau en constituants primaires, mais à des teneurs variables dans le temps et dans l'espace. Ce sont les « constituants secondaires », tels que les composés minéraux azotés et phosphorés, la silice, etc.

Les cours d'eau transportent vers les océans des masses très importantes de matière. Les sédimentologues et les géologues ont pu calculer approximativement la quantité de matériaux détritiques transportés au cours des derniers 600 millions d'années. Si l'érosion devait se poursuivre à la même vitesse, les montagnes et collines finiraient par disparaître. Dans 1 ou 2 milliards d'années, les continents, totalement arasés, seraient submergés par les eaux océaniques. Or les géologues ont découvert au Groenland et en Afrique du Sud des roches sédimentaires vieilles de 3,8 milliards d'années, celles du bouclier brésilien étant à peine plus jeunes. En dépit de l'érosion permanente de la croûte continentale, les continents perdurent. Comment expliquer ce paradoxe? L'érosion aurait-elle agi plus lentement dans le passé que maintenant? Cela paraît invraisemblable. La structure géologique des formations concernées indique d'ailleurs que les chaînes montagneuses anciennes étaient aussi hautes, voire plus hautes qu'aujourd'hui, et que les fonds des bassins sédimentaires étaient tout aussi profonds. Les différences d'altitude offraient donc des conditions tout aussi favorables à l'érosion. Il faut donc logiquement supposer que les continents se régénèrent grâce à certains mécanismes géologiques. Cette idée mérite qu'on s'y attarde.

L'une des méthodes actuellement en vigueur suppose que la croûte terrestre s'est formée en même temps que le noyau et le manteau, lors de la différenciation de la planète en enveloppes concentriques. Depuis l'origine, la croûte garderait donc le même aspect, grâce au cycle orogenèse - érosion - transport - sédimentation - anatexie (fusion) - métamorphisme - orogenèse. L'hydrosphère et l'atmosphère se seraient aussi formées lors de cette première phase de « grande différenciation de la Terre ». Considérons tout d'abord le cas de l'atmosphère. Les chercheurs anglo-saxons utilisent le terme peu élégant, mais expressif, de *big burp* (« grand rot ») pour désigner la libération brutale des gaz de l'intérieur de la planète. Ce « rot » planétaire, cependant, n'a pu se faire sans libérer en même

il y a 100 000 - 50 000 ans

il y a 50 000 - 18 000 ans

époque actuelle

temps une quantité énorme de matériau. Ce mécanisme simple semble expliquer simultanément le problème de la formation de l'atmosphère et de la croûte continentale. Malheureusement, les travaux sur les radio-isotopes ne corroborent pas cette hypothèse, ou même la démentent. L'étude des gaz qui se dégagent des failles profondes ou des volcans lors des éruptions est riche d'enseignement. Le cas de l'hélium, dont nous avons à considérer les deux isotopes hélium 3 (^3He) et hélium 4 (^4He), est particulièrement intéressant. L'hélium est présent dans les roches magmatiques où il s'est accumulé avec le temps dans les cristaux. Mais

▼ ***Côte à côte, un volcan jeune encore en activité et un volcan plus ancien dégradé par l'érosion***
L'érosion, causée par des facteurs météorologiques, façonne le visage de notre planète. L'effet de l'érosion est immédiatement perceptible dans les endroits où la morphologie est très variée. Représentant un volcan qui émerge des flots, cette illustration pourrait constituer la suite des images consacrées à Santorin. Il ne faut pas plus de quelques milliers d'années pour qu'un volcan fraîchement formé se transforme en un « vieillard ridé ».

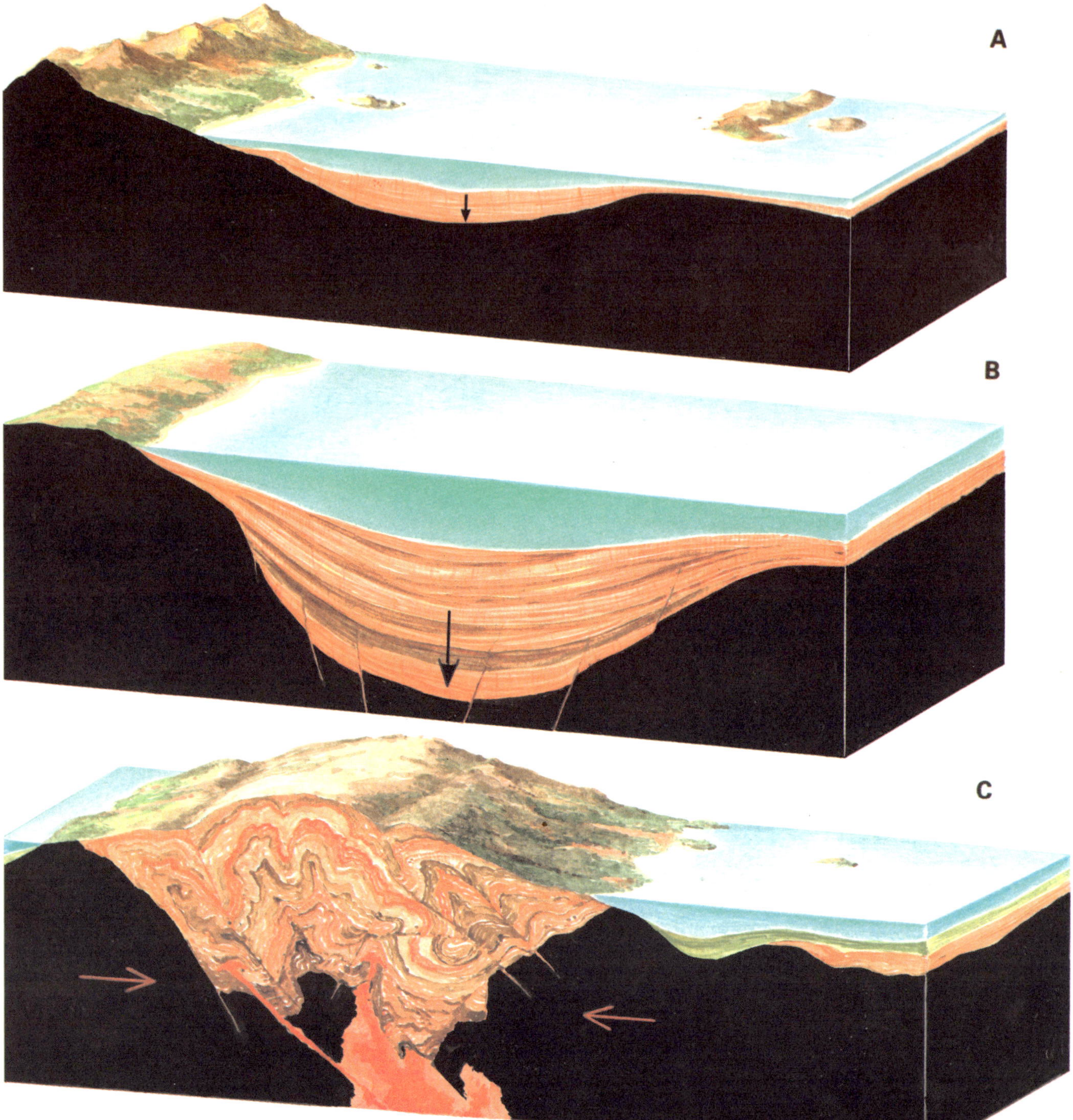

▲ ***Série de trois blocs diagrammes illustrant les jeux de tectonique cassante (failles) et de tectonique souple (plis) conduisant à la transformation d'un bassin sédimentaire en chaîne montagneuse***
La première image montre l'érosion, puis la sédimentation des matériaux détritiques dans un bassin peu profond. La seconde illustre l'érosion des montagnes et l'approfondissement du bassin. La troisième correspond à des poussées tectoniques horizontales conduisant à la formation de plis et de mers bordières peu profondes.

▲ ***Obduction : chevauchement d'une plaque océanique (en vert) sur une bordure continentale (en rouge)***
Contraire à la subduction, l'obduction se produit généralement dans les zones actives en bordure des plaques. Grâce à ce processus, les géologues disposent sur les continents actuels de toute une série de roches qui, à l'origine, faisaient partie des fonds marins. Ceux-ci sont constitués, dans leur partie inférieure, de péridotites (roches magmatiques contenant 90 à 100 % de minéraux ferromagnésiens, dont l'olivine). Au-dessus, on trouve une couche de gabbros, tapissés à leur tour par du basalte. L'ensemble est recouvert par une fine couche de roches sédimentaires. Tout comme la sédimentation et l'activité volcanique des arcs insulaires, l'obduction du fond océanique constitue un processus qui participe au renouvellement de la croûte continentale.

n'étant pas retenu dans les réseaux cristallins, il a tendance à s'en échapper. On a pu calculer que 40 kilomètres d'épaisseur de croûte continentale ont pu produire l'hélium atmosphérique en 5 ou 6 milliards d'années. Dans l'atmosphère, l'hélium 3 représente des restes de l'atmosphère primitive (où il se forme par désintégration du tritium ^3H sous l'effet du rayonnement cosmique) ou bien des émanations de gaz échappées des roches de la croûte terrestre. L'autre isotope, l'hélium 4, est plus abondant et provient en grande partie de la désintégration de l'uranium et du thorium. Ainsi, les roches et l'atmosphère n'ont ni la même composition ni les mêmes proportions isotopiques. Le rapport $^3He/^4He$ dans l'eau de mer est devenu un marqueur précieux des émanations liées au volcanisme sous-marin. On sait aujourd'hui déterminer dans le gaz qui s'échappe de la Terre combien il contient d'hélium atmosphérique recyclé et quelle en est la part qui provient du manteau. Or l'hélium mantellique abonde dans les régions de grandes failles ou d'activité volcanique : on suppose donc que le manteau supérieur continue toujours à approvisionner l'atmosphère en gaz. Ainsi l'atmosphère primitive est-elle renouvelée en permanence par le dégazage des roches. Qu'en est-il des matériaux solides? La croûte terrestre se renouvelle-t-elle de manière similaire? La quantité de matériau cosmique qui bombarde aujourd'hui notre planète est si faible qu'elle pourrait être emportée chaque année par une seule petite rivière. Au demeurant, la composition de cette matière cosmique diffère considérablement de celle de la croûte continentale.

Il faut donc chercher ailleurs une explication à l'énigme du renouvellement des continents. Les savants de la Renaissance avaient remarqué avec stupéfaction l'existence des fossiles d'organismes marins dans les roches qui se trouvaient au sommet des hautes montagnes telles que les Alpes ou les Carpates. Le profane peut s'en étonner aujourd'hui encore. Cette découverte implique logiquement que les sédiments marins, dans lesquels s'accumulent les coquilles, peuvent être soulevés, exondés et mêlés à des terrains continentaux pour former de gigantesques massifs montagneux. Les géologues connaissent depuis longtemps ce processus, appelé orogenèse, qui joue un rôle fondamental dans la formation des continents, mais ils ne l'expliquent pas toujours de la même façon. Aujourd'hui, la majeure partie du monde scientifique considère que l'orogenèse est le résultat de la collision de deux plaques généralement continentales. Il convient d'objecter, toutefois, que ce modèle de la formation de la croûte continentale ne prend en considération que le matériau déjà existant, seulement transformé. Il s'agit toujours du même cycle au cours duquel la roche, attaquée par l'érosion, est transportée à l'état détritique par les cours d'eau jusqu'à la mer. Les dépôts sédimentaires accumulés peuvent ensuite se transformer en montagnes du fait d'un soulèvement tectonique, le cycle érosion-sédimentation-orogenèse

▲ ***Rôle du volcanisme dans le processus de différenciation des enveloppes externes du globe terrestre***
L'activité du magma (symbolisée sur l'illustration par un volcan) est le principal agent de différenciation des enveloppes terrestres. La lave et les cendres volcaniques participent à la formation de la lithosphère, tandis que l'eau et les gaz rejoignent respectivement l'hydrosphère et l'atmosphère.

pouvant alors recommencer. Au siècle dernier, les savants connaissaient déjà ce cycle. Ils avaient même réussi à prouver que les sédiments des fonds marins peuvent pénétrer dans les profondeurs de la croûte terrestre, y subir une lente fusion avant de revenir en surface (c'est le cycle de Hutton, déjà évoqué).

Après avoir étudié les isotopes du rubidium, de l'uranium, des terres rares (néodyme, samarium) ou de l'oxygène, les chimistes sont parvenus au même résultat que les spécialistes de l'atmosphère pour les isotopes de l'hélium : il est vraisemblable que la croûte continentale est recyclée et s'enrichit en permanence d'un apport de matériaux mantelliques. Le manteau supérieur agirait à la fois sur l'atmosphère, l'hydrosphère et la croûte continentale. Une telle hypothèse est tout à fait plausible; on a d'ailleurs constaté la participation de matériaux mantelliques dans des roches anciennes. Ces apports mantelliques sont repérables sur les cartes géologiques: ce sont des massifs continentaux de roches magmatiques bordés de montagnes de plus en plus jeunes, essentiellement consti-

▶ ***Renouvellement de la croûte continentale de la plaque eurasienne au cours des temps géologiques***
Les géologues tentent de reconstituer le déroulement chronologique du renouvellement de la croûte continentale dans les régions à présent stabilisées. Dans la partie de la plaque eurasienne représentée ici, sont mis en évidence des processus géologiques de renouvellement de l'écorce terrestre achevés il y a plus de 2,5 milliards d'années, et d'autres aussi datant seulement de quelques dizaines de millions d'années, dont les répercussions sont perceptibles aujourd'hui encore. En géologie, on entend par renouvellement aussi bien l'augmentation d'épaisseur de la croûte continentale que l'activité volcanique, la collision entre plaques continentales ou la répétition du cycle érosion, sédimentation, métamorphisme, orogenèse.

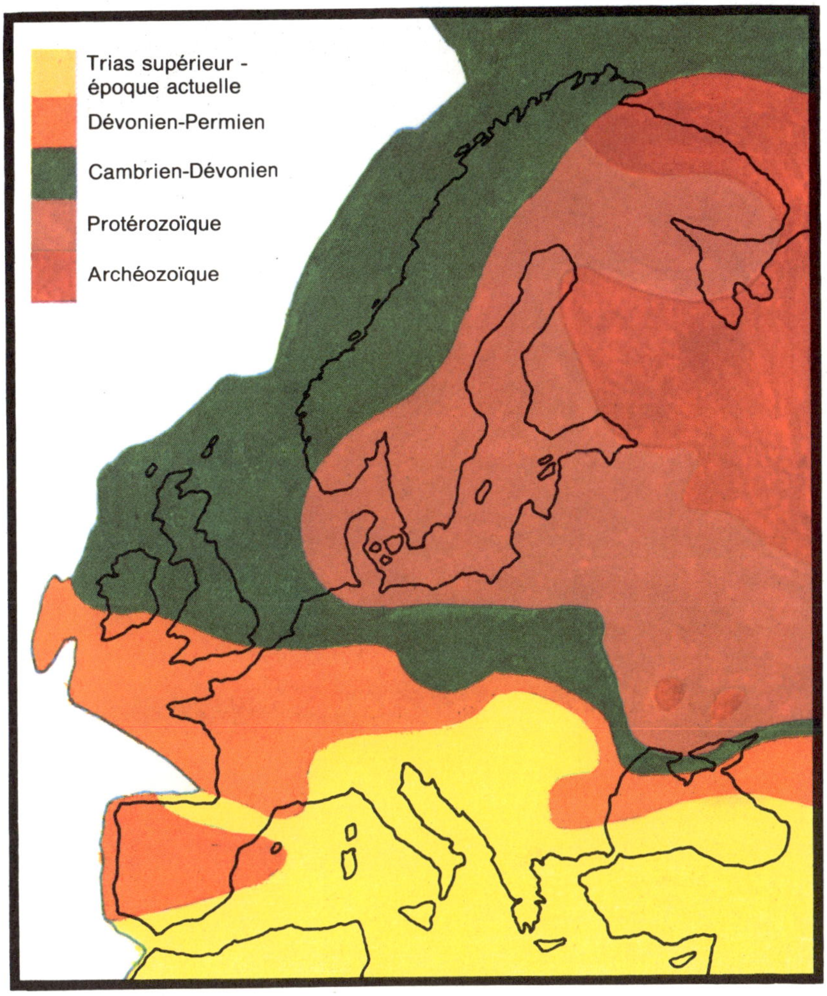

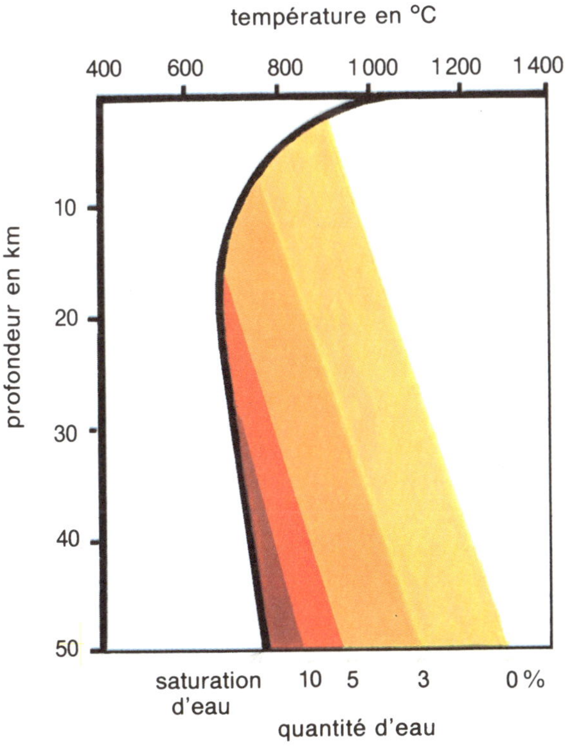

◀ ***Modification du point de fusion de granite en fonction de la teneur en eau du magma encaissant***
On appelle anatexie le processus par lequel des roches du métamorphisme général, soumises à des températures de plus en plus fortes, subissent une fusion partielle donnant des migmatites, puis une fusion totale donnant par exemple un granite d'anatexie. On parle d'anatexie humide lorsque la fusion se produit en présence de l'eau et d'anatexie sèche lorsqu'elle est absente ou présente en quantité négligeable. Or, l'eau présente dans les grandes profondeurs y est soumise à de fortes pressions, ce qui fait baisser la température du point de fusion des roches. Dans le cas de la fusion du granite, par exemple, cet abaissement du point de fusion varie entre 300 et 500 °C. Un petit miracle énergétique se produit alors : le granite qui fusionne normalement à 1 200 °C se met à fondre à 700 °C. Une situation critique survient lorsque le magma riche en eau jaillit à la surface ou lorsqu'il se cristallise dans les profondeurs, expulsant l'eau qui n'entre pas dans la structure cristalline des minéraux. Cette eau quitte alors brutalement les profondeurs terrestres. Ceci explique que de nombreuses éruptions volcaniques, les plus dévastatrices, soient accompagnées de violentes explosions.

◀ ***Enregistrement par les sédiments de la complexité des facteurs impliqués lors de leur dépôt et des caractéristiques des milieux qui les ont engendrés***
Les sédiments indiquent parfaitement toutes les modifications que la croûte continentale a subies au cours des temps géologiques reculés, y compris les changements météorologiques, l'alternance des saisons et les bouleversements climatiques. Cette illustration est un profil de couche sédimentaire : la strate superficielle est formée par les tillites, conglomérats d'origine glaciaire mal classés dont les éléments coupants se mêlent à un matériau plus fin (1), ce qui implique que ni l'eau ni le vent n'ont participé à leur entassement. Les tillites recouvrent des grès aux strates entrecroisées ou disposées obliquement en formant des biseaux (2) ; ces strates se sont apparemment formées dans un milieu où l'eau circulait de façon irrégulière. En dessous, on trouve des couches dans lesquelles graviers et cailloux grossiers alternent avec des gravillons plus fins, puis du sable, enfin des sédiments très fins comportant des éléments organiques (3). La façon dont ces sédiments s'enclavent dans les substrats rocheux permet de conclure qu'il s'agit des vestiges d'un cours d'eau à faible débit avec alternance de crues probablement saisonnières. Il en est de même avec les roches qui se trouvent tout en bas de l'illustration (4). De tels exemples de sédimentation rythmique, dans laquelle les éléments grossiers alternent avec des couches plus fines, témoignent de l'influence de divers facteurs externes tels que des alternances saisonnières, des variations de l'activité solaire ou des contrecoups indirects de mouvements de terrain.

tuées de terrains sédimentaires auxquels peuvent se mêler des montées magmatiques relativement récentes.

Les géologues contemporains, qui disposent d'instruments de mesure très sensibles, sont capables de déterminer les proportions relatives de matériau nouveau et de roches recyclées. Il y a donc bien régénération de la croûte continentale, ajoutée à son recyclage, à l'image d'une fonderie où l'on travaille la ferraille qui a déjà servi une ou deux fois en lui ajoutant un peu de minerai brut.

L'étude des roches magmatiques de la croûte terrestre offre un nouvel éclairage sur cette notion de composants « usagés » et de composants « neufs ». Les roches des dorsales proviennent de toute évidence du manteau supérieur, mais celles des arcs insulaires ne sont pas toujours d'origine mantellique: elles renferment parfois une part plus ou moins grande de matériau recyclé, essentiellement à base de roches sédimentaires. Ce mélange est encore plus accentué dans les terrains des bordures continentales: il s'agit le plus souvent de matériaux qui ont subi une ou plusieurs fois le cycle sédimentaire classique — érosion-transport-sédimentation-érosion.

Après avoir étudié la croûte continentale solide, il convient d'aborder maintenant la question de l'eau — le composant le plus commun à l'état liquide et donc mouvant, contrairement aux composants siliceux de la lithosphère.

L'ayant contemplée de l'espace, les hommes ont appelé la Terre « la planète bleue ». Bleue parce qu'elle possède une particularité qui la différencie radicalement des autres planètes: l'eau y existe à l'état liquide et constitue une fine enveloppe mobile, l'hydrosphère, de couleur bleue vue de l'espace. Nous avons expliqué dans les pages précédentes comment se régénère la croûte lithosphérique. Il en est de même de l'hydrosphère. Tout comme la croûte continentale, l'hydrosphère résulte de l'évolution géologique de la planète. Environ 95 % de l'eau du globe est salée, constituant les mers et les océans. On admet aujourd'hui que sa formation est étroitement liée à celle de la croûte

▼ ***Le cycle de l'eau dans ses déplacements au sein de la lithosphère, de l'hydrosphère et de l'atmosphère***
Quelle que soit son origine (eau de mer, eau douce, eau libérée lors de la cristallisation du magma), l'eau s'évapore puis circule dans l'atmosphère à l'état de vapeur. Celle-ci se condense dans les nuages, puis retourne au sol par les précipitations. Elle s'évapore à nouveau, ou s'écoule vers la mer, ou pénètre dans le sous-sol. L'énergie solaire, l'énergie de gravitation, l'énergie géothermique sont les forces motrices du grand cycle hydrologique. On a du mal à estimer la quantité d'eau souterraine qui parvient jusqu'à la mer ou celle d'eau chaude qui circule dans les systèmes hydrothermaux (flèches rouges), car on n'a découvert que très récemment l'existence de telles sources dans les fonds océaniques. Il est également très difficile de déterminer la part de l'eau primaire, transférée en surface à partir des matériaux mantelliques. Les chiffres portés sur l'illustration montrent que le taux des précipitations au-dessus des océans est à peine inférieur à la quantité de l'eau salée qui s'évapore. Les valeurs peuvent être exprimées en millimètres par an (ce qui est le cas ici) ou encore en dizaines de milliers de mètres cubes par an (unité réservée aux transferts de masses importantes).

◀ ***Le cycle de l'eau dans la lithosphère***
Les sources chaudes, riches en substances minérales, sont un phénomène assez courant. Il s'agit, pour la plupart d'entre elles, de sources d'eau de pluies ordinaire qui s'est simplement réchauffée dans les profondeurs de la Terre. Dans une vallée de montagne gorgée d'eau et riche en sédiments également imbibés, l'eau pénètre dans le sous-sol, s'y réchauffe, y dissout des minéraux et s'enrichit de gaz lors de son transfert vers la surface. Elle finit par jaillir sous forme de sources thermales.

terrestre. L'eau de mer ne provient pas d'un « déluge primitif » mais plus vraisemblablement d'un échappement de vapeur d'eau et d'autres gaz lors de la solidification de matériaux magmatiques montés en surface. Tel est le cas, actuellement observable, de l'eau thermale émise dans l'axe des dorsales océaniques. Cette eau ainsi produite en permanence par la planète est appelée eau juvénile. Où se trouvent les 5 % d'eau qui échappent aux mers et aux océans? Un peu moins de 2 % sont immobilisés dans les glaces polaires. Les eaux continentales représentent presque tout le reste et la vapeur atmosphérique ne constitue qu'une part négligeable — en quantité — de l'hydrosphère. C'est pourtant cette vapeur qui est la source de toute la vie continentale et le moteur du cycle superficiel de l'eau. Là encore on peut reprendre l'image d'une fonderie,

▼ ***Le cycle du carbone***
Le carbone, élément essentiel pour le développement de la vie sur notre planète, se présente sous deux formes fondamentales : gaz carbonique et carbone « organique ». Le gaz carbonique est présent dans l'atmosphère, mais à de faibles concentrations (celles qui existent dans l'eau de mer étant à peu près cent fois supérieures). Il convient d'ajouter à ces réserves de gaz carbonique le CO_2 lié dans les roches carbonatées (dont le représentant le plus répandu est le calcaire), dans les coquilles d'animaux et dans les combustibles fossiles. Dans la nature, le carbone circule aisément : il apparaît dans la biosphère comme le résultat de l'oxydation biochimique et de la réduction de corps solides ou gazeux (et vice versa). Les échanges de gaz carbonique entre l'océan et l'atmosphère se font aussi aisément. En brûlant des combustibles fossiles, l'homme intervient dans ce cycle avec cinq milliards de tonnes de carbone, sous forme de gaz carbonique. Un autre milliard de tonnes de carbone provient du déboisement. On en arrive au paradoxe qui veut que cet élément essentiel de la vie se trouve aujourd'hui à l'origine du réchauffement global de la planète : le gaz carbonique, dont les concentrations augmentent dans l'atmosphère depuis la révolution industrielle à raison de 1,5 ppm par an, est en effet l'un des principaux responsables de l'effet de serre.

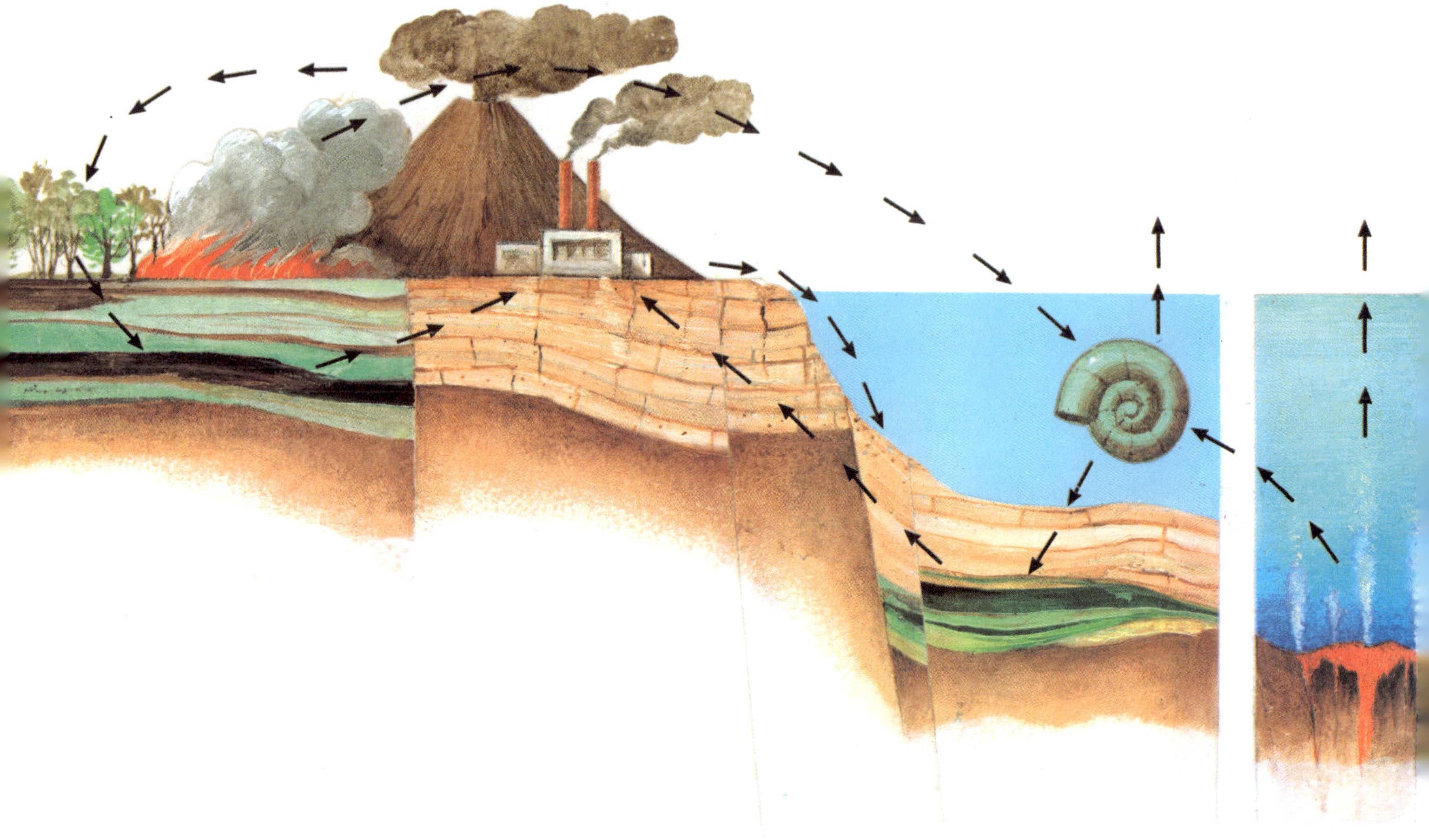

▶ Le cycle de l'oxygène
Le cycle de l'oxygène est si compliqué qu'il n'est guère possible de le représenter sur une seule illustration. Le rôle de l'oxygène dans la nature vivante et dans les processus géologiques ne se limite pas aux réactions d'oxydation et de réduction, mais englobe aussi des opérations plus complexes telles que la photosynthèse des plantes, la respiration des organismes, la genèse des minéraux. Globalement, l'érosion consomme de l'oxygène ; inversement, la réduction qui survient au moment du stockage de la matière organique et la production de l'oxygène par la photosynthèse équilibrent plus ou moins bien ces pertes. Les volumes d'oxygène ainsi produits et consommés sont difficiles à évaluer et l'on ne saurait dire si le déséquilibre éventuel penche en faveur d'un gain ou d'un déficit d'oxygène.

puisque l'eau de surface est sans cesse retravaillée et que s'y ajoute en permanence de l'eau juvénile. Il convient de noter ici que tout au long des temps géologiques, cette production d'eau juvénile a été compensée par la fixation de l'eau superficielle dans les sédiments et dans les roches. L'eau se maintient à la surface de la Terre grâce à la force de gravité. Si la planète était plus petite, son champ de gravité alors plus faible n'arriverait pas à retenir l'eau.

Depuis qu'elle est apparue sur la Terre, il y a environ 3,8 milliards d'années, l'eau prend part à presque tous les processus géologiques. Excellent régulateur thermique, elle empêche le réchauffement ou le refroidissement excessifs de la planète. La disparition de l'eau liquide signifierait la fin de la Terre. Cette affirmation n'a rien d'excessif : il suffit de constater l'état des planètes Mars ou Vénus, qui en sont dépourvues.

A priori, l'eau ne risque pas de manquer sur la Terre puisqu'elle est renouvelée en permanence avec l'apport d'eau juvénile. Toutefois, il ne faut pas négliger un fait grave : il existe peu d'endroits sur la Terre où l'hydrosphère n'a pas encore subi les conséquences directes ou indirectes de l'activité humaine. L'eau intacte n'existe plus que dans certaines régions inhabitées et dans des régions profondes de la planète. Partout ailleurs, elle a déjà été exposée à l'influence néfaste de l'homme. Or, nous l'avons signalé, l'eau intervient dans tous les processus géologiques, non seulement comme agent de l'érosion, mais aussi comme solvant de multiples substances. Le cycle naturel des substances chimiques présentes dans la lithosphère s'en trouve donc affecté. Par exemple, l'aluminium est un élément inerte par excellence. Inerte au point que les géologues, jusqu'à une époque très récente, n'ont pas jugé utile d'étudier son cycle dans la nature. Au cours de l'érosion des roches et des minéraux, l'aluminium reste sur place alors que les autres éléments sont emportés. Il en a toujours été ainsi, depuis les temps les plus anciens de la planète. Or le présent géologique doit malheureusement compter avec les pluies acides. Celles-ci modifient totalement le comportement des oxydes d'aluminium contenus dans les roches siliceuses. Ils deviennent solubles et toxiques pour les organismes. Ce processus, phénomène peut-être passager, a été décrit de façon volontairement simplifiée. Il n'en reste pas moins qu'on a observé, en Europe, les effets toxiques de l'aluminium dissous sur les poissons, qui meurent dans l'eau acide des ruisseaux, des rivières et des lacs.

On peut citer toute une série d'exemples analogues qui illustrent le cheminement inhabituel de substances chimiques dans la nature. Les articles parus dans les revues scientifiques et traitant du comportement des produits chimiques dans la lithosphère, dans l'atmosphère et dans l'hydrosphère n'ont rien de réjouissant. La quantité de plomb qui circule de nos jours dans la lithosphère du fait de l'activité humaine est dix-huit fois supérieure à la concentration naturelle. Celle du cadmium est cinq fois supérieure et celle du zinc trois fois. Tous ces métaux sont fortement toxiques.

L'eau peut soulever et déplacer des masses énormes de matériaux qui ne sont pas tous aussi fins que le

▼ ***Le cycle du phosphore***
Les roches contenant des phosphates (dont le minéral le plus important est l'apatite) sont la principale réserve de phosphore. L'érosion disperse le phosphore sur terre ou dans la mer où il intervient comme élément nécessaire à l'évolution des organismes animaux, prenant une part essentielle à la formation de leur squelette. Comme il exerce également un effet bénéfique sur la croissance des végétaux, les hommes utilisent le phosphore en grande quantité. Cet élément risque malheureusement de manquer dans la nature à plus ou moins brève échéance. L'exploitation intensive des réserves de phosphates pour la fabrication d'engrais n'a d'équivalent que celle des gisements de combustibles fossiles. Or, ces engrais sont rapidement emportés par l'eau : ainsi, plus de 50 % du phosphore est emporté vers la mer et perdu. Une infime quantité de cet élément est restituée au continent sous forme de guano. Il n'existe pas de mécanismes de recyclage qui compenserait la consommation de phosphore par l'agriculture, la capacité des organismes à fixer le phosphore dans leur squelette étant fort limitée en comparaison. Plus que d'un cycle du phosphore, il conviendrait mieux de parler d'un flux sans reflux.

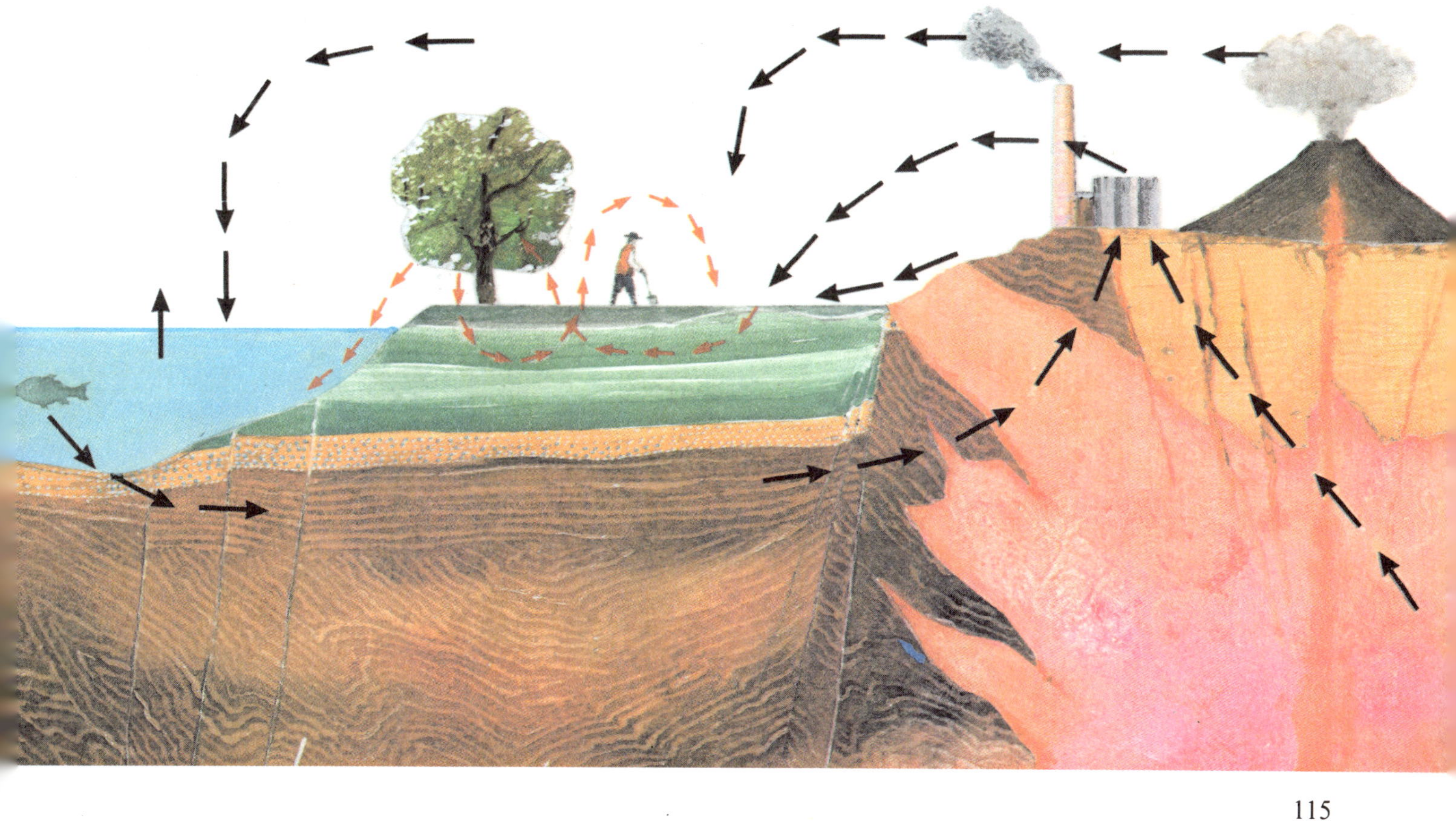

sable ou la vase. Le pouvoir dissolvant de l'eau peut être étonnamment élevé dans certaines circonstances, surtout s'il s'agit d'eau de pluie. Celle-ci contient des oxydes de carbone avec lesquels elle se combine pour former de l'acide carbonique. Bien que ce soit un acide très faible, sa concentration a sensiblement augmenté du fait de l'activité humaine. L'eau de pluie voit ainsi s'accroître son pouvoir d'érosion par voie chimique à un point tel que la situation devient alarmante à l'échelle planétaire. La surconsommation des combustibles fossiles est à l'origine des émissions massives non seulement de gaz carbonique mais aussi de composés du soufre et de l'azote. Si l'eau de mer est salée, c'est parce que l'eau de pluie est capable de dissoudre bon nombre de sels minéraux présents dans les roches. Les ions de sodium et chlore, et quelques autres encore, sont naturellement emportés vers la mer. Mais en utilisant cet excellent dissolvant pour se débarrasser des déchets industriels, l'homme modifie la composition de l'eau des rivières, en la chargeant d'engrais artificiels, d'herbicides et de produits phytosanitaires divers. En aval, les océans voient leur composition chimique modifiée, certes encore imperceptiblement, mais cela risque de devenir un problème plus grave à la longue.

Même pure, l'eau douce finit par creuser des excavations dans les terrains calcaires. Ne pouvant emporter les minéraux dissous, elle finit par s'en trouver sursaturée et les redépose dans un processus inverse soit de précipitaton en milieu aqueux, soit de cristallisation après évaporation. C'est ainsi que les parois des grottes sont couvertes de stalactites et de stalagmites. L'eau minérale que l'on achète dans les magasins est une eau qui a parcouru un long trajet souterrain. En effet, l'eau de précipitation pénètre dans le sol. Réchauffée dans la croûte terrestre (un degré tous les trente mètres), elle traverse les roches au sein desquelles elle s'enrichit de gaz et de minéraux dont elle dissout les éléments. Quand l'eau revient à la surface, elle jaillit naturellement sous forme de source, parfois encore chaude. C'est précisément cette eau-là qui est le principal vecteur de substances minérales dans la croûte terrestre, l'un des agents de sa différenciation chimique. Ces eaux plus ou moins fortement minéralisées prennent part également à la formation de veines minérales : la plupart des gisements de minerais se sont formés grâce à la circulation de l'eau souterraine portée à de hautes températures. Généralement, les eaux minérales ne sont pas des eaux juvéniles en provenance directe du manteau, mais des eaux de surface recyclées. On réserve l'appellation d'eaux thermales aux eaux minérales chaudes. Les plus chaudes d'entre elles (plusieurs centaines de degrés) sont certainement celles qui jaillissent dans l'axe des dorsales océaniques. Sur

▶ ***Le cycle du soufre***
Le cycle du soufre est lui aussi fortement influencé par l'activité de l'homme : 90 % du soufre transitant dans l'atmosphère résultent de la consommation des combustibles fossiles. Le charbon en contient en moyenne de 2 à 5 %, le pétrole et le gaz naturel beaucoup moins. Transformés en sulfates, les oxydes de soufre sont à l'origine des pluies acides. L'activité volcanique et les sources hydrothermales, riches en hydrogène sulfuré, sont aussi d'importants producteurs de soufre atmosphérique.

les continents, les sources thermales sont d'origine volcanique, provenant soit de l'action des laves sur les roches dont elles libèrent l'eau de constitution, soit de l'échauffement des eaux de ruissellement au contact des roches chaudes. Les sources froides sont plus faiblement minéralisées (Évian, Volvic). Certaines sont très faiblement radioactives (Bagnoles-de-l'Orne).

Le cycle de l'eau correspond au déplacement de matière le plus rapide et quantitativement le plus important qui se puisse observer sur la planète. Ce transfert de matière s'accompagne d'un transfert énergétique. De ce double point de vue, l'activité de l'homme n'interfère que de manière insignifiante. Son impact est d'ordre qualitatif. Des signes inquiétants sont déjà perceptibles: accroissement dans l'atmosphère des concentrations en gaz carboniques et en composés azotés, et dans l'eau des rivières et des mers, concentrations plusieurs fois supérieures à la normale en composés azotés et en métaux lourds.

Les illustrations sur les pages 113-117 représentent le cycle géochimique de certains éléments, essentiels pour la formation de la biomasse. Au stade de nos connaissances actuelles, nous sommes contraints de présenter les événements séparément et de les classer en ne comprenant bien que certains détails.

Voici l'exemple d'une petite fraction du cycle du carbone. Excellent thermorégulateur, le carbone est l'une des petites roues dentées, indispensables au mécanisme d'horlogerie déjà évoqué dans cet ouvrage. Ses concentrations dans l'atmosphère déterminent en partie la quantité de chaleur conservée par la Terre. Si la quantité de carbone atmosphérique augmente sous forme de gaz carbonique, la température s'élève: c'est l'effet de serre. L'évaporation s'accélère, ce qui rend les précipitations plus abondantes. Les gouttes de pluie absorbent le gaz carbonique de l'atmosphère et la pluie devient acide. Elle active alors l'érosion en dissolvant les roches calcaires. Cette eau de ruissellement enrichie en carbonates termine sa course dans la mer. Le calcium et les composés carbonés servent de matière aux organismes marins pour la construction de leurs coquilles. Ils constituent aussi une part très importante des sédiments marins. Que se passe-t-il concomitamment du point de vue énergétique? Pendant de longues périodes géologiques, les températures se sont maintenues à un niveau constant et les roches carbonatées existent dans la croûte depuis fort longtemps. Ces deux faits témoignent d'un équilibre permanent entre lithosphère, atmosphère, hydrosphère et biosphère, systèmes interdépendants. L'homme interfère dans cet ensemble aux relations complexes. Sa prise de conscience est certaine, mais il ne sait encore que très partiellement corriger les effets néfastes de son intervention.

RAYONS X
PHOTONS
IONOSPHÈRE
60-80 km
MÉSOSPHÈRE
48 km
STRATOSPHÈRE
11 km
TROPOSPHÈRE
RAYONNEMENT ULTRAVIOLET
RAYONNEMENT VISIBLE
RAYONNEMENT INFRAROUGE
ACHONDRITES
MÉTÉORITES FERREUSES
CHONDRITES
SIDÉRITES
MÉTÉORITES
POUSSIÈRE COSMIQUE
NEUTRINOS

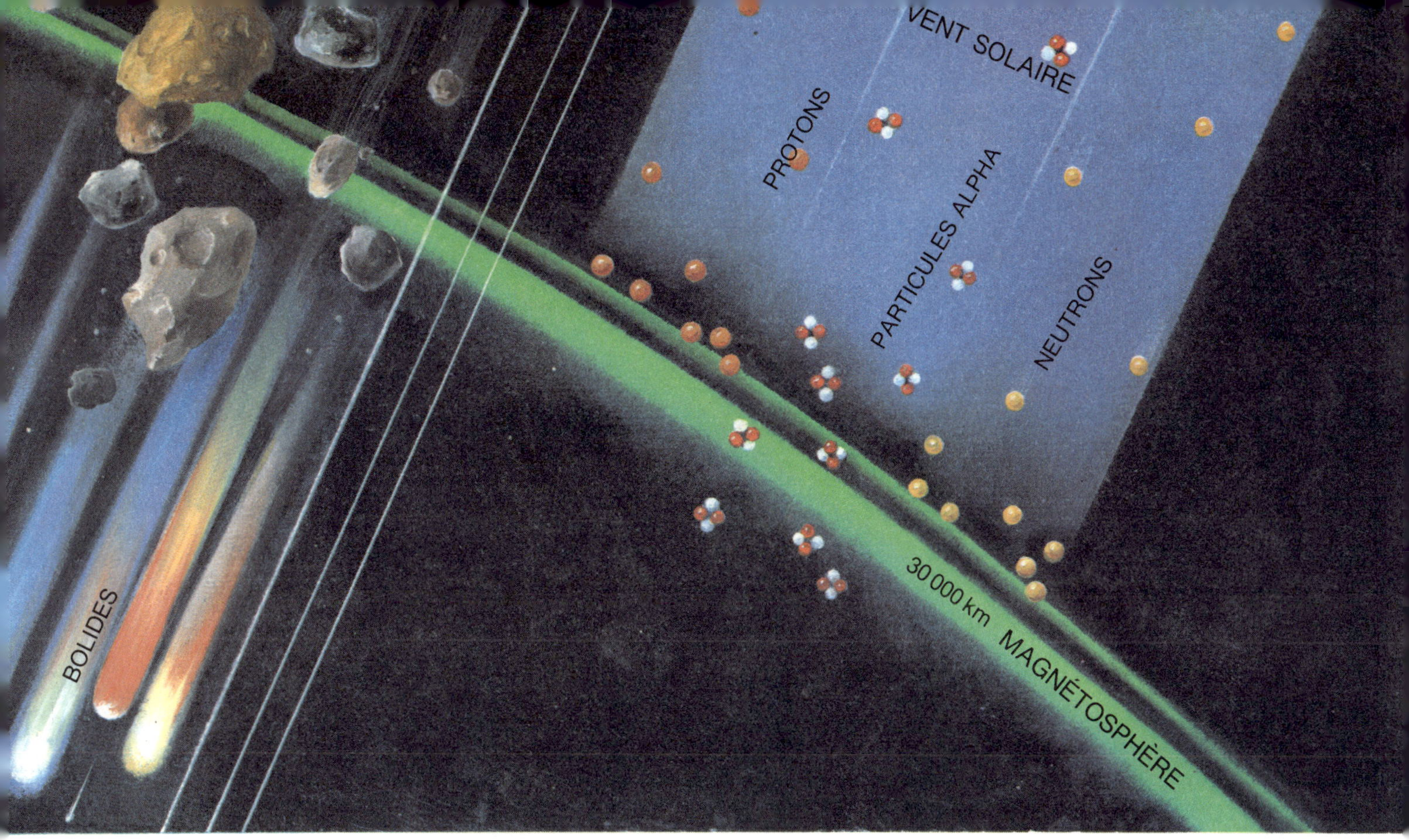

LA TERRE ET SA PLACE DANS L'UNIVERS

Le poète latin Lucrèce (Titus Lucretius Carus) se prononçait dans son *De natura rerum* sur un problème qui tourmentait déjà les savants de son époque et qui continue encore à préoccuper ceux d'aujourd'hui : la Terre est-elle vraiment aussi exceptionnelle? Existe-t-il d'autres Terres ou d'autres systèmes planétaires dans l'Univers? La réponse de Lucrèce, qui date du Ier siècle avant J.-C., plus univoque et explicite que celles de nos contemporains, est catégorique: notre Terre est très probablement la seule qui ait jamais été créée. Bien des pages de littérature scientifique, ou prétendue telle, ont été écrites. Y abondent les rencontres avec les extraterrestres, que ces derniers aient découvert notre planète ou que les humains aient exploré de lointains univers.

Aujourd'hui, il n'est plus seulement question

◀ ***La Terre et son bouclier-filtre atmosphérique***
Notre planète communique avec l'Univers par le filtre de son atmosphère qui ne laisse passer qu'une partie des longueurs d'ondes électromagnétiques : certaines parviennent jusqu'à sa surface mais fortement atténuées, d'autres sont arrêtées avant. Dans cette situation particulière favorable, la vie a pu se développer en s'adaptant au spectre ainsi constitué. Un tiers du rayonnement ultraviolet cosmique atteint la Terre. Quant au rayonnement infrarouge, son intensité est diminuée d'une forte réflexion dans l'espace et d'une importante absorption par l'atmosphère. Les rayons X sont retenus par l'ionosphère et les particules élémentaires, composantes du vent solaire, sont captées par la magnétosphère de la Terre en raison de leur charge électrique. Des particules ou de plus gros morceaux de matière circulant dans notre système solaire ne franchissent pas non plus la barrière atmosphérique : les plus petits fragments se consument à une altitude de 80 kilomètres, les plus grands se disloquent et saupoudrent la surface terrestre sous forme de fines poussières. Rares sont les météores qui deviennent météorites, blocs de matériau cosmique parvenant effectivement jusqu'à la Terre. L'illustration donne une idée approximative de leur classification.

◀ *Effets d'impact d'un corps céleste à la surface du globe terrestre*
Les objets cosmiques tels que de grandes météorites, des astéroïdes ou des planétésimales, grèlent la surface de la Terre ou d'autres planètes de cratères météoritiques (encore appelés cirques). Si une petite météorite, freinée par l'atmosphère, n'a pas assez de puissance pour creuser un cratère, en revanche l'impact d'une grande météorite peut provoquer une catastrophe. Compte tenu de ses origines, un cratère creusé par l'impact d'un corps céleste possède certains traits caractéristiques. Ces traits, liés à la force de propulsion des matériaux et à la réaction de la croûte terrestre, sont déterminés par la transformation instantanée de l'énergie cinétique en énergie thermique à l'endroit de la collision. Les parois du cratère présentent le plus souvent des strates disposées dans un ordre inverse, ainsi que des brèches dans les roches avoisinantes, dont les éléments figurés ont été soudés par des matériaux propulsés hors du cratère. Au centre du cratère se dresse un monticule.

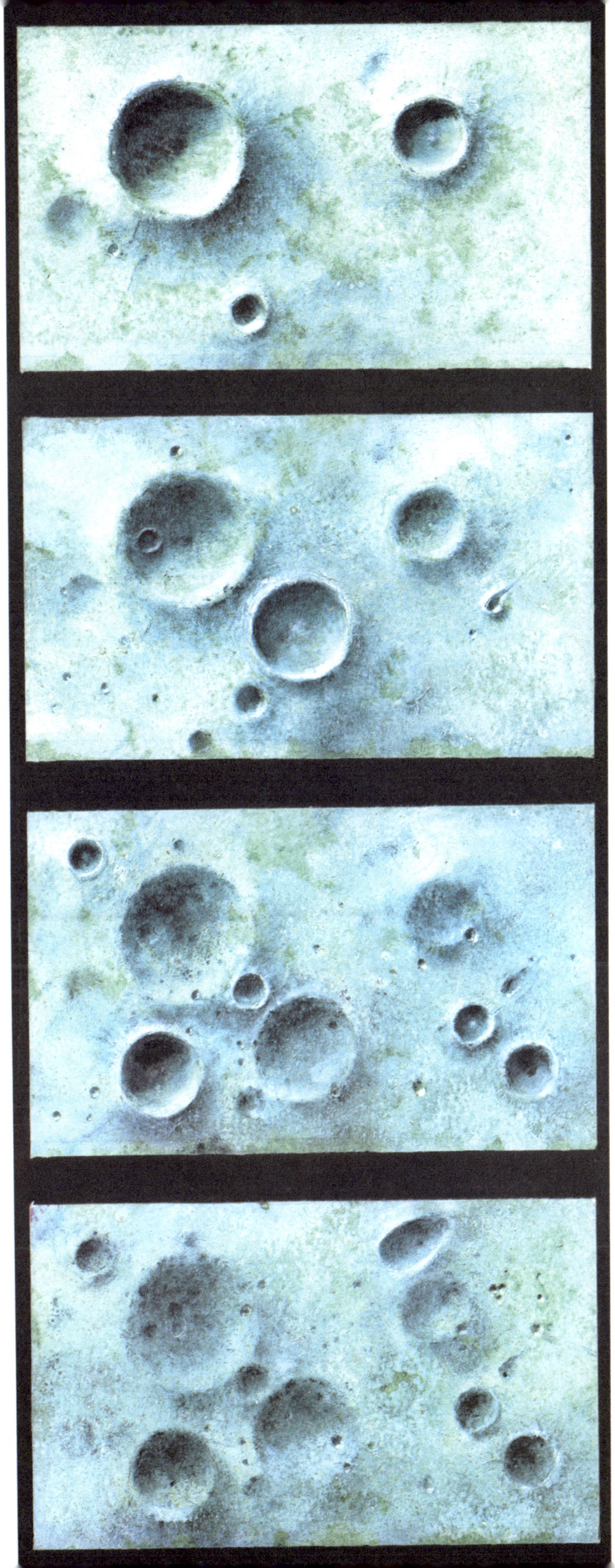

◀ ***Physionomie d'une planète froide, constellée d'impacts météoritiques***
En comparant la Terre à la Lune et à Mercure, on constate l'importance de la géodynamique interne dans la morphologie des planètes. Les planètes refroidies dont toute activité volcanique a cessé depuis longtemps, et qui sont dépourvues d'atmosphère et d'hydrosphère, offrent un paysage nu, constellé de cratères dont le nombre s'accroît au fil de leur histoire. Les cratères anciens sont sans cesse oblitérés par des cratères plus récents, comblés par le matériau soulevé lors des impacts ultérieurs. La chronologie des changements inscrits dans le relief et le vieillissement de ce dernier sont aisément décelables sur l'enchaînement des images de l'illustration.

◀ ***Le cratère Meteor en Arizona (États-Unis)***
Le cratère météoritique le plus célèbre est le cratère Meteor, en Arizona. Il s'agit de l'un des premiers cratères dont on a prouvé l'origine extraterrestre, grâce aux fragments de fer météoritique répandus dans les environs après la chute d'une sidérite. On a alors procédé à des forages qui ont eu pour objectif de découvrir la météorite en question et d'en extraire le minerai de fer. L'expérience s'est soldée par un échec complet : en effet, lors de la collision, la météorite s'est tout simplement volatilisée, l'énergie cinétique s'étant brutalement transformée en une puissante source de chaleur.

▶ ***Cratères météoritiques dans le Territoire du Nord en Australie***
Ces cratères sont un exemple d'impacts météoritiques récents de petite taille. Ils sont le résultat d'une « averse » météorique qui s'est abattue sur la Terre il y a moins de 5000 ans. Sur une étendue assez réduite, on compte douze cratères dont le diamètre varie entre 2 et 180 mètres.

▶ ***Évolution au cours du temps du risque de collision entre corps célestes***
Pour déterminer l'âge d'une planète (ou celui de la Lune) sans avoir à s'y rendre, il suffit de compter le nombre de cratères qui constellent une unité de sa surface. Grâce aux échantillons des roches lunaires dont l'âge exact a pu être déterminé en laboratoire par des méthodes radiométriques, on a tracé une courbe de calibrage d'après le nombre de cratères comptés sur une surface donnée (axe vertical) et l'âge de la roche (axe horizontal). Il apparaît que le nombre des météorites qui bombardent la Lune diminue au fil du temps. La même observation s'appliquant à la Terre, il est évident que la probabilité d'une collision de notre planète avec un gros objet céleste s'amenuise progressivement.

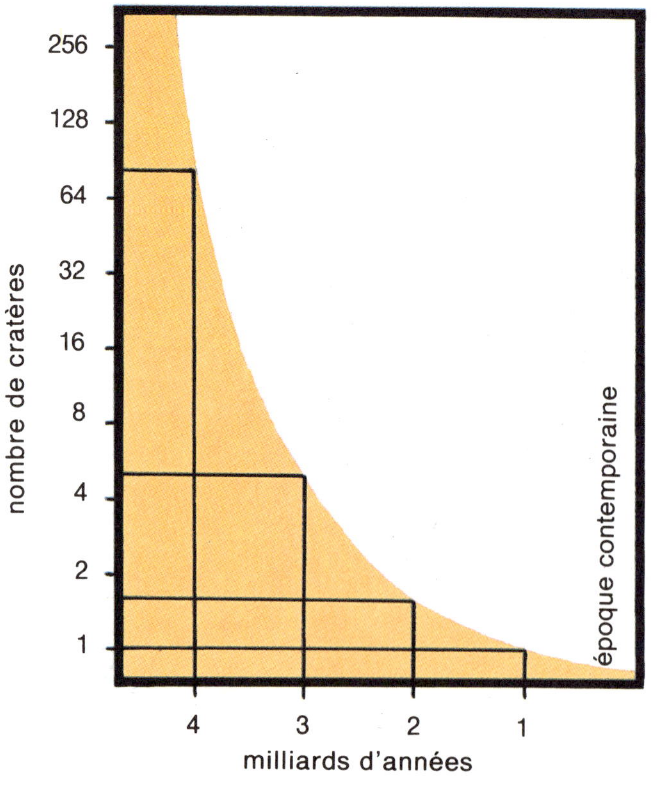

d'imagination : nous avons des présomptions sérieuses, voire des preuves, de l'existence d'autres systèmes solaires et planétaires semblables au nôtre, c'est-à-dire potentiellement générateurs et porteurs de vie. Les astronomes qui dépouillent les observations effectuées par le satellite IRAS (Infra-Red Astronomical Satellite) considèrent qu'il s'agit de l'une des expéditions spatiales les mieux réussies et les plus fructueuses. Les télescopes installés à bord du satellite ont détecté une chaleur insolite, émise peut-être par un système planétaire à proximité, c'est-à-dire à plusieurs milliards de kilomètres de Véga, étoile bien connue du firmament boréal, d'une taille et d'un éclat exceptionnels. Cette supposition est confirmée par d'autres observations effectuées ailleurs dans l'Univers, ce qui la rend évidemment à nos yeux plus plausible que l'affirmation de Lucrèce ! Bien que l'existence d'un système planétaire n'implique pas obligatoirement la présence d'une vie, l'humanité continue à s'interroger. L'homme ne serait-il pas le seul être pensant de l'Univers ? N'existe-t-il pas d'autres êtres avec qui il pourrait communiquer ? En cette fin du deuxième millénaire, nous devons continuer à supposer que l'humanité, et plus généralement le monde vivant, est une réalité exceptionnelle, probablement unique. Tout comme sont exceptionnelles la composition et la structure de la

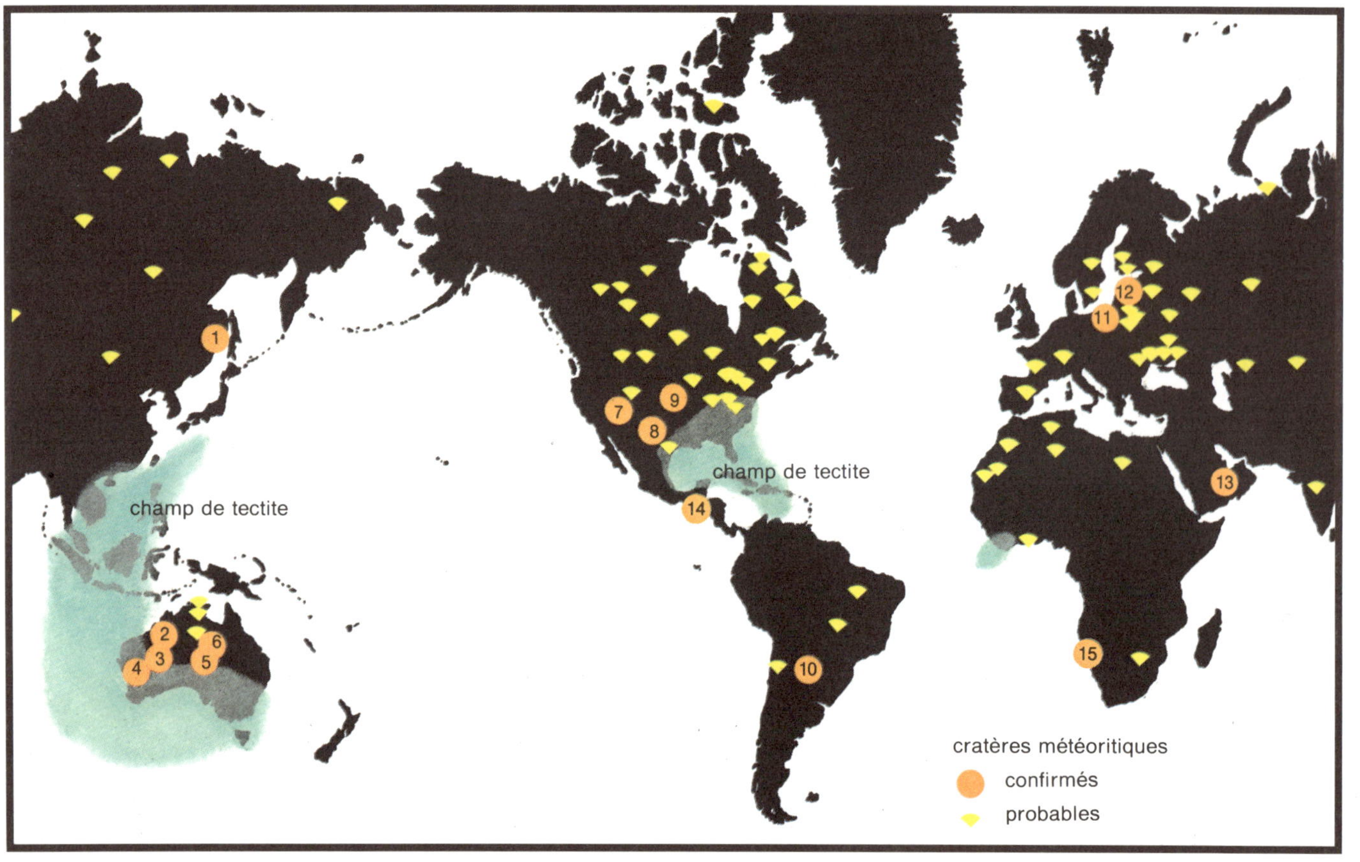

▲ ***Cartographie mondiale des principaux impacts météoritiques recensés***
On a distingué les cratères météoritiques pour lesquels la présence de matériau cosmique a été prouvée et ceux dont l'origine météoritique est seulement probable ou suspectée. 1 - Sikhote Alin (Russie) 0,27 km, 2 - Wolf Creek 0,85 km, 3 - Vevers 0,8 km, 4 - Dalgaranga 0,21 km, 5 - Henbury 0,15 km, 6 - Boxhole 0,185 km, 7 - Meteor Crater (Arizona) 1,2 km, 8 - Odessa (Texas) 0,168 km, 9 - Haviland (Kansas) 0,11 km, 10 - Campo del Cielo (Argentine) 0,9 km, 11 - Morasko (Pologne) 0,1 km, 12 - Kaalijarvi (Estonie) 0,11 km, 13 - Wabar (Arabie Saoudite) 0,97 km, 14 - Chicxulub (Mexique) 170 km, 15 - Roter Kamm (Namibie) 1,3 km.

Terre. Riche en eau, notre planète est un système dynamique et pourtant équilibré. L'humanité paie chèrement le prix de ce dynamisme avec les cataclysmes naturels — tremblements de terre, éruptions volcaniques, catastrophes atmosphériques — qui sont autant de manifestations incontrôlables.

Sans doute est-ce un miracle si la vie a pu se développer sur la Terre. Il aurait suffi d'un écart infime de l'orbite terrestre, d'un éloignement un peu différent par rapport au Soleil, ou encore d'une autre masse planétaire pour que l'ensemble des conditions nécessaires à l'apparition de la vie ne soit réuni. Connaît-on vraiment les seuils critiques que la Terre ne doit pas atteindre pour conserver son équilibre et sa biosphère ?

Les hommes ont d'abord imaginé l'existence d'êtres intelligents sur Mars. Par la suite, ils ont effectivement utilisé des instruments censés pouvoir y détecter des signes de vie: sans résultat. Pourtant, près de vingt ans après l'expérience Viking (deux sondes ont été lancées par les Américains, respectivement les 20 août et 9 septembre 1975 par des fusées Titan III - Centaur), personne n'affirmera qu'il n'y a pas d'organismes vivants sur Mars. Ces deux décennies ont en effet suffi pour modifier l'idée qu'on se faisait d'un organisme en particulier et de la vie en général, et pour élargir la gamme des conditions favorables à l'apparition de la vie y compris celles qui ont concerné la Terre.

Les météorites qui sont probablement les vestiges du matériau cosmique primordial, sont l'une des clés du mystère des origines de la vie. Il est admis que la plupart des planètes se sont formées à partir d'une matière commune. Un matériau propice à l'apparition de la vie existe sans doute sur toutes les planètes du système solaire interne, mais l'événement en question ne s'est produit que sur la Terre, les conditions requises n'ayant pas été toutes réunies ailleurs.

La différenciation initiale des magmas et la libération des gaz se sont vraisemblablement déroulées dans des conditions similaires. Il ne devait exister aucune différence fondamentale entre l'atmosphère primitive de la Terre et celles de Mars ou de Vénus. Or l'atmosphère terrestre s'est modifiée, pas les autres. Pourquoi?

Il semble que la distance Terre-Soleil ait joué un rôle capital en déterminant à la périphérie de notre

▶ ***Principaux sites météoritiques en Antarctique***
1 - Allan Hills,
2 - Belgica fjella Mts,
3 - Yamato Mts,
4 - Novolazarevskaïa,
5 - chaîne de Neptune,
6 - Thiel Mts.

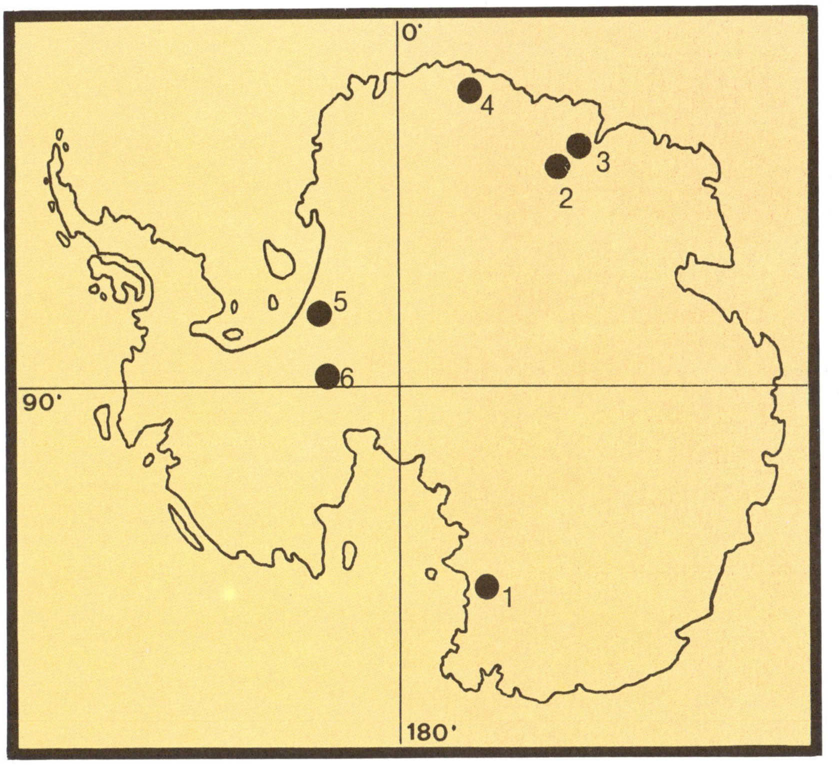

▼ ***Impacts météoritiques en Antarctique***
On trouve en région polaire australe des conditions optimales pour la conservation des météorites. Ces objets célestes restent pris dans les glaciers et se déplacent avec eux. Là où le glacier se heurte à un obstacle et où l'eau s'évapore en raison des conditions climatiques, les météorites apparaissent à la surface, formant une véritable mine météoritique. On ne s'étonnera donc pas que les collections actuelles comportent davantage de météorites provenant de l'Antarctique que de tous les autres continents réunis.

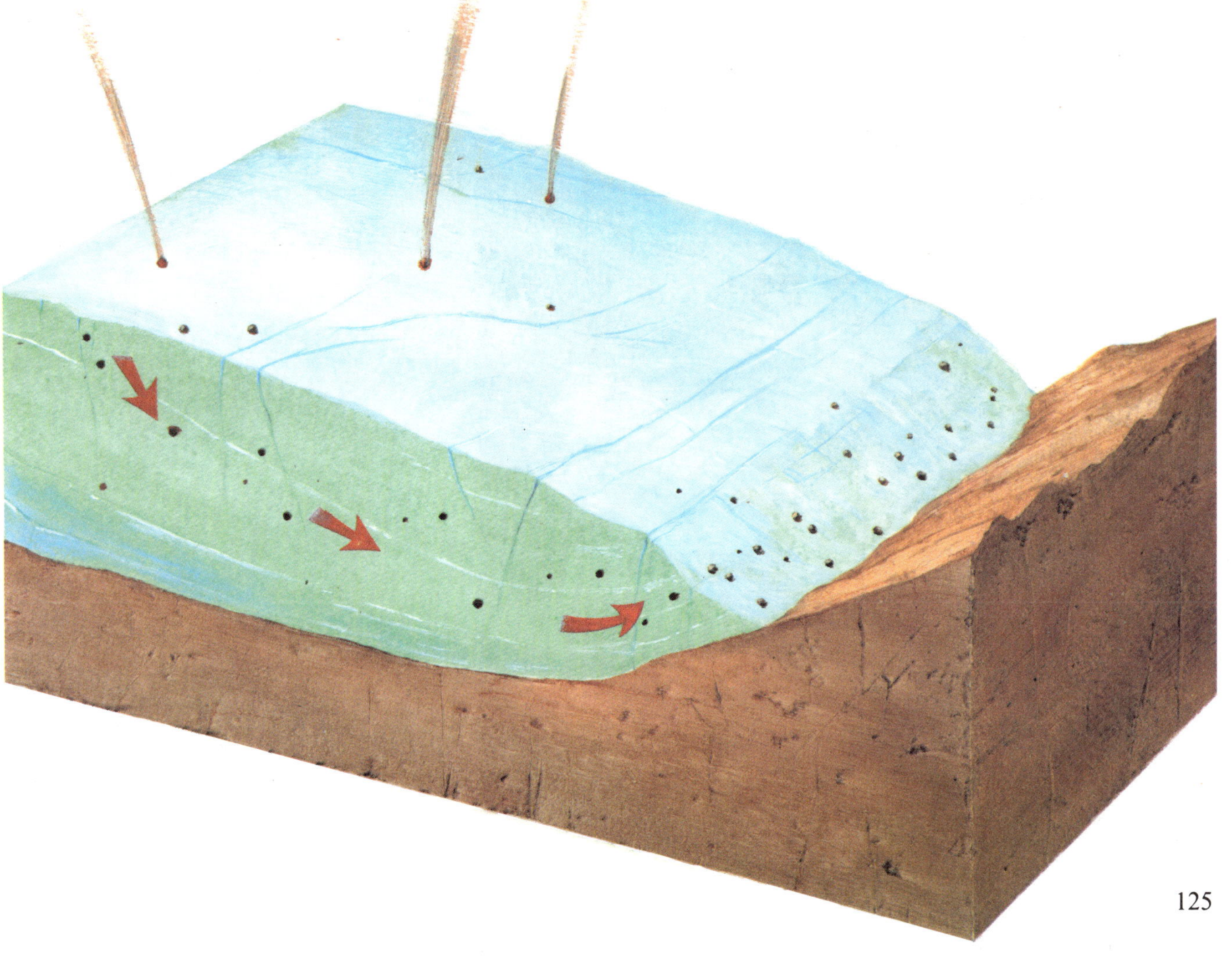

◄ ***Champ de cratères résultant de l'activité humaine (en partie militaire) dans le désert du Nevada (États-Unis)***
Tous les cratères décrits sur notre planète ne résultent pas de l'activité volcanique ou d'un impact météoritique. Il en est qui sont dus à l'homme, tels ceux figurés ici qui résultent d'essais nucléaires souterrains.

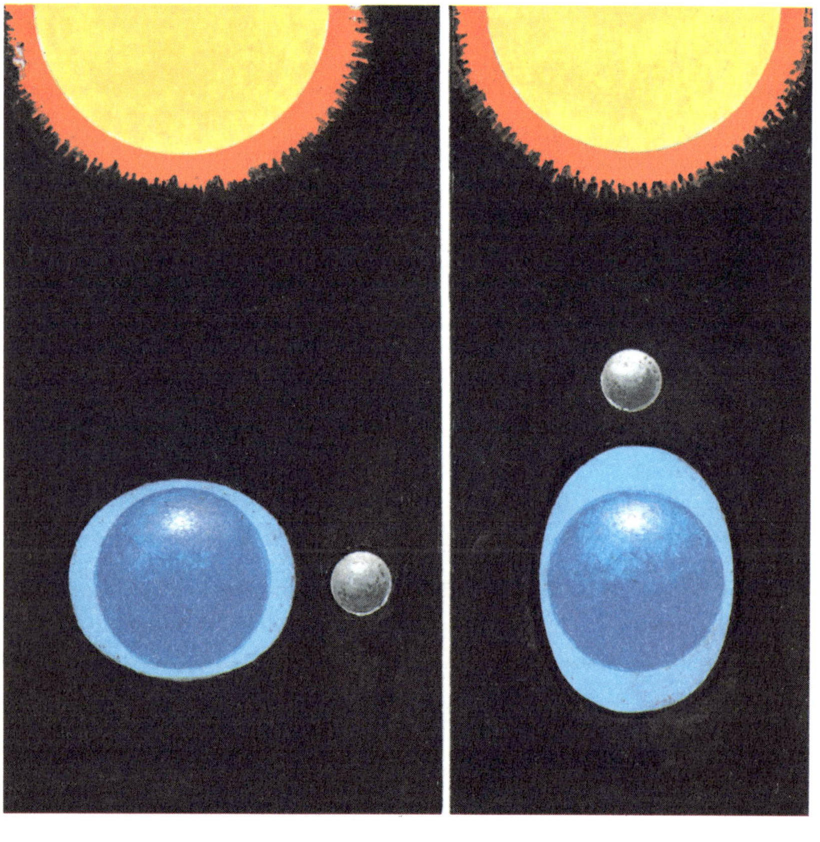

◄ ***Influences conjuguées de la Lune et du Soleil sur le phénomène des marées terrestres***
La Lune et le Soleil sont responsables des marées, mouvements quotidiens et périodiques de la mer. Pour expliquer ce phénomène, connu déjà dans l'Antiquité, il fallut attendre les lois de Newton. Bien que sa masse soit plus faible que celle du Soleil, l'attraction exercée par la Lune est plus importante que celle du Soleil, du fait de sa plus grande proximité. L'effet conjugué des deux corps célestes est représenté dans la partie droite de l'illustration.

planète une température moyenne qui a permis la condensation progressive de la vapeur d'eau. Un océan s'est formé, qui a dû rester extrêmement chaud pendant une grande partie du Précambrien, surtout à ses débuts, lorsque la croûte terrestre était à peine consolidée. Quant à l'oxygène atmosphérique, d'où vient-il? S'est-il formé par dissociation de la vapeur d'eau sous l'action des rayons ultraviolets ? Non, car la couche d'oxygène qui se serait ainsi formée aurait été tout de suite transformée en ozone sous l'action de ces mêmes UV, écran que ces rayons ne peuvent traverser. C'est donc la vie, grâce au processus de photosynthèse, qui est la mère de l'oxygène atmosphérique. Ce changement capital dans la composition de l'atmosphère terrestre aurait débuté vers −2 500 millions d'années, et ce n'est que vers −400 millions d'années, en pleine ère Primaire, que la teneur en oxygène serait devenue compatible avec la vie à l'air libre (soit environ 10 % de sa valeur actuelle). Il est fort probable également que, sans eau, la géodynamique de notre

▼ ***Autre exemple de cratères dus à l'intervention de l'homme :*** *ici pour les besoins de la viticulture sur les îles Canaries.*

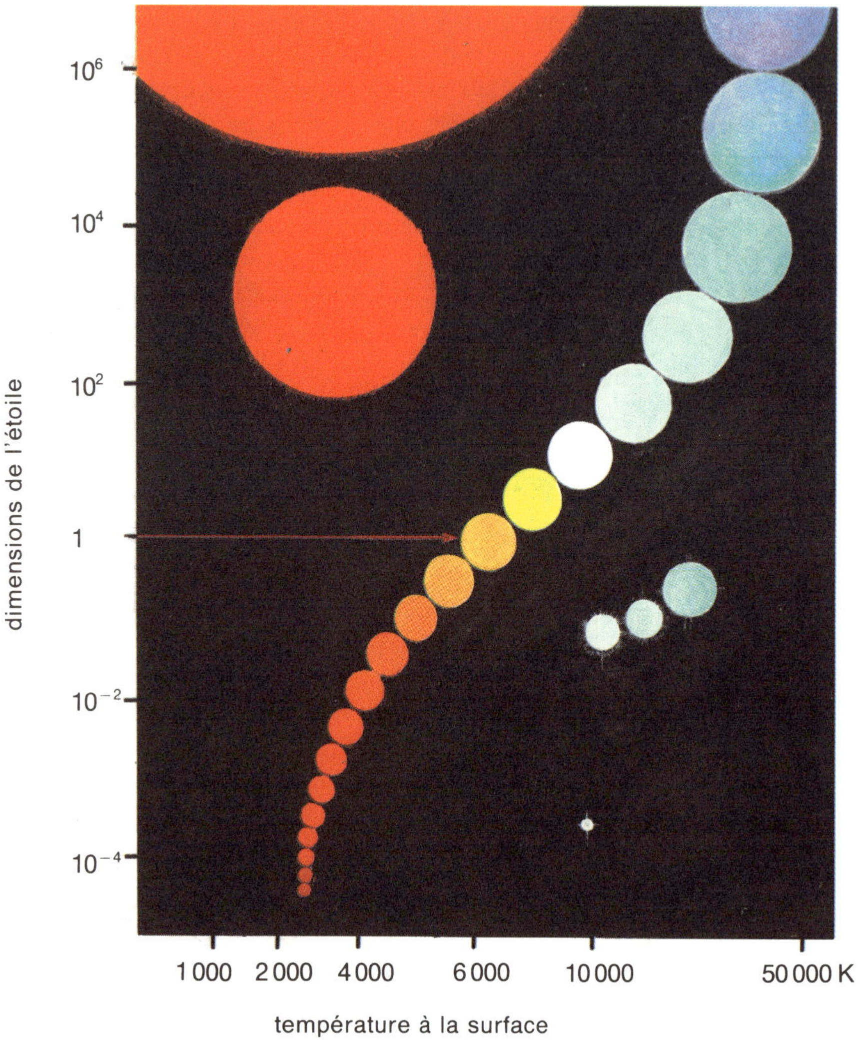

▶ ***Place du spectre visible dans l'ensemble du rayonnement électromagnétique***
Le rayonnement optique est un rayonnement électromagnétique dont les longueurs d'onde sont comprises entre le domaine de transition avec les rayons X vers la longueur d'onde de un nanomètre (10^{-9} m), et le domaine de transition avec les sondes radioélectriques, vers la longueur d'onde de un millimètre (10^{-3} m). Le rayonnement visible se situe dans le spectre du rayonnement optique, mais en en excluant les rayons ultraviolets et les infrarouges.

▲ ***Diagramme astronomique simplifié de Hertzsprung-Russell permettant d'illustrer l'histoire passée et future des étoiles***
Une étoile est un astre doué d'un éclat propre, observable sous la forme d'un point lumineux. Depuis la Terre, ce point peut être caractérisé à la fois par sa couleur, son intensité lumineuse, sa taille apparente, sa position relative par rapport à d'autres objets célestes, etc. Hertzsprung et Russell ont, au début du siècle, classé les étoiles de distances connues en mettant en évidence, sous forme d'un diagramme, une répartition bidimensionnelle de ces astres. En horizontal, sur ce diagramme, sont portées d'une part les températures de surface (croissantes de gauche à droite) et les longueurs d'onde se traduisant par des couleurs (étoiles rouges, jaunes, blanches, bleues). Chaque étoile possède un type spectral propre, en rapport avec sa constitution chimique. En vertical sur le diagramme, sont portées d'une part une échelle des magnitudes apparentes établie d'après l'éclat observé des étoiles, d'autre part une échelle des magnitudes absolues (c'est-à-dire les valeurs qu'aurait l'éclat observé si les étoiles étaient toutes situées à la même distance de l'observateur). La taille de la plupart des étoiles est calculée d'après leur luminosité et leur température de surface. La puissance émise par unité de surface d'une étoile ne dépend que de sa température. Donc, pour un type spectral donné, c'est-à-dire pour une température de surface donnée, si une étoile est moins lumineuse qu'une autre, c'est qu'elle est plus petite. Le diagramme de Hertzsprung-Russell permet de ranger les étoiles suivant trois classes principales de luminosité : les étoiles naines, formant la série principale, et à laquelle appartient le Soleil ; les étoiles géantes ; les étoiles supergéantes. Le diagramme illustre aussi l'évolution des étoiles. Les réactions thermonucléaires qui affectent chacune d'elles en modifient la composition chimique, donc le type spectral. Il en résulte qu'une étoile de masse donnée de la série principale va progressivement évoluer vers la classe des géantes puis celles des supergéantes, et ceci d'autant plus rapidement que les étoiles sont plus massives. Ainsi le Soleil, dont la durée de vie est de 10 milliards d'années sur la série principale, quittera celle-ci dans environ 5 milliards d'années pour devenir une géante rouge et finir sa vie sous forme d'une naine blanche.

planète serait différente. Il n'y aurait ni glissement, ni collision des plaques, les continents n'auraient pas leur composition granitique.

La mise en place d'une atmosphère ne s'échappant pas dans l'espace est une caractéristique originale de notre planète. L'hydrogène de l'atmosphère primitive s'est éloigné et il n'y en a plus guère à moins de 4 000 kilomètres d'altitude, ni d'hélium à moins de 1 000 kilomètres. Par contre, les composés hydrogénés de l'azote et du carbone sont demeurés en basse atmosphère. Enfin, l'oxygène s'y est ajouté. L'une des conséquences de l'existence d'une atmosphère dense est de protéger la Terre des bombardements cosmiques.

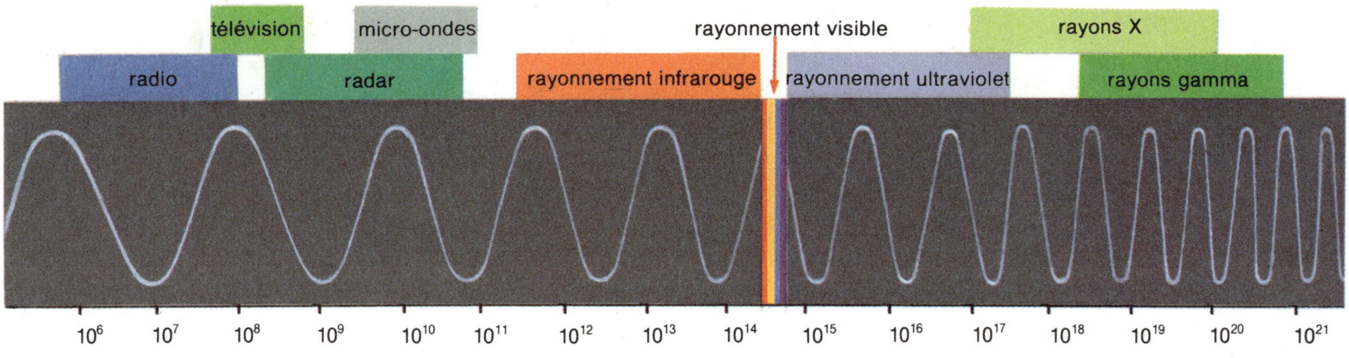

En effet, l'atmosphère freine la chute de la plupart des particules et fragments traversant l'espace. Ces petits météores dont la masse ne dépasse pas quelques fractions de grammes se consument dans les couches supérieures de l'atmosphère et se détériorent au contact des molécules d'air, ce qui produit un phénomène lumineux connu sous le nom d'étoile filante. Différent est le cas des grandes météorites ou de corps atteignant la taille d'un astéroïde. Leur masse peut se chiffrer en tonnes et l'atmosphère n'en freine que faiblement la chute.

La Terre est aussi soumise à d'intenses rayonnements. Il est difficile de se représenter globalement ce rayonnement cosmique, les différents rayonnements électromagnétiques ou le flux de particules élémentaires, invisibles ou à peine perceptibles dans le spectre étroit du rayonnement que l'œil humain est capable d'enregistrer. L'illustration page 118-119 montre la gamme du rayonnement électromagnétique qui vient de l'espace ainsi que l'efficacité du filtre atmosphérique. Une faible partie du spectre électromagnétique parvient jusqu'à la Terre, les autres rayons (rayons X, rayons ultraviolets) qui font partie des hyperfréquences étant captés par l'oxygène, l'ammoniac et l'ozone dans les couches supérieures de l'atmosphère. Le rayonnement infrarouge est absorbé par la vapeur

▶ ***Structure interne de la Lune, en partie hypothétique***
La Lune, pas plus que les planètes, n'est parfaitement symétrique, ni en surface, ni en profondeur. L'expédition Apollo a permis de mesurer que la croûte lunaire est plus fine sur la partie visible de la Terre que sur la face cachée. Mais on ignore toujours s'il existe ou non un noyau lunaire (figuré sur l'illustration).

▲ ***Phénomène optique des aurores polaires***
Une aurore polaire est un phénomène lumineux atmosphérique visible à haute altitude, soit vers le pôle Nord (aurore boréale), soit vers le pôle Sud (aurore australe), quand des particules électrisées sont précipitées dans la haute atmosphère. Leur base est située entre 80 et 300 kilomètres d'altitude et peut s'étendre verticalement sur 500 kilomètres. Les aurores polaires peuvent être diffuses ou former des arcs ou des draperies. La luminosité de certaines d'entre elles peut dépasser celle de la pleine Lune.

d'eau et renvoyé dans l'espace, les sondes électromagnétiques longues arrêtées par l'ionosphère.

Ainsi, la Terre se préserve-t-elle efficacement du bombardement cosmique sous toutes ses formes: météorites et autres corps célestes, particules chargées d'électricité, flux de corpuscules traversant l'espace interplanétaire sous forme de vent solaire. Ce n'est plus la basse atmosphère, mais la très haute atmosphère, avec la magnétosphère qui sert ici de bouclier. La magnétosphère possède une zone appelée ceinture de Van Allen qui piège la majeure partie des particules chargées d'électricité. Mais le piégeage n'est pas total et des particules atteignent la basse atmosphère. Dans la région des pôles magnétiques de la planète, elles pénètrent d'abord dans l'ionosphère, produisant le phénomène de l'aurore boréale. Celle-ci témoigne de façon visible que des perturbations causées par le flux particulaire agitent l'ionosphère. Certaines particules atteignent des vitesses défiant tous les systèmes de protection. La lithosphère est alors atteinte. Lorsque les physiciens veulent créer un milieu à l'abri de ces particules d'énergie élevée, ils doivent enfouir leurs instruments profondément sous terre. La protection n'est pas pour autant assurée: certaines particules renferment une telle énergie qu'elles traversent non seulement l'atmosphère, mais aussi la couche rigide de la lithosphère, et même toute la planète, dont elles ressortent à peine ralenties.

Le rayonnement et l'énergie solaires sont véhiculés vers la Terre par les photons. Le vent solaire est un flux de protons qui, moins nombreux que les photons, transportent peu d'énergie : chargés d'électricité, ils sont captés par la magnétosphère terrestre.

Les corps célestes dépourvus d'atmosphère, tels que Mercure ou la Lune, sont peu dynamiques du point de vue géologique mais leur surface porte aussi des traces du bombardement cosmique, sous des formes que la Terre ne montre pas, ou ne montre plus. Les matériaux cosmiques qui les bombardent s'y inscrivent sous forme de cratères, participant ainsi à la formation de leur relief. Il existe très peu de ces cratères sur la Terre. Les scientifiques qui les recherchent activement n'en ont recensé avec certitude qu'une petite dizaine, à quoi on peut ajouter deux cents impacts dont l'origine est douteuse. Pourtant, à l'origine, la Terre avait aussi un « visage lunaire ». Mais son intense géodynamique externe — l'érosion — en a effacé les traces.

La face de la Lune présente des formations jeunes du point de vue de la géologie lunaire : il s'agit de courants de lave relativement récents. Mais on y a reconnu aussi des formations vieilles de plus de 3 millions d'années. En comparant les unes aux autres, on constate que les plus anciennes sont marquées par un nombre de cratères d'impact bien plus élevé que les plus récentes. Comme on a déterminé par des méthodes radiométriques l'âge des roches éruptives qui forment ces courants de lave, on a pu calculer la quantité

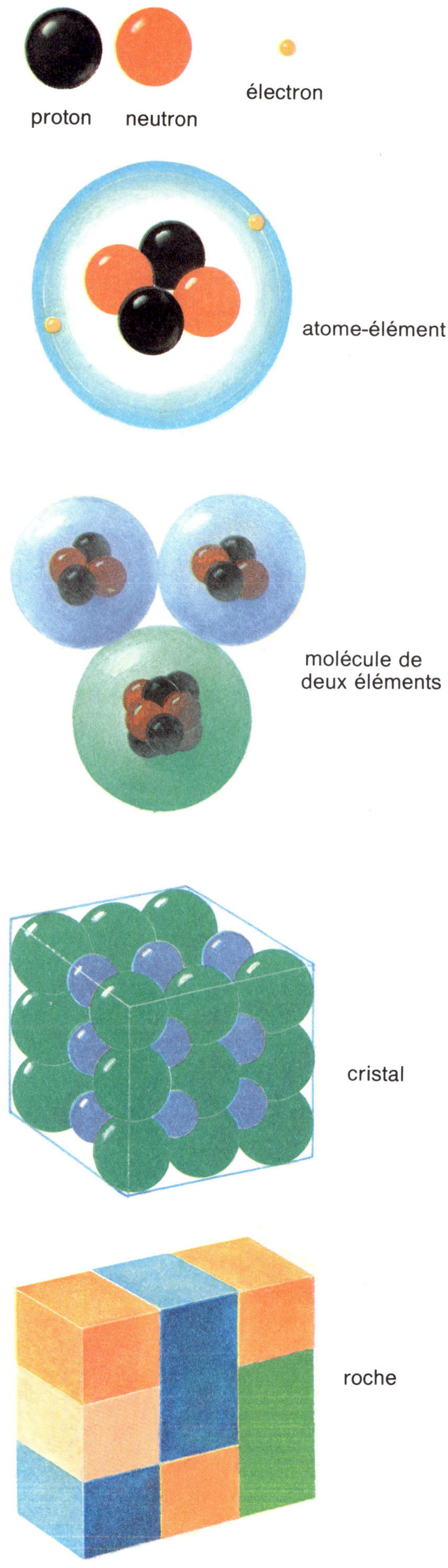

▶ ***Éléments constitutifs de la matière à différentes échelles***
Comme toute substance (solide, liquide ou gazeuse), la roche est composée de protons, de neutrons et d'électrons qui forment les atomes de divers éléments. Les atomes de l'un ou de plusieurs d'entre eux se regroupent en molécule, matière première servant à la construction des cristaux. Le regroupement de molécules de même type, le plus souvent sous forme de cristaux, conduit à la naissance des minéraux, et finalement la réunion de plusieurs minéraux constitue une roche. La nature et la disposition des minéraux dans la roche, la distribution des éléments au sein des divers minéraux permettent de reconstituer une partie de l'histoire géologique de la planète.

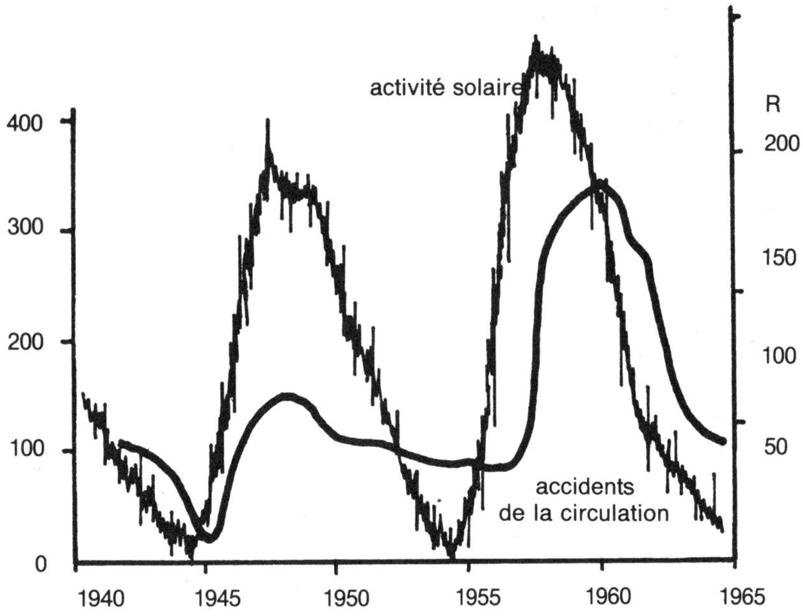

◀ ***Superposition de deux courbes exprimant une relation possible de cause à effet entre l'activité solaire et le nombre des accidents de la circulation au Japon***
On présente souvent ce graphique comme la preuve d'une relation entre l'activité solaire et le comportement humain. On constate par exemple que le nombre des accidents de la circulation au Japon (représenté ici par un trait continu), augmente lors des phases d'activité solaire maximales.

de matériau cosmique tombée sur la Lune en un temps donné, au cours des différentes ères géologiques. Résultat constaté : les grosses météorites sont devenues de plus en plus rares au fil du temps. Ce constat vaut évidemment pour la Terre. Cette perspective est particulièrement intéressante pour ses habitants. Avec le temps, la probabilité de grandes collisions, de la rencontre de la Terre avec un objet céleste, s'amenuise. Il semble que les matériaux dispersés qui sillonnaient librement l'espace depuis la formation du système solaire se soient rassemblés et soient devenus partie intégrante de grands corps du système solaire.

Parmi les spécialistes des sciences de la Terre qui se consacrent exclusivement aux problèmes terrestres, nombreux sont ceux qui refusent de s'intéresser à l'influence du cosmos sur l'activité et le comportement de l'homme et de se perdre en conjectures dans ce domaine encore méconnu. Et pourtant, certaines relations entre la Lune et la Terre sont intéressantes. Parmi les plus curieuses, il convient de citer la durée de la grossesse chez l'espèce humaine. Elle est de 266 jours, chiffre curieusement proche des 265,8 jours correspondant à la durée de neuf mois synodiques. Le cycle menstruel de la femme est en moyenne de 29,5 jours, ce qui correspond exactement à la durée d'un mois synodique. Même si on laisse de côté les troubles psychiques dus à l'influence de la Lune, il existe un rapport entre l'activité solaire et l'état du champ magnétique de la Terre, entre les taches du Soleil et les conditions climatiques. L'influence des taches solaires sur notre santé, suggérée par les statistiques, est pratiquement reconnue par la médecine.

Les géologues et les géophysiciens, quant à eux, s'intéressent à des relations plus évidentes et plus directes, comme celle qui régit le mouvement des marées. En dépit de sa faible masse, l'action perturbatrice de la Lune sur la mer est bien plus importante que celle du Soleil, plus volumineux mais plus éloigné. L'action perturbatrice s'exerce également sur la croûte terrestre qui oscille dans un mouvement semblable à celui des marées.

La marée montante et la marée descendante participent à l'activité géologique des océans en prenant part à l'érosion, en déposant et en transportant la matière vivante ou inorganique, en stimulant certains cycles vitaux. Elles ont aussi des conséquences d'ordre astronomique. Les oscillations de la mer, engendrées par les forces d'attraction respectives de la Lune et de la Terre, ralentissent la gravitation de cette dernière. Les journées rallongent et leur nombre annuel diminue en conséquence au fil des ères géologiques. Ces changements sont pratiquement imperceptibles à l'échelle humaine. Ils sont néanmoins chiffrables au bout de plusieurs centaines de millions d'années.

Le cosmos exerce enfin sur l'homme un indéniable pouvoir magique. Attiré par tout ce qui est exceptionnel et rare, l'homme étudie avec minutie tous les matériaux cosmiques accessibles : météorites, roches lunaires, minuscules particules venues de l'espace. Avec la même passion, il est à l'écoute de tout un spectre de signaux interstellaires.

Lorsque l'expédition Apollo a rapporté sur la Terre des fragments de roche lunaire, des dizaines d'équipes scientifiques ont étudié avec enthousiasme ce matériau exceptionnel. Les chercheurs l'ont soumis à des techniques d'analyse perfectionnées, dont certaines mises au point à cette occasion. Elles ont permis d'en reconnaître les principaux éléments, y compris à l'état de traces. Il s'agissait de déterminer les parts respectives incombant aux météorites et au vent solaire. Lors de

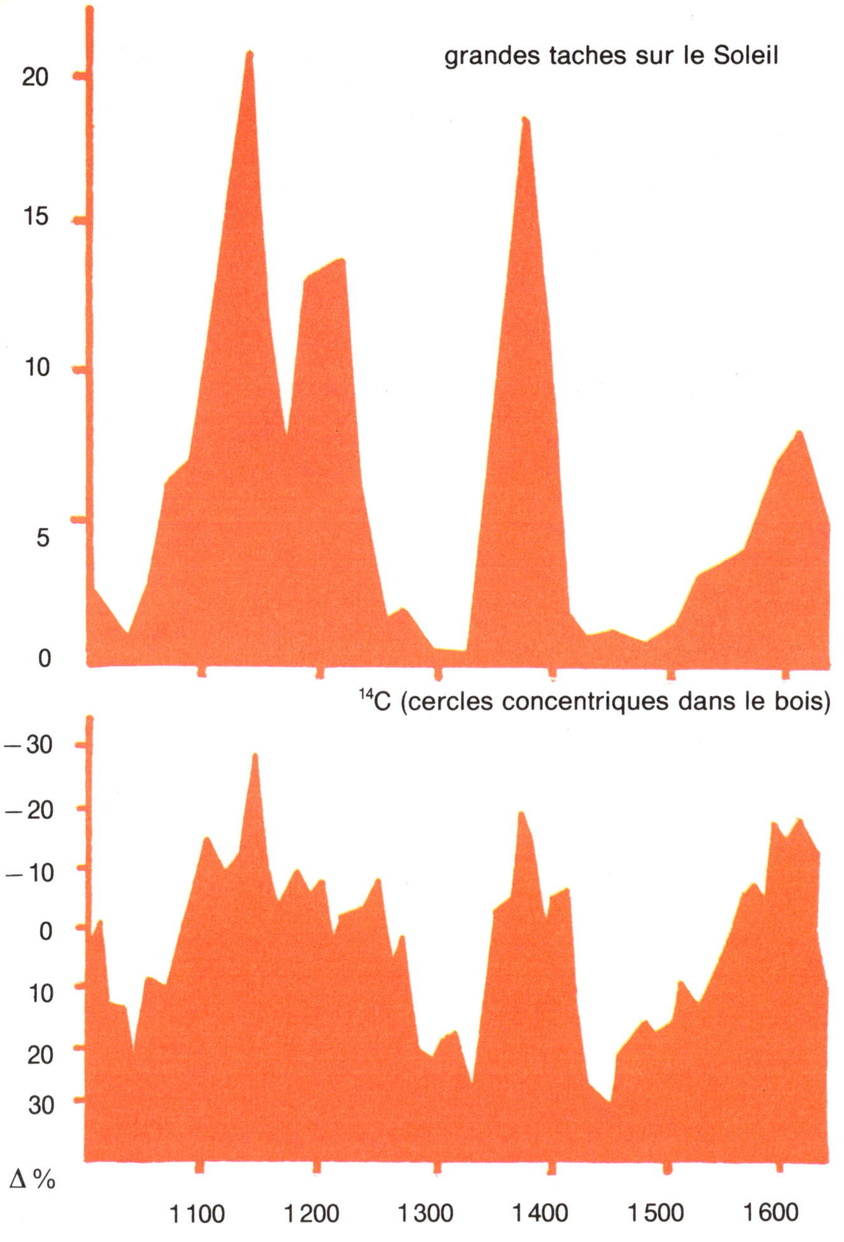

◀ ***Comparaison de deux courbes révélant une relation entre les variations de l'activité solaire et la production du carbone radioactif sur Terre***
Il existe un rapport entre l'activité solaire et la quantité de carbone radioactif terrestre formé sous l'action du rayonnement cosmique. Sur le graphique du haut, les nombres cumulés des taches solaires sont portés en ordonnées. Sur le graphique du bas, c'est la proportion relative d'isotope de carbone radioactif par rapport à l'isotope stable qui est indiquée. Dans les deux cas, l'axe horizontal des abscisses fait référence à une échelle des temps. C'est à partir de documents d'archives historiques qu'ont été effectuées les datations relatives à l'activité solaire. Les taux de carbone isotopique ont été datés grâce aux cercles concentriques de l'accroissement annuel du bois.

la confrontation des résultats obtenus par les divers laboratoires sollicités, on a pu constater que des progrès extraordinaires avaient été accomplis dans les méthodes d'analyse et les techniques d'étude de ces matériaux solides. Aujourd'hui, on applique ces méthodes à l'étude des roches et des processus géologiques terrestres. Un grand nombre d'instruments mis au point grâce aux spécialistes de la recherche spatiale ont servi par la suite à la recherche géologique.

Certains futurologues pensent qu'on pourra un jour exploiter des sources de matières premières présentes dans le cosmos, notamment sur les autres planètes. Idée certes séduisante, mais qui se heurte à bien des problèmes. Sur terre, le principal problème lié à l'exploitation des richesses du sous-sol est dû moins à leurs concentrations qu'aux techniques mises en œuvre pour en tirer le meilleur profit. Or, de ce point de vue, les ressources cosmiques ne semblent nous offrir que des possibilités peu intéressantes. L'étude des matériaux cosmiques nous a enseigné que les processus géologiques et chimiques ont créé, sur notre planète, les plus fortes concentrations de matières premières de tout le système solaire. Il est donc peu probable qu'on trouve sur d'autres planètes ou leurs satellites des ressources plus importantes que celles de la Terre. Il est fort possible, en revanche, qu'on y découvre un matériau plus primitif, moins différencié, dans lequel des substances utiles existeront de façon diffuse. Le chapitre suivant révélera qu'un gisement de matières premières est une anomalie, une curiosité de la nature inorganique que seule la planète Terre a réalisée.

MATIÈRES PREMIÈRES ET RESSOURCES NATURELLES

D'une manière quasi-instantanée à l'échelle des temps géologiques, l'homme s'est approprié la planète qui l'a vu naître. Depuis l'aube de son histoire, la possession de certaines richesses naturelles a été un facteur important de puissance et de rayonnement des civilisations.

Il s'agit de richesses minérales et de richesses énergétiques. Certaines sont renouvelables, d'autres pas. Ces termes sont suffisamment parlants pour qu'on se passe de longues explications. Nous nous contenterons de quelques exemples, à titre d'illustrations.

Les réserves de bois, matière qui fait partie de la biomasse et qui sert, entre autres usages, à la fabrication du papier et des charpentes, est un parfait exemple de source renouvelable, puisqu'un arbre abattu peut être remplacé par un nouvel arbre. L'énergie éolienne, l'énergie solaire sont aussi des sources qui se perpétuent indéfiniment à notre échelle. Par contre, un

◀ ***Coïncidences de conditions nécessaires pour la formation d'un type de gisement donné de matière première***
Les principaux processus géologiques qui prennent part à la formation et à l'évolution de la croûte sont l'activité du magma, l'érosion, la sédimentation et le métamorphisme. L'activité magmatique est représentée par un corps plutonique gigantesque (complexe de roches magmatiques de profondeur) qui, par un réseau de canaux et de conduits, communique en surface avec le volcan. La fusion du magma est le principal facteur de différenciation des éléments dans la croûte et de formation des gisements de matières premières. Lors du métamorphisme, au cours duquel la composition chimique des roches est modifiée (métasomatose), une grande quantité de solutions riches en matières minérales se trouve libérée et participe à la constitution éventuelle de gisements. Ainsi les concentrations en minerais d'étain se forment dans la partie supérieure des couches de magma granitique, alors que les minerais de cuivre et de fer se trouvent plutôt dans les roches métamorphiques. Pour qu'un gisement puisse se former, il faut que plusieurs conditions soient remplies : composition chimique adéquate du magma initial ; existence de pièges tels que des failles ou des plis ; présence de roches chimiquement actives. Dans les sédiments (partie droite de l'illustration), se constituent des accumulations d'un type différent, issues de l'érosion et de l'action des organismes. C'est le cas notamment des combustibles (pétrole, gaz naturel, charbon), des argiles et des phosphates. Il faut aussi dans ce cas que des pièges aient pu favoriser l'accumulation ou le stockage dans les roches sédimentaires, pour qu'un gîte exploitable soit constitué. Les sédiments sont aussi les meilleurs réservoirs d'eau potable souterraine.

◀ ***Formation d'un gisement à la faveur d'un piège structural***
Il s'agit par exemple d'un conduit, d'une faille ouverte, d'une zone où la tension souterraine est relâchée, de l'espace vide formé dans la courbure d'un pli. Des concentrations de quartz aurifère dans un pli, comme celles de Bendigo, illustrent parfaitement cette situation.

gisement d'argile ou un gisement de charbon sont, toujours à notre échelle, des sources non renouvelables : il faudrait des dizaines de millions d'années pour que la nature puisse, dans certaines conditions, les reconstituer. Pourtant, ces deux types de matières premières ne sont pas foncièrement différents, comme le montre l'exemple de l'eau, et plus précisément l'eau souterraine. L'eau donne à la planète bleue sa spécificité. Mère de toute vie, elle est aussi le trésor le plus précieux que la Terre offre aux hommes. Comme l'eau de pluie est à l'origine de l'eau souterraine, on serait tenté de croire que ses réserves se renouvellent automatiquement. Sans doute est-ce vrai mais seulement sur de longues durées. Si l'on puise de l'eau en trop grande quantité pour des travaux d'irrigation par exemple, il faudra des dizaines, des centaines, voire des milliers d'années avant que la source tarie ne se régénère. Dans les sites où l'on a totalement épuisé les réserves d'eau fossile, abritées dans la croûte terrestre depuis de longues périodes géologiques, l'espoir de voir le réservoir souterrain se remplir à nouveau est très mince. Les réserves d'eau donnent l'impression d'être inépuisables. Pourtant les spécialistes ont calculé que la quantité d'eau disponible sur la planète serait insuffisante pour les besoins d'une population humaine atteignant vingt milliards de personnes.

La situation est pire dans le cas des ressources non renouvelables, celles pour lesquelles aucun espoir de récupération n'existe. Une fois épuisées la mine de

▲ ***Relation entre la nature pétrographique des terrains (roches dures ou roches tendres) et l'état de concentration ou de dispersion des substances utiles qu'elles peuvent contenir***
Il arrive qu'une roche dure, résistant bien aux intempéries, dépasse du sol, tel un nœud à la surface d'un morceau de bois. L'illustration représente un filon de quartz, recélant par exemple des pépites d'or. Toutes les matières premières, cependant, ne sont pas forcément abritées dans les roches dures. Lorsque des roches meubles ou friables contiennent des minéraux aussi durs que le diamant ou des métaux inaltérables tels que l'or et le platine, leur érosion et leur transport conduisent à la formation d'un gisement disséminé (à droite sur l'illustration). Les gisements de ce type sont beaucoup plus riches en matière utile que les roches mères.

charbon ou la nappe de pétrole, il ne reste à leur place qu'un espace vide — qu'il faudrait combler pour éviter des glissements de terrain — car ni le charbon ni le pétrole ne se reconstitueront au même endroit. Il en est de même pour d'autres ressources minérales telles que les minerais de cuivre, de zinc ou de fer.

L'homme a depuis toujours exploité les ressources naturelles. Il n'est donc pas surprenant que les différents âges de son histoire aient été désignés en fonction des types d'exploitation qui ont marqué l'évolution des civilisations. Il y eut l'âge de la pierre, l'âge du bronze et l'âge du fer ; l'époque moderne pourrait s'appeler l'âge de l'acier, ou du plastique ou de l'atome. Les premiers hommes n'avaient pas de grandes exigences vis-à-vis des richesses du sous-sol : ils recherchaient des minerais riches qui nécessitaient le minimum de transformations. Ne disposant que de techniques rudimentaires, outils d'une technologie peu avancée, leur consommation en métaux était nettement moindre. Combien de haches et de pointes de flèches aurait-on pu fabriquer avec la quantité de métal qu'il a fallu pour la construction d'un seul pont de chemin de fer ! Des gisement métallifères très riches existaient. Des archéologues ont découvert que les Indiens d'Amérique du Nord qui vivaient sur les bords du lac Supérieur ramassaient du cuivre pur. Pour en faire un instrument, il suffisait de le forger vigoureusement, donc de mettre en œuvre la seule énergie musculaire. Un simple martelage débarrasse le métal de sa gangue et de ses impuretés, le préparant ainsi à une transformation ultérieure. Les Esquimaux, quant à eux, utilisaient du fer météorique. La découverte d'or et d'argent pur n'avait rien d'exceptionnel. La plupart des métaux n'existe pas à l'état pur dans la nature mais sous forme de composés, qu'il faut transformer, par divers procédés (réduction, fusion, électrolyse, etc.) pour en extraire le métal pur. Mais alors l'énergie musculaire ne suffit pas.

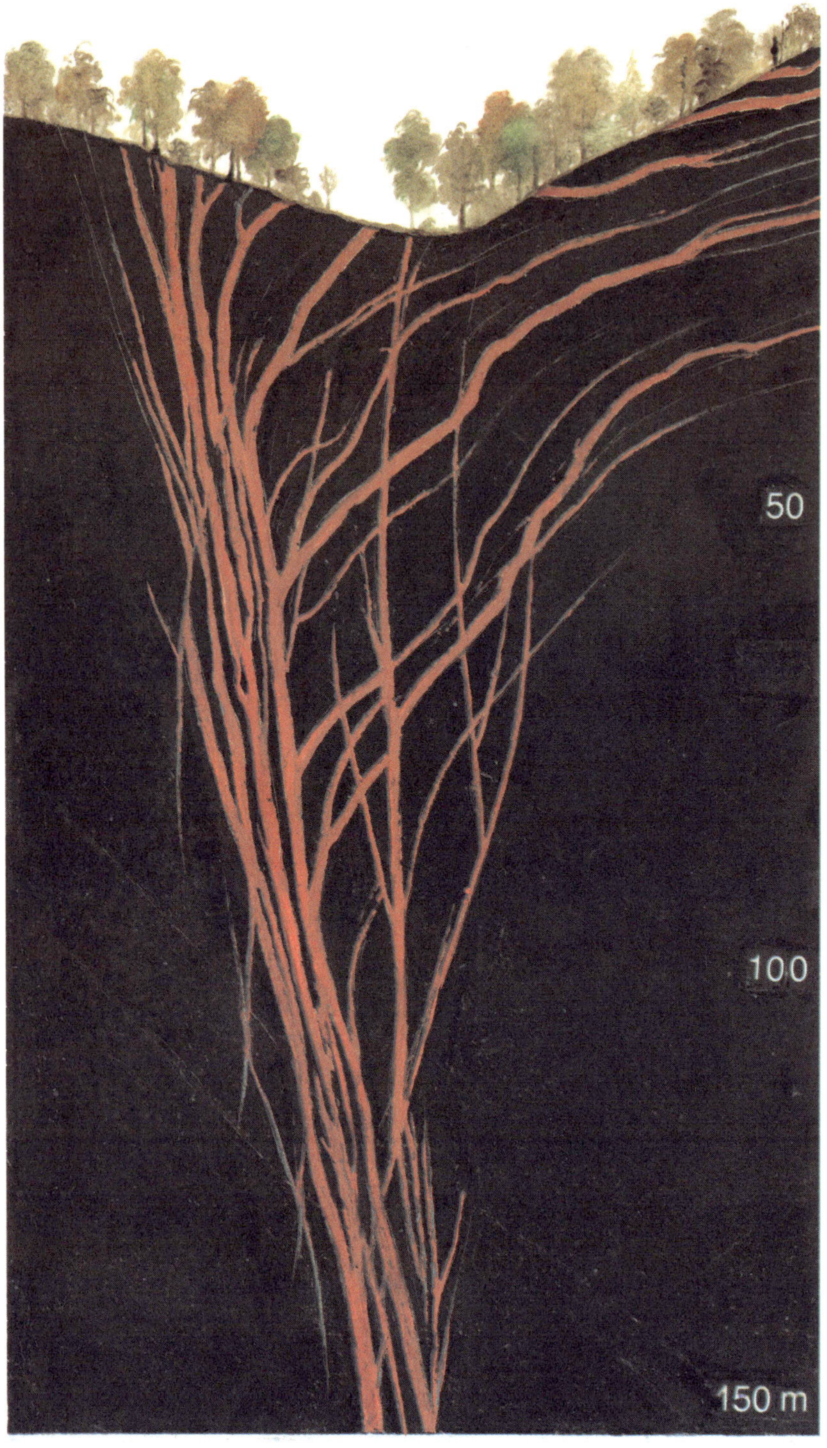

◀ ***Le gisement de fluorite de Santa Clara (Allemagne)***
L'extrême complexité de ce gisement au sein d'un complexe de roches métamorphiques est due à un dense réseau de failles le long desquelles sont remontées des eaux chaudes saturées en fluor. La chaîne principale, brisée en plusieurs endroits, est accompagnée de fissures latérales. L'exploitation rationnelle d'un tel gisement n'est pas facile.

La presse et les médias annoncent souvent l'épuisement de telle ou telle ressource pour la décennie à venir. De telles prédictions sont le plus souvent imprécises, voire fausses. En premier lieu, elles ne tiennent pas compte de la découverte probable de nouvelles réserves. On ne les trouvera probablement pas à faible profondeur dans les régions industrialisées, mais il doit certainement en exister à moyenne profondeur, de même qu'il en existe très certainement dans des contrées encore inexplorées par les géologues.

Plus fondés sont les cris d'alarme relatifs à la destruction des sols. Un horizon pédologique détruit est hélas une perte certaine pour des milliers d'années. Dans le cas des gisements de minerais ou d'autres matières premières, l'espoir subsiste que les profondeurs de la Terre en renferment d'autres. Mais le volume de sol arable, par contre, ne dépend que de la seule couche superficielle.

Les géologues subdivisent les réserves de matières premières en réserves confirmées et en réserves calculées. Dans le premier cas, les travaux de forage ont déjà révélé la quantité et la qualité de la matière utile ;

dans le second, le gisement vient tout juste d'être découvert. Il est exploitable, mais son profit potentiel n'est pas encore chiffré.

Une seconde objection qu'on peut émettre à l'encontre des informations catastrophistes sur l'épuisement des réserves est la mention de la qualité. En général, on ne prend en considération que des minerais qui sont en cours d'extraction et qui sont (tout dépend de l'époque et de la région) relativement riches. Il s'agit donc d'un matériau dont l'extraction est rentable, qui renferme une grande part de substances utiles ou qui est facilement transformable.

Cependant, dans la nature, on trouve surtout des minerais (le plus souvent à proximité des gisements riches) dont la teneur en substances utiles est plus faible et qui sont plus difficiles à extraire. Leur coût d'extraction est plus élevé que le prix moyen du minerai sur le marché mondial. La marge de rentabilité est extrêmement mouvante. Il suffit que le prix d'un minerai augmente (par exemple à la suite d'une demande plus forte, de l'épuisement du gisement qui approvisionnait le marché mondial, ou encore pour des raisons politiques ou spéculatives) pour que l'exploitation d'un gîte métallifère plus pauvre ou difficilement accessible devienne subitement rentable. Cette distinction subtile et souvent fluctuante conduit à l'ex-

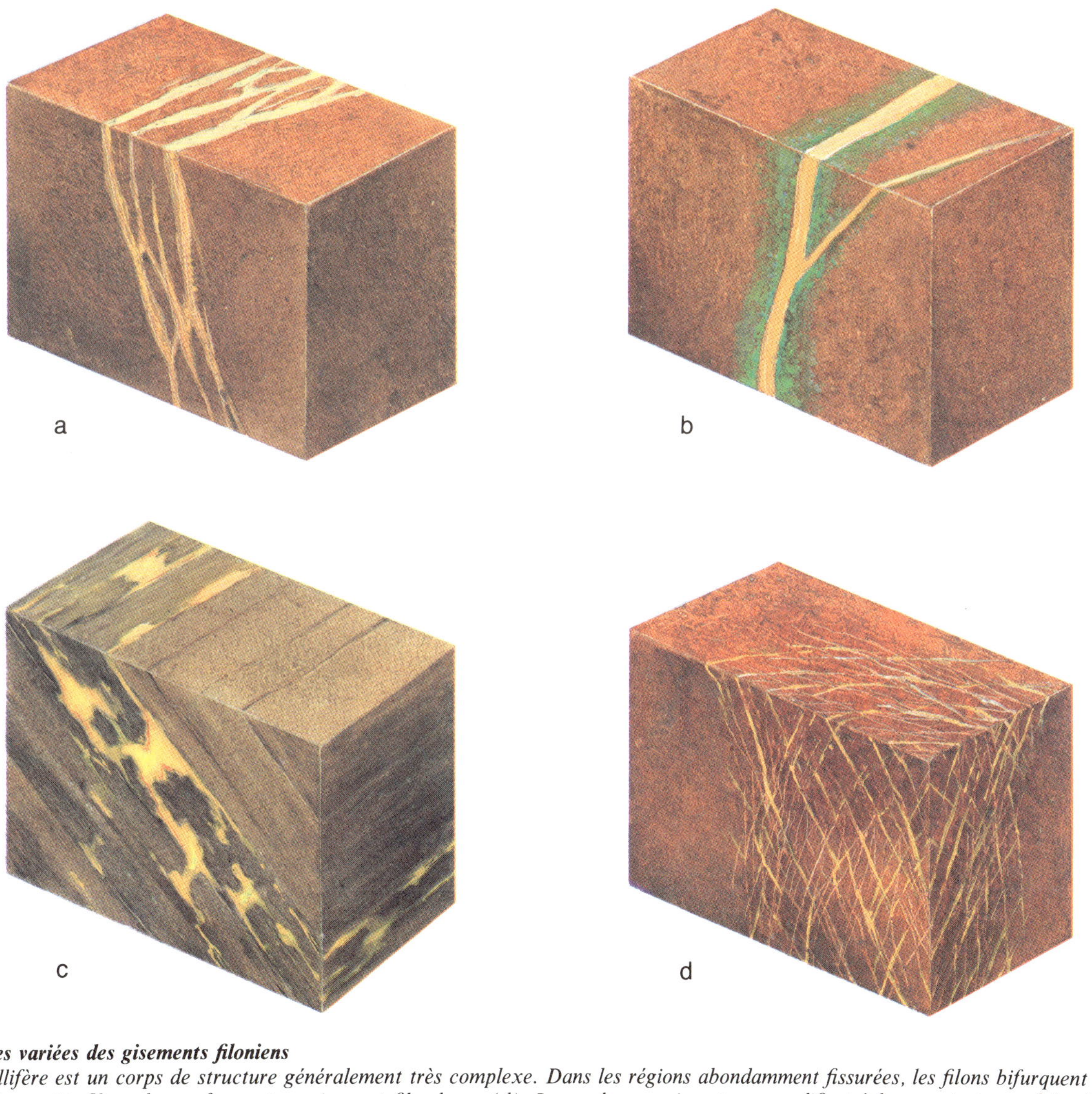

▲ ***Caractéristiques variées des gisements filoniens***
Un gisement métallifère est un corps de structure généralement très complexe. Dans les régions abondamment fissurées, les filons bifurquent et se ramifient (a). Les petits filons denses forment un gisement filandreux (d). Les roches encaissantes se modifient à leur contact par altération hydrothermale, s'enrichissant alors en minerais (b). La métasomatose est une modification chimique globale des roches originelles qui accompagne la genèse des gisements métallifères dans des zones soumises au métamorphisme (c).

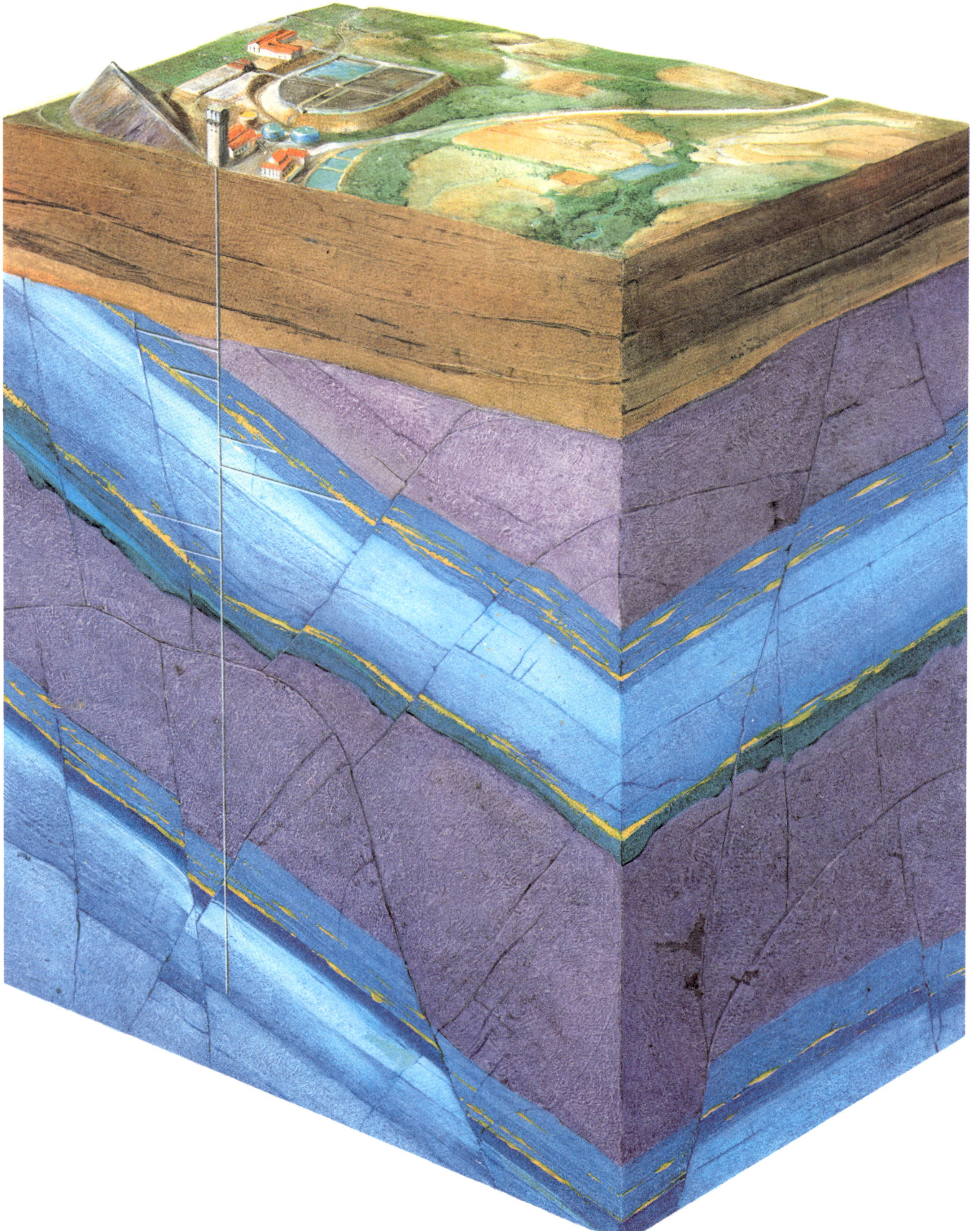

▲ ***Le gisement de graviers aurifères de Witwatersrand (Afrique du Sud)***
Dans une formation sédimentaire, les particules peuvent se séparer spontanément en fonction de leurs propriétés mécaniques. Les conditions de dépôt jouent évidemment un très grand rôle : dans un cours d'eau paisible, seules se déposent la glaise ou de très fines particules ; là où le courant est violent, on ne trouve que des graviers ou des galets. L'altéritabilité chimique des composants des roches intervient aussi. L'illustration montre l'un des plus importants gisements aurifères du monde. Il s'agit d'un gisement de graviers grossiers extraits d'un fleuve âgé de presque 2 milliards d'années. Les zones économiquement importantes sont indiquées en jaune.

ploitation prioritaire des parties les plus rentables. Dans certains cas, la situation peut évoluer différemment : si on réussit par exemple à remplacer telle ou telle matière première par une autre, sa valeur chute et on se limite à l'exploration de ses meilleurs gisements. Ce cas de figure s'est produit lorsqu'on a commencé à envoyer sur orbite des satellites de télécommunications. Le prix du cuivre a baissé, car ce métal a cessé d'être utilisé pour la construction des câbles sous-marins devenus inutiles. Autre exemple : la demande de certaines matières premières a diminué dès lors que leur utilisation s'est avérée dangereuse d'un point de vue écologique. C'était le cas du mercure ou celui d'un élément aussi peu commun que le thallium (le sulfure de thallium est employé dans la fabrication de cellules photoélectriques pour radiations infrarouges). Il arrive aussi que certains pays industrialisés stockent pendant longtemps des matières premières d'intérêt stratégique pour faire monter artificiellement leur prix. Le contraire se produit également : on libère brutalement les stocks stratégiques pour faire chuter les prix du matériau en question sur le marché mondial.

Les géologues qui s'intéressent à la prospection ont fait l'observation suivante : les gisements riches sont rares, alors que les gisements pauvres abondent. Si les concentrations de la substance utile dans le gisement baissent, le minerai s'appauvrit et le nombre des gisements exploités de qualité équivalente s'agrandit. Ils deviennent non seulement plus nombreux mais aussi plus vastes. On peut en arriver à la conclusion absurde

▼ ***Le gisement d'alluvions aurifères de Panna (Inde)***
Cette vue illustre la complexité du cheminement des diamants jusque dans les vallées alluviales, transport étalé sur de longues périodes géologiques. Les diamants sont généralement présents dans les roches mantelliques montées des grandes profondeurs et qui ont traversé la lithosphère sous forme de dômes étroits. Provoquant l'usure de ces dômes, l'érosion met à nu les diamants, qui se déposent ensuite avec les sédiments. Ces derniers, ultérieurement repris par l'érosion, sont fractionnés et emportés par les rivières. Les diamants sont finalement déposés dans les alluvions et récupérés par l'extraction.

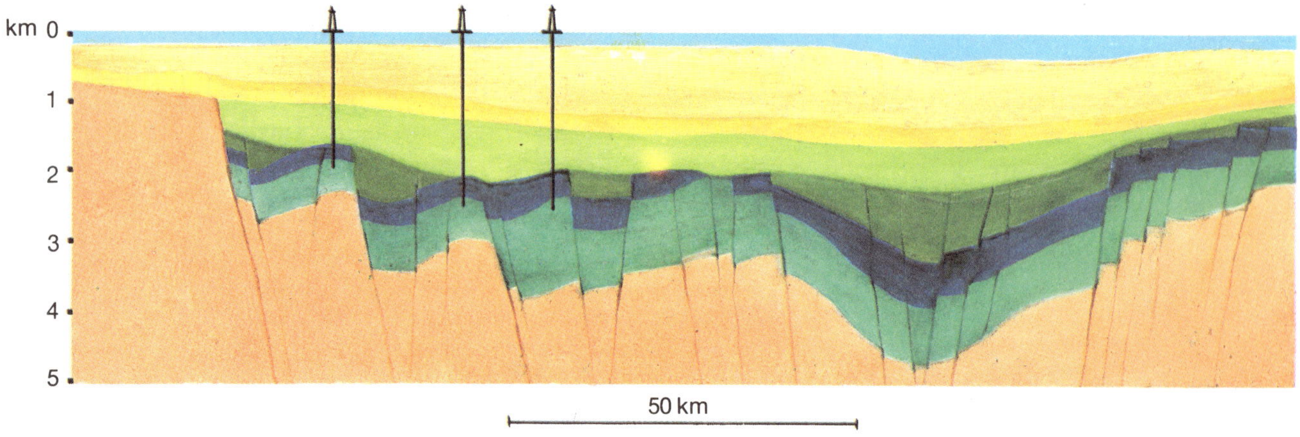

▲ ***Configuration structurale d'un gisement pétrolifère situé en mer du Nord, entre les îles Shetland et la Scandinavie***
Les gisements pétrolifères sont toujours situés dans des ensembles sédimentaires. Pour que le pétrole (ou le gaz) puisse s'y accumuler, le réservoir doit être épais, poreux et perméable, coiffé par une couverture imperméable. Dans le gisement présenté ici, le pétrole est piégé dans un réservoir de roches triasiques (début de l'ère Secondaire, vers — 200 millions d'années).

selon laquelle chaque roche qui existe à la surface de la Terre est une matière première, car elle renferme un certain pourcentage de composés métalliques. Ainsi, le basalte le plus ordinaire qui contient 10 % de fer, 0,1 % de manganèse, 0,005 % de nickel et 0,004 % de chrome pourrait théoriquement fournir ces métaux. Or, si le traitement du basalte est techniquement possible, il est en revanche peu rentable.

À titre indicatif, voici quelques données, relatives à l'uranium. Autrefois, on utilisait cet élément en faible quantité, par exemple pour teinter le verre. Aujourd'hui, il trouve une application civile et militaire à grande échelle dans l'armement et les centrales nucléaires. Tant que les meilleurs minerais d'uranium étaient disponibles dans les filons de pechblende, les gisements de monazite, de phosphates et de lignite, l'extraction d'un kilogramme d'oxyde d'uranium revenait à moins de 30 dollars. Compte tenu de la très forte demande, on a dû extraire l'uranium à partir de minerais plus pauvres — certains schistes notamment—, son coût de revient variant alors de 35 à 70 dollars. Si l'on s'avisait de l'extraire de l'eau de mer, un kilogramme d'oxyde d'uranium coûterait environ 200 dollars. Ce prix monterait à 1 000 dollars si l'on utilisait le granite, dont une tonne renferme en moyenne 4 à 5 grammes d'uranium pur.

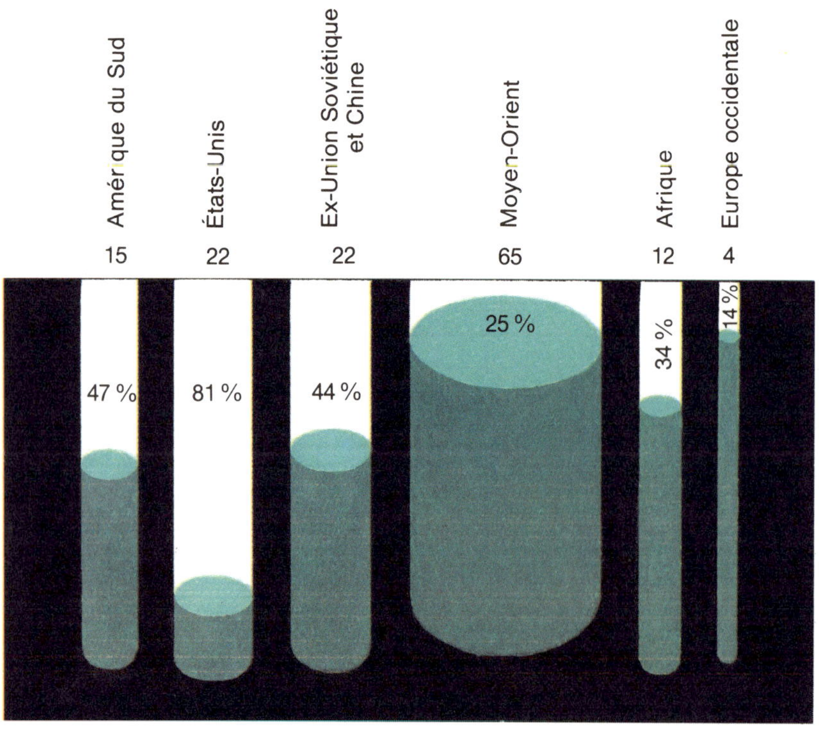

◀ ***Volume des réserves pétrolières mondiales actuellement connues***
Les barils fictifs représentés ici indiquent l'importance des réserves pétrolières connues. Les chiffres portés au-dessus de chaque baril correspondent à la quantité de pétrole (en milliards de tonnes) que renferment ces réserves. Les chiffres inscrits dans les champs blancs traduisent pour chacune d'elles le pourcentage de pétrole extrait.

Si l'on compare les concentrations moyennes de tel ou tel métal dans la croûte terrestre à celles d'un gisement donné, on constate qu'il a fallu d'importantes accumulations sur de très longues durées pour que se constitue un filon riche en métal. Ainsi, une roche quelconque contient en moyenne 0,0055 % de cuivre, alors que des concentrations de ce métal dans un gisement sont au moins cent fois supérieures. Pour le plomb, la teneur d'un gisement est quatre mille fois supérieure à la teneur moyenne des roches de la croûte terrestre. Dans le cas du chrome, une roche banale en renferme 0,005 %, alors que certaines concentrations atteignent 30 %. Un gisement métallifère riche est donc une anomalie de la nature qui correspond à des concentrations exceptionnelles d'un métal donné dans la lithosphère.

Pour espérer découvrir de telles concentrations de métaux, il faut comprendre, en premier lieu, le mécanisme de leur formation. De faibles concentrations de certains métaux dans les roches peuvent être les premiers indices signalant la présence d'un minerai. Les moyens techniques et les méthodes d'analyse permettant de déceler ces concentrations infimes ont enregistré des progrès extraordinaires en un quart de siècle. Ces méthodes ont d'ailleurs trouvé une autre application dans la surveillance géochimique de l'environnement. Elles permettent de distinguer, dans un contexte naturel, les anomalies créées artificiellement. Par

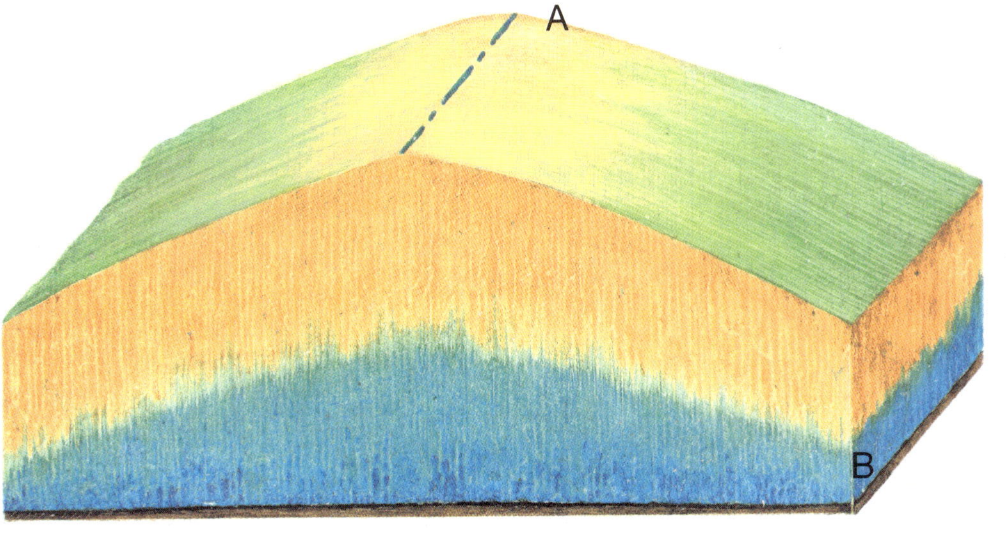

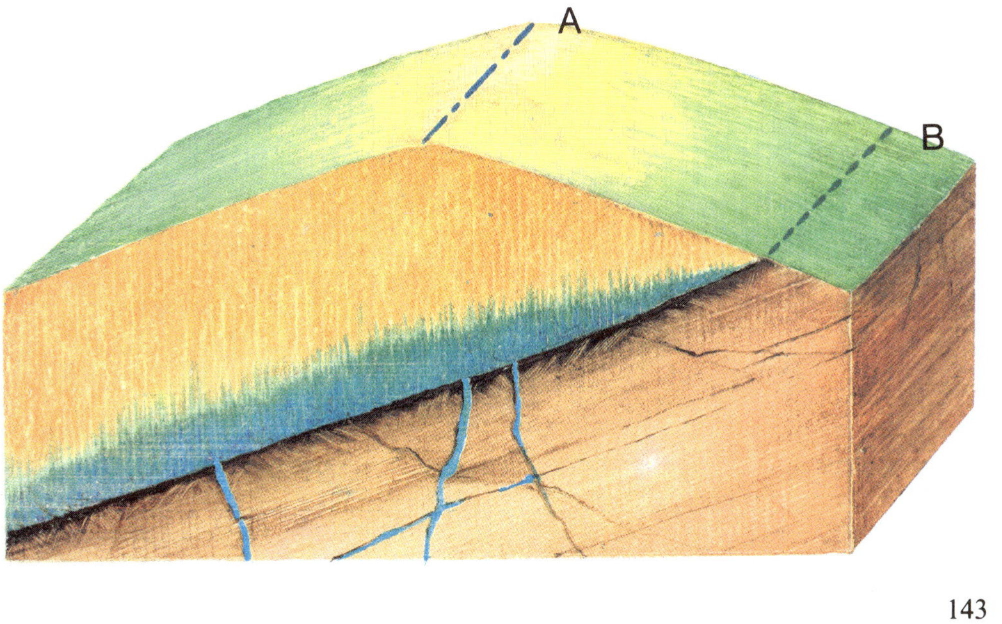

▶ ***Incidence du degré d'homogénéité (en haut) ou d'hétérogénéité des roches (en bas) sur le piégeage et la circulation des eaux souterraines***
En milieu homogène du point de vue hydrologique, l'eau imprègne régulièrement tous les pores et toutes les fissures de la roche et le niveau de l'eau souterraine reflète dans ses grands traits la morphologie du relief. La ligne de partage des eaux souterraines (B) correspond à celle des eaux superficielles (A). En milieu hétérogène, le comportement de l'eau pose en revanche de sérieux problèmes aux hydrogéologues. La simple présence d'une couche imperméable inclinée suffit pour que la répartition des eaux souterraines (B) ne corresponde plus à la topographie de surface (A). La partie inférieure de l'illustration montre dans un tel milieu, les différences de comportement des eaux dans les roches perméables et leur infiltration dans les fissures des roches imperméables.

◀ ***Relation directe entre la circulation de l'eau et le degré de porosité ou de perméabilité des roches***
Les réserves les plus abondantes d'eau souterraine s'accumulent dans les roches sédimentaires, celles-ci étant généralement bien plus poreuses que les roches éruptives ou métamorphiques. Or le volume d'eau retenu dans une roche dépend de sa porosité et de sa perméabilité. Les graviers, par exemple, sont très poreux, et la circulation de l'eau y est très facile (A) ; on en mesure en millimètres, voire en centimètres par seconde, la vitesse de circulation. Les sédiments qui contiennent une forte proportion de matériaux fins sont au contraire peu perméables et freinent le courant d'eau (B). La perméabilité des roches fusionnées est encore beaucoup plus faible, parfois même quasiment nulle (C).

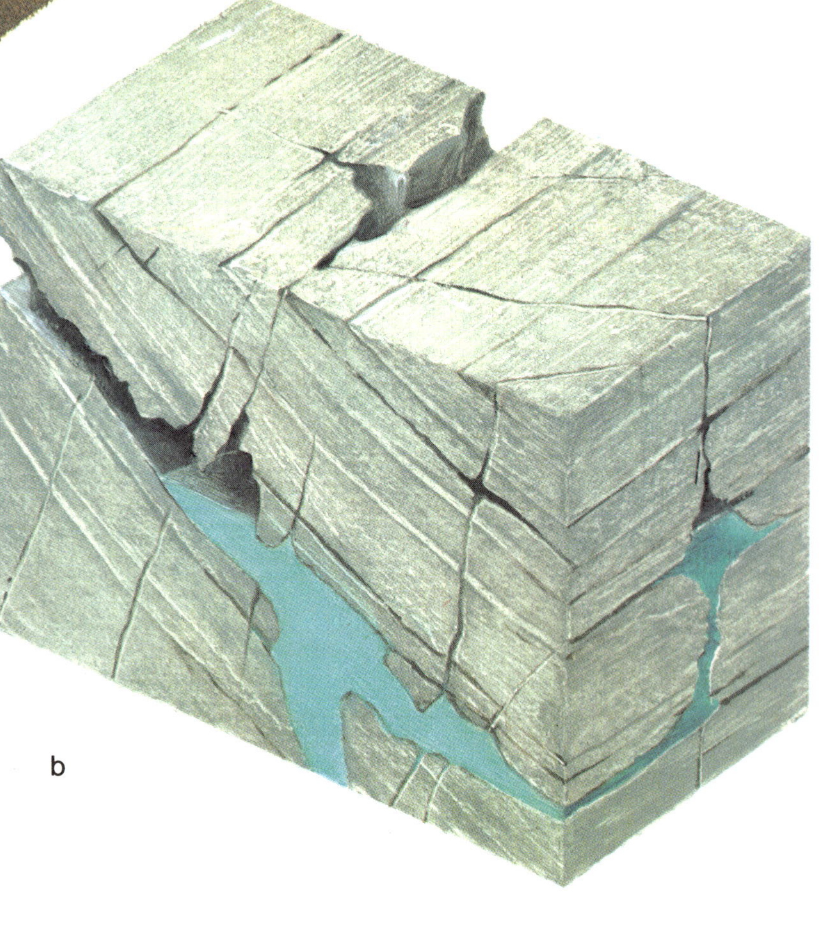

▶ ***Relation entre la nature pétrographique, la configuration structurale du sous-sol et la quantité d'eau souterraine***
Les habitants des régions à substrat métamorphique ou éruptif, dissimulé sous une faible couverture sédimentaire, ont des difficultés pour s'approvisionner en eau potable. Celle-ci ne peut en effet être retenue que dans des failles ou des crevasses ouvertes qui résultent des jeux de tension (expansion ou compression) dans la croûte terrestre. De telles sources sont précaires et peu abondantes (a). En milieu sédimentaire (terrains calcaires, par exemple), s'ouvrent des crevasses et des cavités dans lesquelles l'eau circule ou séjourne sans être réellement filtrée. C'est pourquoi le débit des sources résurgentes varie en fonction de la fréquence et de l'importance des précipitations (pluies d'orage par exemple — b).

▶ ***Consommations comparées d'eau potable à usage privé (par habitant) et d'eau non traitée à usage collectif (agriculture et industrie)***
Dans un grand pays comme l'Allemagne, la consommation quotidienne d'eau potable (nourriture, boissons) est de 3 litres par habitant. Il s'y ajoute 150 litres d'eau du robinet pour d'autres usages domestiques (toilette, lessive, nettoyage). L'industrie et l'agriculture consomment quant à elles quelque 1 500 litres d'eau non traitée par tête d'habitant.

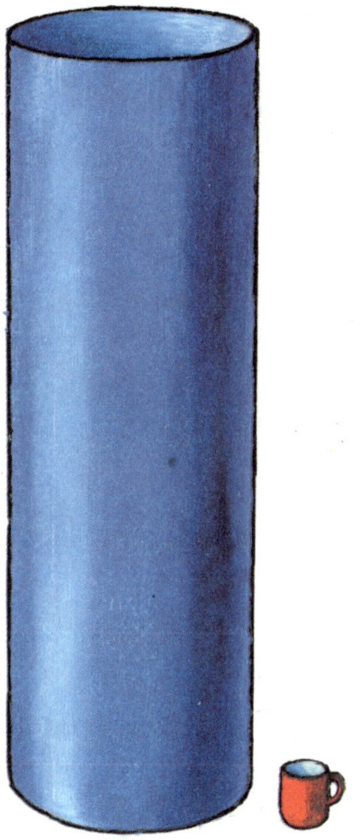

▼ ***Évolution du coût d'extraction du minerai de cuivre en fonction de la dépense énergétique requise***
La consommation de métaux courants augmente en même temps que se raréfient les gisements riches exploitables, de sorte que les hommes sont contraints de s'intéresser à des minerais de plus en plus pauvres, au prix d'investissements énergétiques sans cesse croissants. Le graphique illustre le cas du cuivre, métal utilisé depuis des millénaires (la première fonderie fut élaborée dans le sud-est de l'Europe vers 3 500 av. J.-C.) et dont la consommation est allée en s'accroissant jusqu'à une époque encore très récente. L'axe vertical indique la richesse du minerai, l'axe horizontal traduit la dépense énergétique, et la courbe montre l'accroissement de la dépense énergétique nécessaire à l'extraction proportionnellement à l'appauvrissement du minerai. Les chiffres portés à côté de la courbe précisent la teneur minimale en métal du minerai considéré, admise comme économiquement acceptable à une époque donnée.

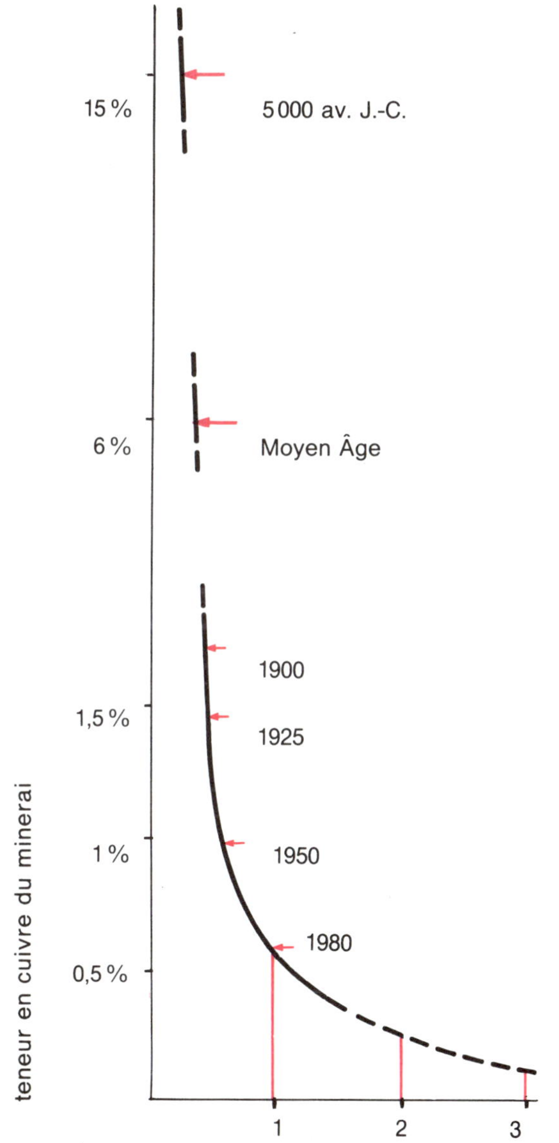

exemple, la recherche des concentrations anormales de métaux lourds toxiques est devenue l'une des tâches actuelles les plus ardues et les plus urgentes.

Le filon est le type de gisement que l'on recherchait préférentiellement pour en extraire l'argent, l'or, le cuivre, le mercure, le plomb, l'antimoine, l'étain et le fer. Le travail dans un gisement filonien est en effet facilité puisque l'on peut y séparer d'emblée le minerai de la gangue. Or, pour qu'un simple filon de métal ait pu se former dans la nature, il a fallu que soient réunies de nombreuses conditions : qu'une fracture détermine un espace vacant dans la lithosphère, qu'une importante circulation d'eau s'y produise, que cette eau se réchauffe (généralement au contact d'une source de chaleur endogène, telle qu'une montée de lave), puis lessive en la traversant la roche métallifère fracturée. Si ces conditions sont remplies, un filon finit par se former, dont seuls des prospecteurs, géologues, mineurs et économistes seront capables d'apprécier la rentabilité.

Mais les filons ne sont pas les seuls types de gisement intéressants. Dans les zones stables de l'écorce

4
5
1
2
3

terrestre, on trouve sur les terres émergées des minéralisations liées à des granites (tungstène, or, antimoine, uranium), en bordure de bassins peu profonds des minéralisations sédimentaires (plomb, argent, zinc, cuivre, fluor, baryum) ; on trouve aussi des minéralisations d'altération de surface : bauxites (aluminium) et latérites (nickel). On retrouve ces dernières dans les zones instables, ainsi que des minéralisations liées au volcanisme (cuivre, plomb, zinc). Si ces gisements sont plus faciles à repérer, ils sont aussi plus difficiles quant à leur exploitation. Ils nécessitent des appareillages lourds et sont en général source de pollution de l'environnement.

Exploiter une mine à ciel ouvert, transporter le minerai par la route ou par le rail jusqu'à l'usine de traitement, puis le concasser, le broyer et le transformer pour en extraire le métal, voilà toute une chaîne d'opérations que n'apprécient guère les écologistes. Ce type d'extraction présente d'ailleurs un autre inconvénient : il exige de grosses dépenses énergétiques. Mais l'homme est entré dans un cercle vicieux : plus le minerai est appauvri, plus son extraction consomme d'énergie. Si l'exploitation d'un gisement est associée à celle de la source d'énergie (une mine de charbon, par exemple), c'est toute une région qui se trouve touchée, du point de vue écologique.

Les lignes précédentes consacrées à l'extraction du minerai et aux interventions néfastes de l'homme dans la nature biotique s'appliquent à l'exploitation des ressources énergétiques qui s'effectue à une échelle beaucoup plus importante encore. Ainsi, son impact sur l'environnement et les frais qu'elle entraîne sont bien plus grands. La question du renouvellement et du remplacement des sources d'énergie classiques par des formes d'énergie nouvelles vient se greffer aux problèmes d'extraction traditionnels. Toute la société humaine est tributaire de la disponibilité de ces sources. Il y a cinquante ans, on jugeait un pays à sa consommation d'énergie. Aujourd'hui, on juge le degré de développement à sa façon de gérer et d'exploiter ses ressources énergétiques et aux conséquences que cela entraîne pour le milieu environnant (dégradation ou amélioration).

Les gisements de combustibles fossiles sont des réserves d'énergie solaire non renouvelables, stockées sous forme de charbon, de lignite, de tourbe, de pétrole, de gaz et de sable bitumineux. La combustion de ces matériaux libère de l'énergie, ce qui conduit à la formation de gaz carbonique et d'autres gaz qui s'échappent dans l'atmosphère. Même si les combustibles fossiles ne sont pas des sources d'énergie idéales, elles sont aujourd'hui encore abondamment exploitées. Ces matières premières sont localisées dans la partie supérieure de l'écorce terrestre. De ce fait, l'exploration en est très avancée, ce qui rend improbables de nouvelles découvertes susceptibles de bouleverser le bilan énergétique de la planète. Il est même fort possible que dans un proche avenir, l'humanité devra renoncer à ces sources énergétiques excessivement polluantes.

Toutes les observations faites plus haut sur l'exploitation des minerais s'appliquent également aux matières premières indispensables au fonctionnement des réacteurs nucléaires : les sources d'uranium et de thorium ne sont pas renouvelables. Bien que la production d'énergie nucléaire s'accompagne d'un certain nombre de risques (il suffit de rappeler l'accident technologique majeur de Tchernobyl), ceux-ci constituent une menace géographiquement limitée, contrairement au danger que représente à l'échelle planétaire le réchauffement du climat causé par l'effet de serre. Cela ne signifie pas qu'il faille céder à un optimisme excessif. L'énergie nucléaire n'est pas pour autant la panacée universelle dans le domaine énergétique. Les problèmes d'élimination et de stockage des déchets radioactifs, qui constituent des problèmes économiques et écologiques, sont étroitement liés à la recherche dans le domaine des sciences de la Terre. Sans une parfaite compréhension des rapports existant entre les différentes parties de la planète, via le cycle de l'eau et ceux d'autres fluides, il est impossible de procéder au stockage de déchets nucléaires sans que cela soit une menace à court et moyen terme, pour les générations futures. Compte tenu de l'épuisement rapide des réserves de matières premières, le recours à l'énergie nucléaire ne représente qu'une solution temporaire, elle aussi limitée dans le temps. D'où l'intérêt des recherches consacrées aux énergies renouvelables.

Les sources d'énergie renouvelables sont essentiel-

◀ ***Exploration du sous-sol lors de l'étape de prospection***
Les dépenses engagées pour la prospection géologique d'un gisement sont très élevées. Pour en connaître la profondeur et l'étendue, on effectue des sondages superficiels (1) et l'on creuse des puits (2), des galeries (3) et des forages verticaux (4) ou obliques (5).

▲ ***Exploitation à ciel ouvert du gisement aurifère de Carlin, dans le Nevada (États-Unis)***
L'exploitation à ciel ouvert d'un gisement est généralement moins coûteuse que l'exploitation souterraine. Il doit être tenu compte de divers paramètres tels que l'étendue du gisement, sa production annuelle, le volume du terril et des impératifs d'ordre écologique. Dans le type de gisement aurifère figuré ici, des sources thermales ont laissé, dans un complexe de roches sédimentaires, les dépôts d'un minerai particulièrement riche en or (10 g/t). Actuellement, l'exploitation est considérée comme rentable avec une teneur de 2 g d'or par tonne de minerai.

lement liées au rayonnement solaire dont on peut tirer lumière, chaleur et électricité. Cette énergie solaire se manifeste directement par des rayons que la Terre reçoit en permanence et indirectement par le déplacement des masses d'air, le vent, le cycle de l'eau (hydroénergie) et son action sur la biomasse. Quant aux autres sources renouvelables, telles que l'énergie géothermique ou celle des marées, elles peuvent offrir un grand intérêt local ou régional, mais ne représentent toutefois qu'une infime fraction du bilan énergétique à l'échelle mondiale.

L'exploitation des sources renouvelables comporte, elle aussi, un certain nombre de contraintes, voire d'inconvénients. Cette manière « propre » de capter l'énergie nécessite la construction d'imposantes structures : une centrale solaire qui occupe de vastes étendues, une série de forages profonds destinés à l'extraction de l'énergie géothermique, entraînent d'importants investissements et modifient le caractère du paysage.

Compte tenu de l'épuisement des réserves fossiles, on est bien forcé, néanmoins, de miser sur les sources renouvelables dont l'exploitation d'ailleurs peut s'accommoder plus facilement du respect de l'environnement.

L'évolution qu'a subie en un siècle l'exploitation des richesses du sous-sol témoigne de progrès extraordinaires du point de vue technologique, progrès directement liés à ceux de la recherche fondamentale, eux-mêmes aiguillonnés par de nouveaux besoins économiques.

Chaque progrès accompli dans l'utilisation de tel ou tel matériau marque une nouvelle étape dans l'histoire de l'humanité, qu'il s'agisse de la fabrication de la céramique ou de celle de l'acide sulfurique, des engrais artificiels, des transistors (à base de germanium) ou des supraconducteurs (à base de terres rares). L'utilisation d'un nouveau matériau provoque généralement des changements dans le mode de vie des sociétés. Voici l'exemple, simple mais très significatif, de la production d'énergie. Pour produire un peu de chaleur dans un bivouac, il suffit de quelques fagots de bois. Pour obtenir une énergie thermique plus durable, il sera nécessaire de construire un foyer, ou un fourneau, à l'aide de quelques pierres ou de quelques briques. À un stade d'exigences plus avancé, comme ce fut le cas pour nos grands-parents, il faudra une installation plus sophistiquée, telle qu'un poêle à charbon en fonte ou en acier, garni de briques réfractaires, équipé d'une grille résistante et d'un bon conduit de fumée pour évacuer les gaz de combustion. Pour installer un chauffage électrique dans une maison, il faut d'abord produire l'électricité, ce qui nécessite

▼ ***État (en 1983) des réserves mondiales des principaux métaux non ferreux. En bas, leur état prévisible en l'an 2 000 si de nouvelles réserves ne sont pas exploitées d'ici là***
Chaque cube correspond à un million de tonnes de minerai.

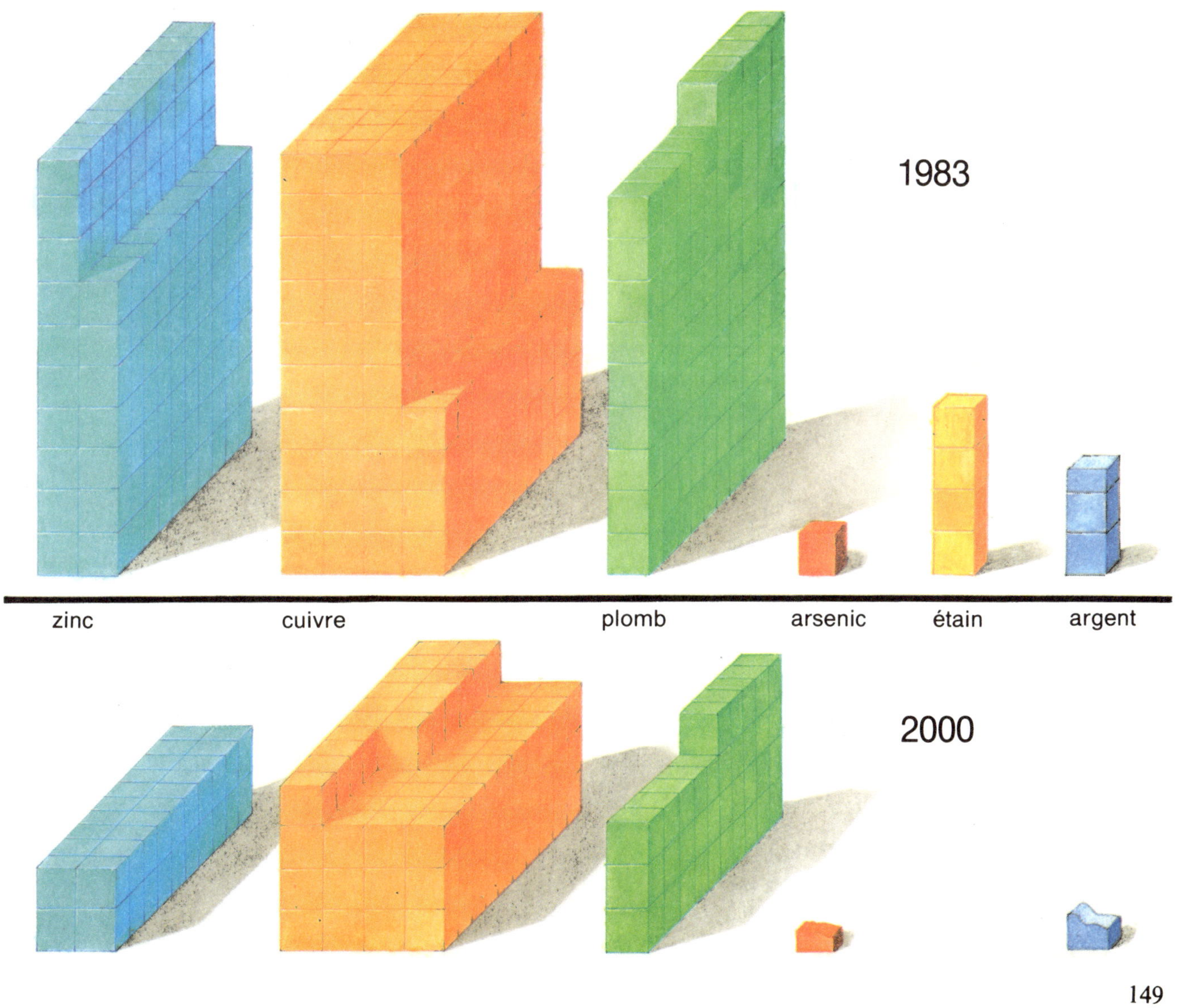

beaucoup de matières premières, génératrices et dynamos. Le simple foyer originel s'accompagne alors de toute une machinerie, jumelée à des tonnes de fer, d'acier, de cuivre et autres matériaux devenus indispensables. La gamme de ces matériaux s'élargit encore si l'on se met à produire de l'énergie nucléaire à partir d'éléments radioactifs. Ces derniers (uranium, plutonium) ne posent guère de problèmes, ce qui n'est pas le cas de l'installation qu'une telle opération exige : il faut un réacteur solide, fait dans un alliage d'acier et de nickel, de chrome, de molybdène ou de titane, blindé et protégé par des matériaux à base de composé de bore, et équipé d'un système de transmission de l'énergie.

L'utilisation de l'énergie solaire nécessite elle aussi le recours à des matériaux nouveaux et diversifiés, gallium, arsenic, phosphore et silicium très pur dont la fabrication exige, une fois de plus, l'utilisation d'autres substances. Quant aux énergies géothermique ou éolienne, elles requièrent la mise au point de toute une série de matériaux de construction sophistiqués.

Les modalités de production et d'exploitation de l'énergie sont des critères qui permettent d'évaluer le style de vie d'une société et de prévoir la capacité de la planète à nourrir les hommes. L'énergie « domestiquée » permet par exemple d'obtenir des moyens de transport confortables pour les voyageurs, des réfrigérateurs pour la conservation des aliments, des engrais artificiels pour l'amélioration des sols.

Tout cela est la marque de progrès indéniables. Malheureusement, ces progrès peuvent avoir des conséquences néfastes. En agriculture, par exemple, des machines agricoles monumentales endommagent la structure du sol, l'irrigation de vastes étendues épuise les réserves de la nappe phréatique et augmente la salinité du sol, ce qui conduit à sa dégradation. Jusqu'à présent, il n'était question que d'extraire le composant utile de la matière première, de calculer son coût en énergie. L'homme raisonne d'abord en termes d'intérêt, de rapport, de bénéfice sans trop penser aux effets secondaires : production de déchets industriels, réactions en chaîne de cause à effet. Nouveaux problèmes à résoudre, demande nouvelle de consommation d'énergie : il faut éliminer les déchets accumulés, se prémunir contre les conséquences néfastes de l'extraction et de la transformation des matières premières, utiliser de nouveaux produits. D'une certaine manière, cela constitue un frein à l'évolution future. L'exemple des pays d'Europe centrale est de ce point de vue particulièrement significatif.

La prospection, elle aussi, est une affaire extrêmement complexe. Les géologues doivent d'abord rechercher les indices qui trahissent la présence des minerais : concentration inhabituelle de certains éléments dans le sol ou dans les végétaux, modification de la conductivité des roches, etc. Ces anomalies ne conduisent pas directement au minerai ou à la matière première immédiatement exploitable. Le plus souvent, parmi les centaines d'indices décelés par des moyens géochimiques, géologiques ou géophysiques, quelques dizaines seulement méritent un examen approfondi. Pour procéder à un sondage ou à un forage par exemple, il faut dépenser de l'énergie, des efforts humains, du temps, de l'argent. On débouche souvent sur de fausses pistes, les concentrations étant trop basses, l'étendue du gisement limitée. Lorsqu'un site est jugé prometteur et livré à l'exploration, le paysage est aussitôt envahi par des dispositifs de forage et des excavateurs de prospection, les géologues prélevant les échantillons à des fins d'analyse en laboratoire. Il s'agit alors de déterminer les métaux qu'on espère trouver dans le gîte en question, de choisir les procédés de transformation de leurs minerais, d'estimer leur qualité et de chiffrer leur coût au kilogramme ou à la tonne. La présence du minerai ne signifie pas encore que le gisement est exploitable, ni même, si tel est le cas, qu'il sera exploité. Se trouve-t-il sur des terres de culture, dans une région touristique, dans une réserve naturelle, ou bien son extraction risque-t-elle d'influencer le régime des eaux souterraines et de polluer l'environnement? Si de tels obstacles n'interfèrent pas, l'exploitation peut commencer. Après l'extraction, il faudra transporter le minerai dans une installation de broyage, le concasser, le broyer, le concentrer, puis le transporter à nouveau dans le but de le transformer, le purifier et le débarrasser de la gangue. Tout cela se chiffre en temps, en énergie et en efforts humains.

Le cas du minerai n'est ni isolé, ni extrême. Les besoins en énergie et en matériaux de construction étant importants, la société actuelle ne saurait se contenter de la recherche de minerais. L'illustration page 151 présente les matières premières en fonction du volume de leur utilisation et de leur coût, ce qui fait apparaître les rapports de dépendance économique. Tous les pays ne sont pas, de ce point de vue, logés à la même enseigne.

Les pays industrialisés consomment la plus grosse part de matières premières, qu'il s'agisse de cuivre ou d'argile. Si les pays en voie de développement devaient, au cours du prochain demi-siècle, atteindre le niveau des actuels pays industrialisés, leur activité économique et industrielle serait multipliée par cinq. On imagine le volume des matériaux de base et les quantités d'énergie que cela nécessiterait.

Dans le monde actuel, aucun pays n'est autonome du point de vue de la production et de l'extraction des matières premières. Certains, notamment les plus petits en superficie, sont totalement dépendants de l'importation : tel est le cas au Japon. Même de grandes puissances telles que les États-Unis ou l'ex-U.R.S.S. sont ou ont été partiellement dépendantes. La rareté des gisements très riches en matières premières explique certaines des luttes territoriales qui ont fait rage dans

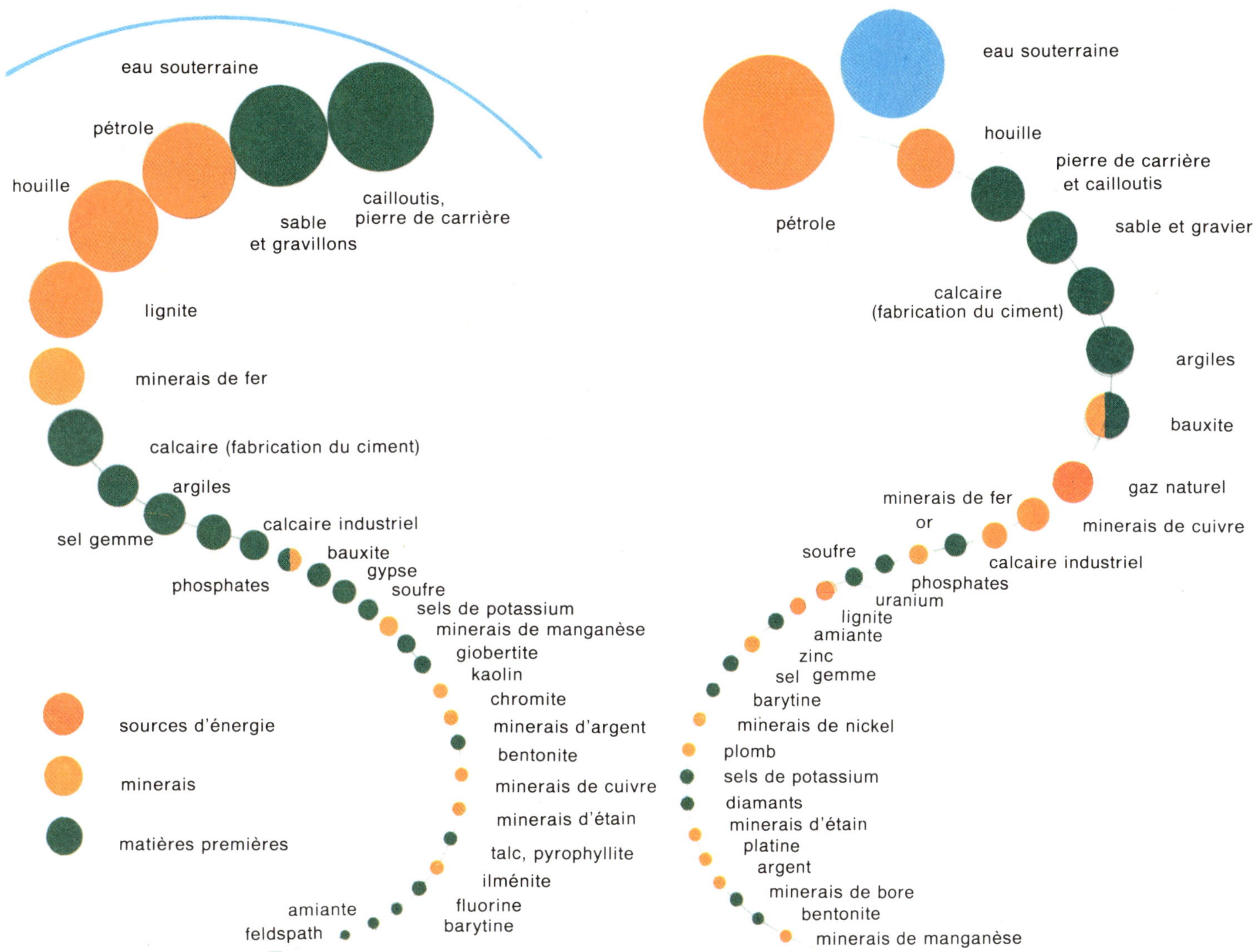

▲ ***Consommations de ressources énergétiques et de matières premières. À gauche, classement établi en fonction des volumes d'exploitation. À droite, classement établi d'après la situation du marché mondial***
Mis à part le cas de l'eau, dont la consommation est plusieurs fois supérieure à celle de toute autre matière première, viennent en tête, selon le type de classement considéré, soit les matériaux de construction (voies de communication et bâtiment), soit le pétrole.

le passé. Aujourd'hui encore, les facilités de déplacements, le coût relativement faible des moyens de transport font que seuls les meilleurs gisements continuent à être exploités. Il en va différemment pour les matériaux de construction et pour ceux qui servent à la fabrication du ciment ou dont on a besoin en grande quantité.

Pour des raisons spéculatives, certains pays ont eu ou ont encore le monopole de l'extraction ou de la production de telle ou telle matière première : tel fut le cas de l'Inde jusqu'au XVIIIe siècle, tel est de nos jours celui de l'Afrique du Sud, de la Russie et de la Sierra Leone, qui sont les trois principaux exportateurs de diamants bruts. La situation est identique pour les métaux précieux du groupe platine, iridium, palladium et osmium longtemps utilisés pour la seule joaillerie, et aujourd'hui utilisés comme catalyseurs dans l'industrie chimique pétrolière ou comme métaux résistant à la corrosion dans l'art dentaire et médical. Les États-Unis et le Zimbabwe se partageant 75 % de la production mondiale de molybdène. La Chine et le Canada sont les principaux producteurs de tungstène. Le Sud-Est asiatique et la Bolivie assurent la quasi-totalité de la production mondiale d'étain.

INÉGALITÉS ET CATASTROPHES

Les catastrophes peuvent être classées en fonction de leur origine, les unes étant naturelles, les autres étant causées par l'homme. Il est vrai que ce dernier peut être responsable de catastrophes de grande ampleur. Il faut néanmoins être circonspect à ce sujet.

On a dit par exemple que des tremblements de terre ont ébranlé les régions de Hoover Dam aux États-Unis, de Xi geng Xiang en Chine, d'Achéloos en Grèce et de Kariba au Zimbabwe, à la suite du remplissage de réservoirs d'eau : en vérité, il faut des contraintes

◀ ***Panorama d'un volcan de type péléen en Amérique du Sud***
La caldeira est une dépression volcano-tectonique créée par l'effondrement de la partie centrale du volcan, la chambre magmatique sous-jacente ayant été en partie vidée lors des éruptions. Le cratère interne situé au sommet du volcan et dont la bouche est à présent obstruée par un dôme, résulte d'une violente explosion. Ses dimensions permettent d'évaluer la quantité de matériaux qui ont été rejetés dans l'atmosphère. Compte tenu du calme relatif actuel de ce volcan, il est très difficile de prévoir sa prochaine éruption. L'analyse chimique de ses anciens produits permet toutefois de conclure qu'il s'agira encore d'une éruption de type péléen.

◀ *Le glissement de terrain de Vaiont (Italie) sous l'action de détrempage des roches par un lac de barrage artificiel.*

infiniment plus colossales pour provoquer un séisme dans la lithosphère. La responsabilité directe de l'homme est par contre indéniable en d'autres circonstances, comme dans le cas de certaines ruptures de barrage : celle de Malpasset de France, dans la vallée du Reyran (Var), qui coûta la vie à plus de 400 personnes ; celle de Vaiont en Italie qui, à la suite d'un glissement de terrain, engloutit 2 000 personnes sous une vague de 165 mètres de haut. Mais revenons aux catastrophes naturelles, celles dont l'homme n'est pas responsable.

Les catastrophes dues à l'activité volcanique sont assurément les plus grandioses et les plus spectaculaires, bien que ces qualificatifs puissent paraître déplacés. Le christianisme a situé l'enfer dans les profondeurs de la Terre, géhenne où les damnés devaient payer leurs péchés. Les catastrophes volcaniques exercent toujours la même fascination : aucun reporter ne voudrait rater le « scoop » d'une éruption. Cratères en ébullition, nuées ardentes, pluies de cendre, torrents de lave en fusion, populations asphyxiées par des gaz volcaniques, telles sont les visions apocalyptiques de l'Histoire humaine, inchangées depuis l'Antiquité.

En dépit du danger latent, les régions volcaniques sont souvent des régions habitées par une population nombreuse, ce qui semble insensé de prime abord, mais à la réflexion parfaitement compréhensible : la cendre volcanique constitue en effet, un substrat agricole extrêmement fertile qu'il est tentant de coloniser. Bien qu'un volcan reste actif pendant des millions d'années, ses manifestations catastrophiques sont suffisamment espacées dans le temps pour que la mémoire humaine s'en accommode. Il ne s'était pourtant écoulé que cent vingt-trois ans entre l'éruption du Saint Helens de 1980 et celle qui l'avait précédée.

La prévision des éruptions volcaniques est difficile. Si l'on sait parfaitement où elles vont se produire, car les lignes d'activité sismique sont géographiquement bien localisées, l'apparition de nouveaux volcans étant extrêmement rare (on peut citer le cas du Paricutín, en 1944, au Mexique), on ne sait par contre ni sous quelle forme ni à quel moment se produira la prochaine. L'étude de son type d'activité actuelle et de ses produits est essentielle en matière de prévision, le comportement d'un volcan ne variant guère au cours de son existence. Les spécialistes observent les volcans jour et nuit et enregistrent les secousses sismiques, effectuent des prélèvements de gaz et de lave, consacrent des milliers d'heures à la simulation des conditions requises pour la formation du magma dans les profondeurs de la planète. Cependant, le résultat de ce long et minutieux travail est encore insuffisant. Trop de fac-

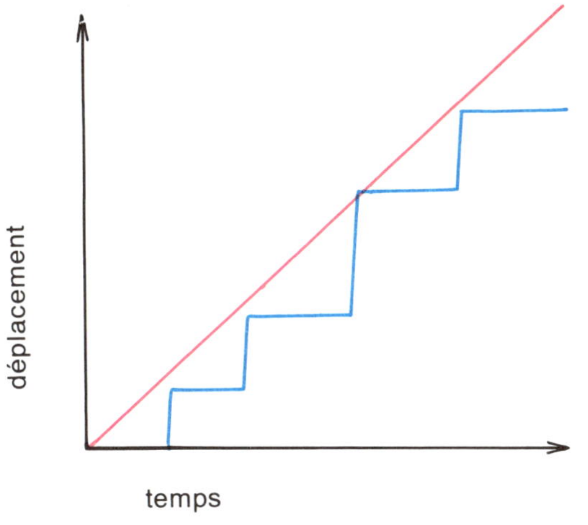

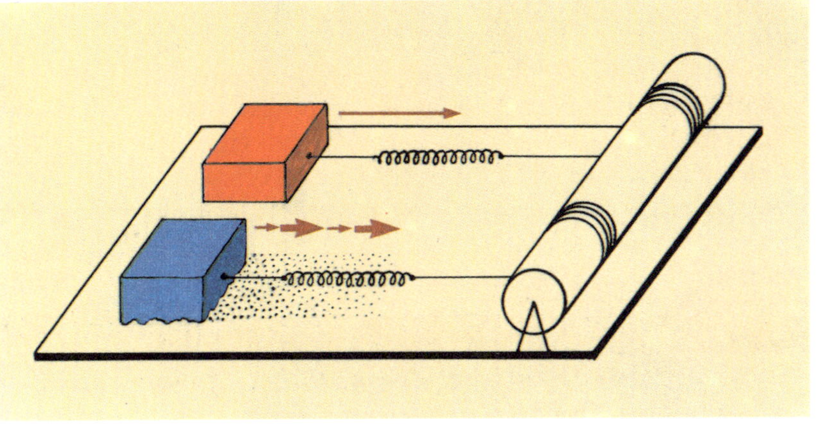

▲ ***Expérience expliquant schématiquement, par le brusque relâchement de tensions exercées dans la lithosphère, la nature des tremblements de terre***

Dans un tel montage (à droite), une plaque lisse (en rouge) glisse de façon continue sur une surface huilée, alors qu'une plaque rugueuse (en bleu) accroche les aspérités de la plaque sous-jacente et coulisse par à-coups. En effet, la tension créée dans la corde qui tracte la plaque ne se libère qu'épisodiquement alors qu'elle se relâche de manière continue dans le cas de la plaque lisse. Les séismes correspondent précisément à des relâchements discontinus de tension accumulée localement au sein de l'écorce terrestre. On peut traduire graphiquement cette expérience. La droite rouge représente le mouvement continu de la plaque lisse, la ligne brisée bleue correspondant au mouvement saccadé provoqué par des relâchements brusques de tension. Sur une durée identique, les plaques parcourent la même distance. La prévention des séismes repose précisément sur ce principe de la libération discontinue des tensions. Lorsque, dans une région à haut risque sismique, on réussit à déterminer la zone où se crée la tension et où elle est susceptible de se libérer, on peut « désamorcer » le tremblement de terre par une série de secousses plus faibles.

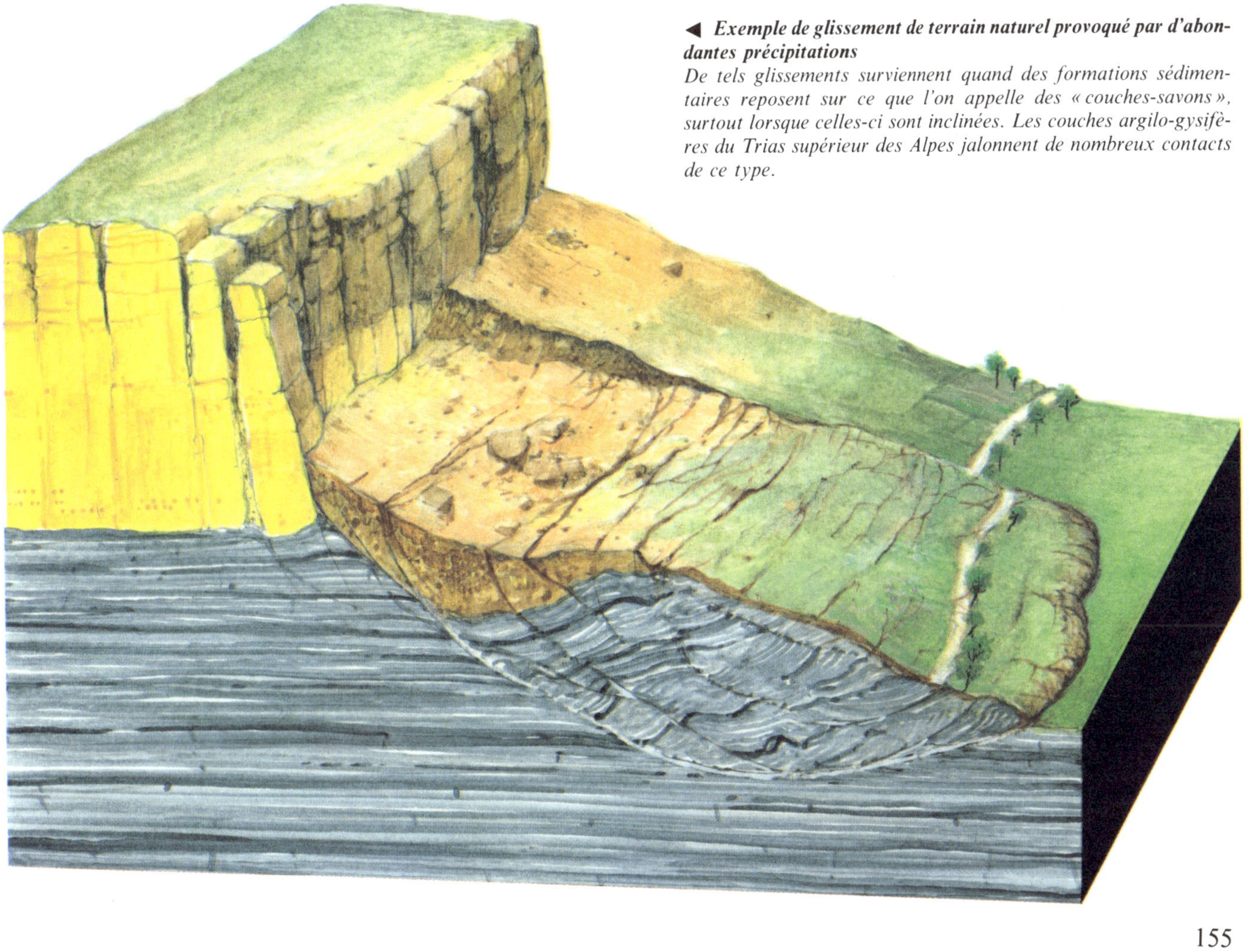

◄ ***Exemple de glissement de terrain naturel provoqué par d'abondantes précipitations***

De tels glissements surviennent quand des formations sédimentaires reposent sur ce que l'on appelle des « couches-savons », surtout lorsque celles-ci sont inclinées. Les couches argilo-gysifères du Trias supérieur des Alpes jalonnent de nombreux contacts de ce type.

teurs peuvent influencer la nature de l'éruption : la profondeur dans laquelle le magma se forme, sa composition chimique, les modalités de sa montée vers la surface au sein d'un environnement rocheux qui en modifie la composition, le type de sa cristallisation, et bien d'autres facteurs encore. La présence d'eau (eau de constitution, eau recueillie lors de son cheminement vers la surface), son abondance constituent un facteur déterminant du comportement des volcans : c'est en effet la façon dont cette eau s'échappe du magma qui détermine le type de l'éruption. Strombolien, péléen, hawaiien ... chacun est caractérisé par la hauteur de la colonne de projections, par la violence de l'émission, par la composition et le volume de ses produits, etc.

Plusieurs facteurs sont à considérer pour conclure à l'imminence d'une éruption. En premier lieu, il s'agit de surveiller le gonflement du volcan, les mouvements de ses flancs (à l'aide d'appareils à laser), la température, la composition des gaz et de l'eau, et surtout l'activité volcanique proprement dite, les secousses qui accompagnent la montée des laves dans la chambre magmatique et leur injection dans le conduit principal. Ce n'est qu'après avoir recueilli les informations relatives à tous ces paramètres que les volcanologues peuvent se prononcer sur l'imminence d'une éruption. Leur prévision, bien que comportant toujours une marge d'incertitude quant à l'heure et à l'étendue du désastre, s'avèrent toujours utiles. Ce fut le cas, dans un passé récent, pour l'éruption du Saint Helens aux États-Unis ou celle du Tolbatchik au Kamtchatka.

Une prévision erronée peut comporter un risque encore plus important que celui inhérent à l'éruption

▶ *Localisation du foyer (F) ou hypocentre dans la zone de rupture des tensions*

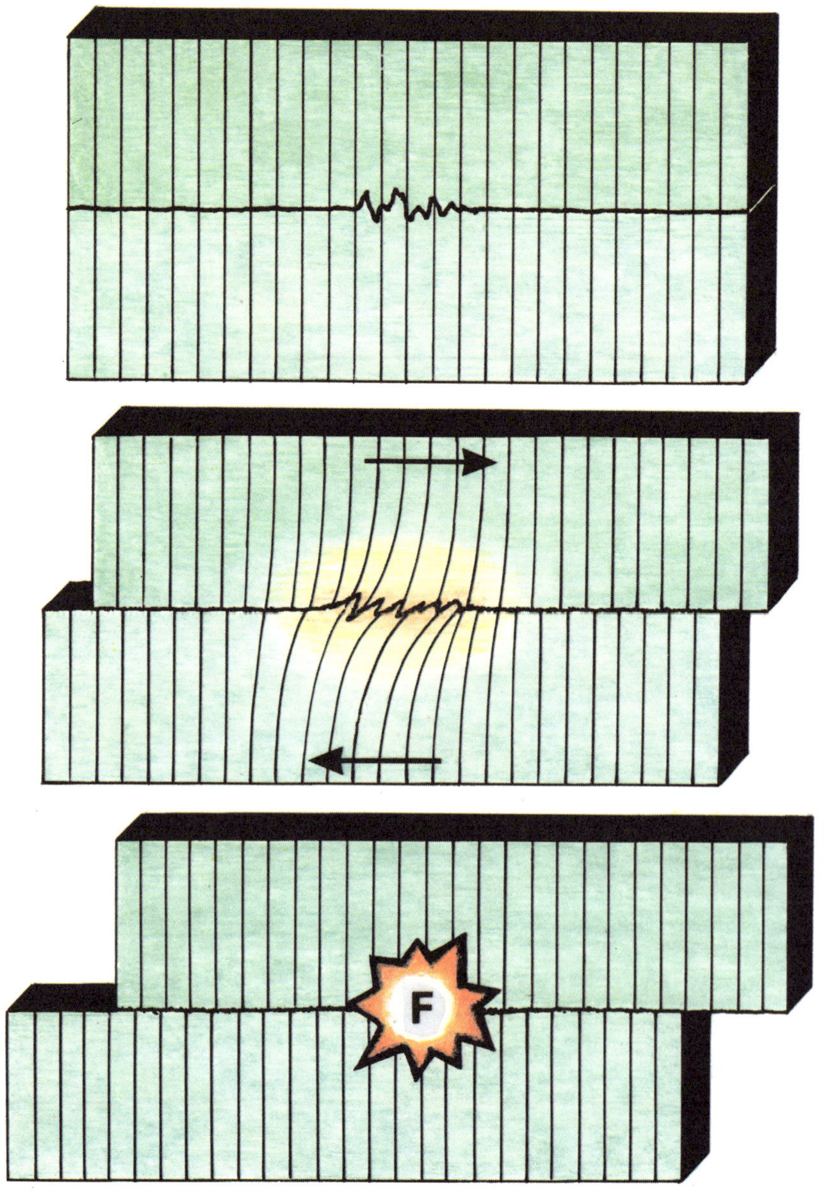

▶ ***Méthode géométrique de localisation d'un épicentre***
Pour déterminer l'emplacement de l'épicentre d'un séisme, il suffit d'exécuter un simple exercice de géométrie. Il faut disposer de relevés chronométriques précis en provenance de quelques stations sismographiques et connaître la vitesse de propagation des ondes dans l'écorce terrestre. Les écarts entre les moments où ont été enregistrées les secousses en divers lieux permettent de localiser l'épicentre, c'est-à-dire le point de surface situé à la verticale du foyer. L'illustration est un exemple de localisation géographique d'un épicentre situé en Méditerranée.

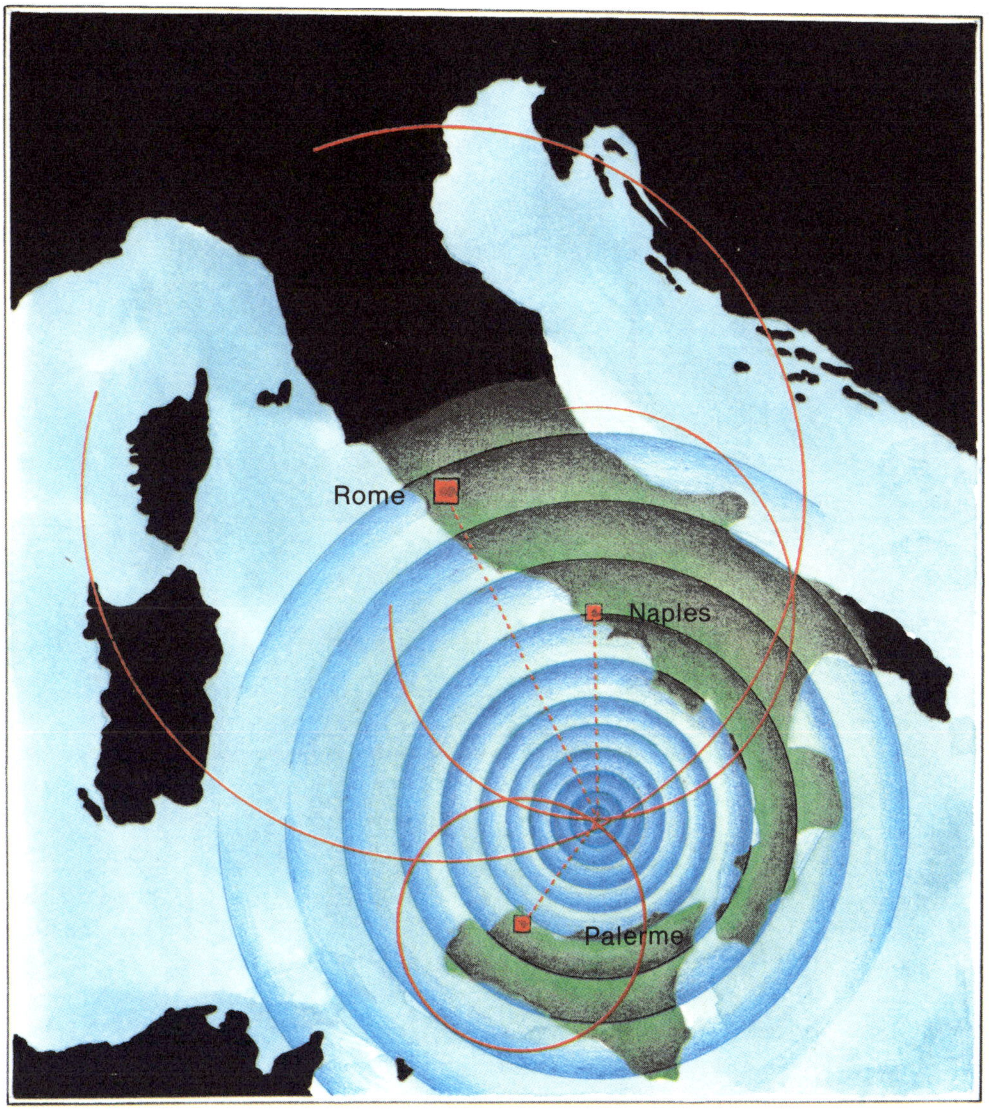

elle-même, surtout dans une région très peuplée. À l'annonce d'une éruption, il faut parfois faire évacuer en quelques heures une ville de plusieurs milliers d'habitants. La nouvelle fait naître un mouvement de panique qui engendre toute une série de catastrophes individuelles et collectives.

L'activité volcanique de l'île de Santorin, en mer Égée, était tristement connue dans le monde antique, tout comme le fut celle du Vésuve, en 79 avant J.-C., brillamment relatée par Pline le Jeune. Le tribut en vies humaines, à des époques plus récentes, est hélas terrible : 10 000 morts au Laki en Islande en 1783 ; 12 000 morts après l'éruption du Tambora dans l'archipel de la Sonde en 1815, auxquels il faut ajouter les 80 000 personnes mortes ensuite de famine ; 36 000 morts au Krakatoa en Indonésie en 1883 ; 30 000 morts à la Martinique en 1902 ; 10 000 encore à l'Unzen au Japon en 1972. Et s'il n'y en eut que 60 lors de l'éruption du Saint Helens, dans l'État de Washington en 1980, c'est que le plan d'évacuation ordonné par les autorités avait été respecté dès les signes précurseurs du 20 mars (l'éruption paroxysmale ayant eu lieu le 18 mai). Mais le bilan catastrophique d'une éruption volcanique ne se chiffre pas seulement en vies humaines perdues, en maisons détruites et en champs dévastés. Très souvent, elle provoque aussi une détérioration des conditions climatiques pour plusieurs années, la formation de brumes et de pluies acides, entraînant de mauvaises récoltes, une dégradation de la qualité du vin, une croissance ralentie du bois, entre autres exemples.

Une seule éruption volcanique de grande amplitude projette dans les couches supérieures de l'atmosphère des quantités astronomiques de minuscules particules de cendres. L'une des plus célèbres est celles du Katmai, en Alaska, qui a engendré en 1912 la couverture rocheuse de la Vallée des Dix Milles Fumées où 15 milliards de mètres cubes de matériau volcanique se

▶ ***Cartographie de la progression du tsunami provoqué par l'éruption du Krakatoa en 1883 dans le détroit de la Sonde, en Indonésie***
L'île a été partiellement détruite : le littoral, inondé et presque entièrement ravagé par cette vague gigantesque, est ici indiqué en rouge.

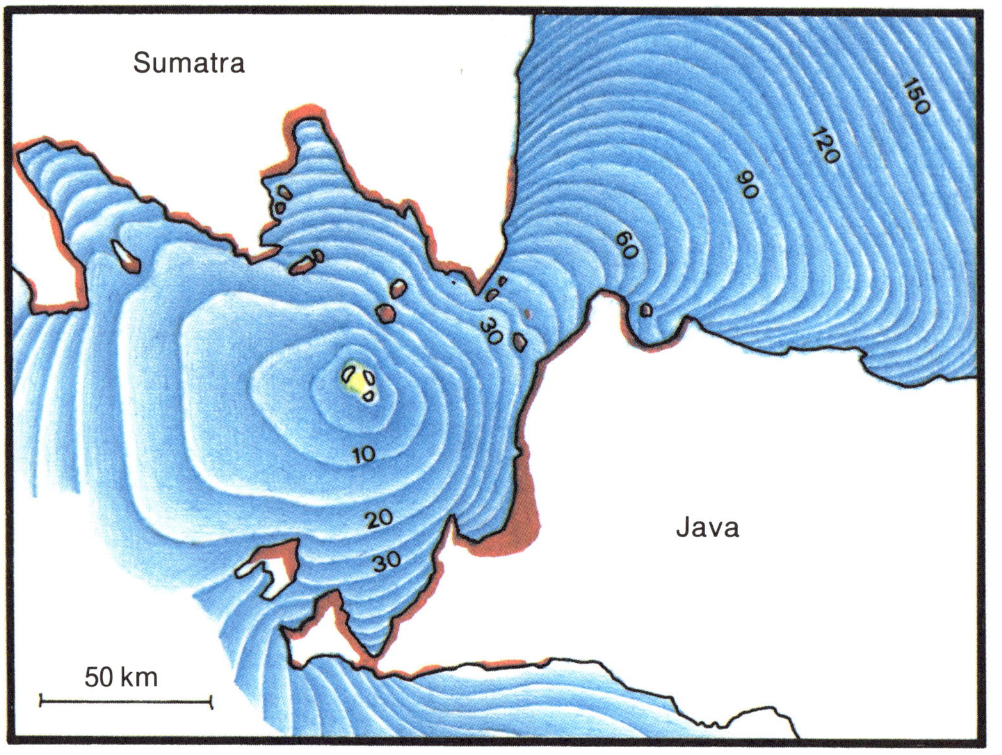

sont répandus en quelques heures sur plus de 100 km². Cela suffit parfois pour perturber pendant de longues années le climat de la planète entière, car les cendres sont aussitôt répandues par les courants stratosphériques tout autour du globe. Dans le cas du Saint Helens, c'est un nuage formé de 900 000 tonnes de gaz et de poussières qui fut projeté dans la stratosphère et fit le tour du monde pendant quinze jours à la vitesse de 25 m/s, bouleversant la météorologie. Cet exemple montre comment la géodynamique interne de notre

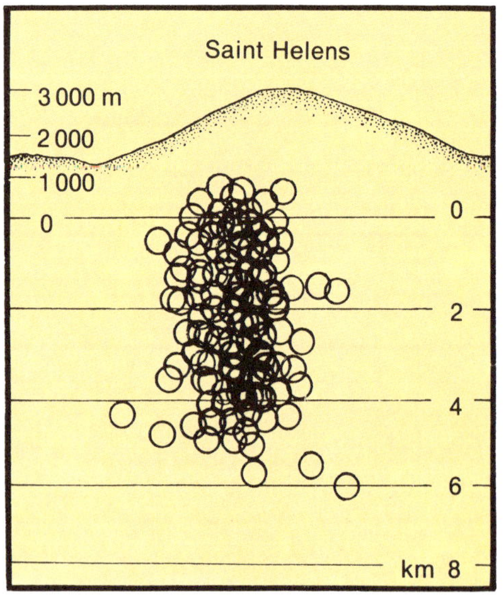

◀ ***Essaim de foyers sismiques accompagnant l'activité magmatique d'un volcan avant l'éruption***
Un tel essaim ne représente généralement pas un réel danger. Dans ce cas de figure, des tremblements de terre sans gravité accompagnent l'activité de la chambre magmatique située à faible profondeur sous le volcan. Des secousses annoncent la montée du magma, permettant de prévoir le moment de l'éruption et d'évaluer l'importance de la poche magmatique. De telles éruptions n'engendrent pas de tremblements de terre dévastateurs.

planète est en mesure de contrer temporairement les effets de la source d'énergie solaire, pourtant infiniment plus puissante.

Les séismes sont un autre type de catastrophe naturelle, face à laquelle l'humanité reste pratiquement impuissante. Les tremblements de terre présentent de nombreux points communs avec l'activité volcanique, car ils surviennent dans les mêmes régions du globe. Ces zones géologiquement actives se situent à la frontière des plaques lithosphériques. Comme pour les volcans, il est assez facile de prévoir dans quelle région un séisme aura lieu, mais pratiquement impossible de prédire le moment et la force du phénomène. L'intensité des tremblements de terre est présentée dans le tableau page 191, en fonction des dégâts que ceux-ci occasionnent.

Il n'est pas utile de s'étendre sur des séismes particulièrement meurtriers, suivis du nombre des victimes et du montant des dégâts. Ce sont des données notoirement connues dont la liste figure dans tous les ouvrages consacrés aux catastrophes. Citons seulement les 120 000 à 200 000 victimes du séisme qui ravagea en 526 les côtes de la Méditerranée ; les 60 000 morts en Sicile en 1692 ; les 40 000 morts à Lisbonne en 1755, comme à Quito en 1797 ; plus près de nous, les 140 000 personnes qui périrent carbonisées après le séisme japonais de 1923 ; 70 000 morts au Pérou en 1970 et plus de 700 000 en 1976 à Tangshan en Chine.

Depuis des temps immémoriaux, les hommes ont toujours recherché une explication au phénomène sismique. Des légendes ont mis en cause les animaux : les tremblements de terre auraient été causés par les éléphants ou par les silures qui portent la Terre sur leur dos ou qui se reposent dans ses profondeurs. Incendies et tempêtes souterraines ont été invoqués. Au cours du XXe siècle, c'est la théorie de la tectonique des plaques qui fournit l'explication la plus rationnelle. On sait depuis une trentaine d'années que les épicentres des séismes sont alignés sur les contours des plaques lithosphériques. Mais il existe des exceptions : par exemple des séismes de l'océan Indien équatorial, en plein milieu d'une plaque dont le plancher se déforme. Un séisme est un mouvement brusque d'une partie de l'écorce terrestre. Du fait des mouvements internes de

▼ ***Comparaison des volumes de matériaux rejetés lors de cinq grandes éruptions volcaniques***
S'il est difficile de déterminer, au moment même de l'éruption, la quantité de matériau rejetée par un volcan, on peut en revanche le faire après l'éruption, en mesurant l'épaisseur des laves et des cendres déposées à sa périphérie. Le présent schéma indique le volume de produits volcaniques rejetés lors de célèbres éruptions : celle du Vésuve (en 79 ap. J.-C.) décrite par Pline ; celle du Tambora, la plus forte éruption que l'humanité ait connue ; celles du Krakatoa et du Katmai, enfin celle du Saint Helens, la plus forte des éruptions récentes. Les chiffres portés à côté des panaches de fumée indiquent leurs dimensions en kilomètres et le volume en kilomètres cubes des produits volcaniques solides issus de chaque éruption.

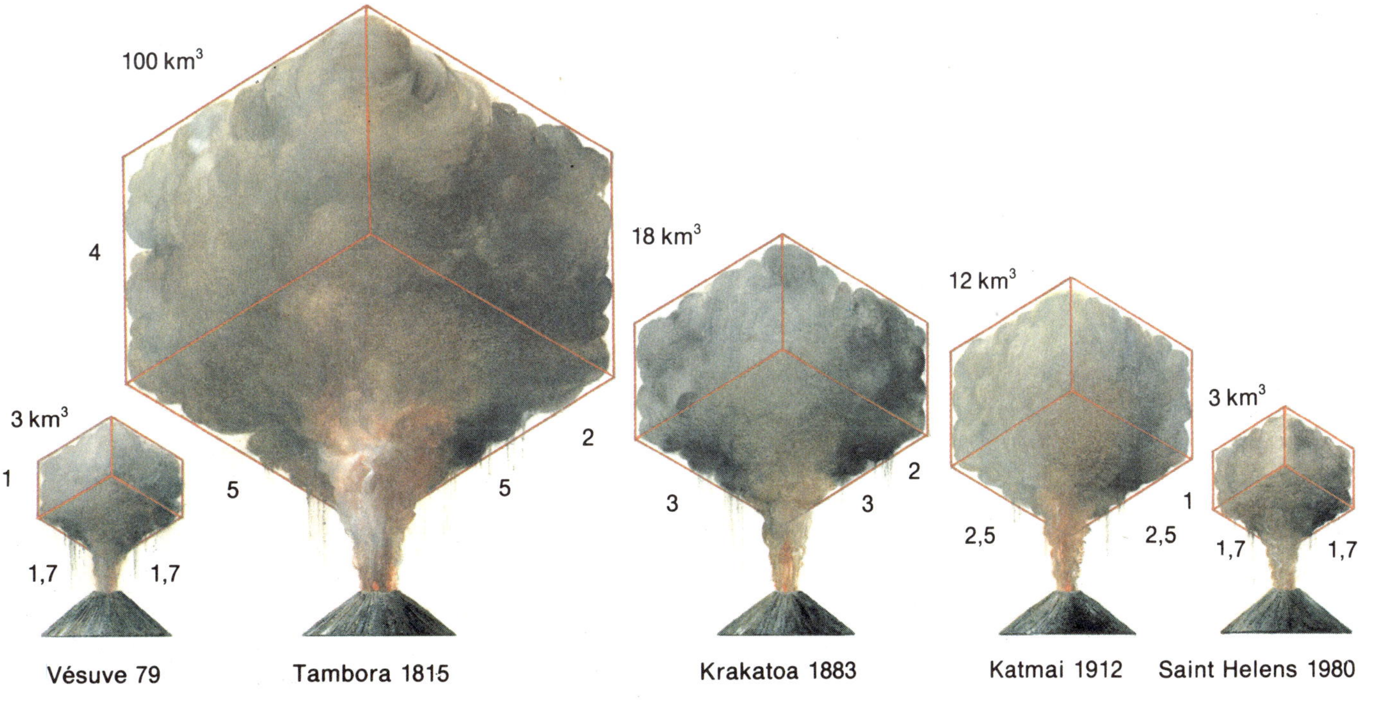

▲ ***Lac de cratère d'Oregon, vestige du volcan Mazama (Montagnes Rocheuses)***
Le sommet de cet énorme volcan a lui aussi été soufflé par une éruption. Il semble toutefois que cette énorme masse (80 kilomètres cubes environ) n'ait pas été projetée dans l'atmosphère. La majeure partie se serait effondrée dans les profondeurs de la croûte, formant une gigantesque caldeira.

la partie supérieure du manteau, de fortes contraintes se trouvent concentrées en une région donnée. Puis survient un brutal relâchement de cette tension tectonique. À partir de ce foyer, dont la profondeur est en général inférieure à 50 kilomètres (mais on en a détecté à 700 kilomètres de profondeur), des ondes sismiques se propagent, dont les effets se manifestent en surface par des convulsions et des fractures du sol. Ces tremblements (l'image est significative) provoquent l'effondrement des constructions, la rupture des barrages et des canalisations (d'où inondations et incendies). Des failles se produisent à ciel ouvert, engouffrant maisons, bétail et hommes entre leurs lèvres béantes.

L'homme peut-il contrôler, ne serait-ce qu'en partie, un séisme ? Il semble que ce soit possible dans

► ***Le volcan Tambora, dans l'île de Sumbawa (Indonésie) avant et après l'éruption de 1815 qui fit périr 12 000 personnes sous une pluie de cendres***
Avant l'éruption de 1815, le volcan Tambora atteignait 4 000 mètres d'altitude, 2 851 mètres après. On estime à 18 kilomètres cubes le volume de la partie du sommet soufflée par l'éruption et à 100 kilomètres cubes le volume total des matériaux solides expulsés du volcan.

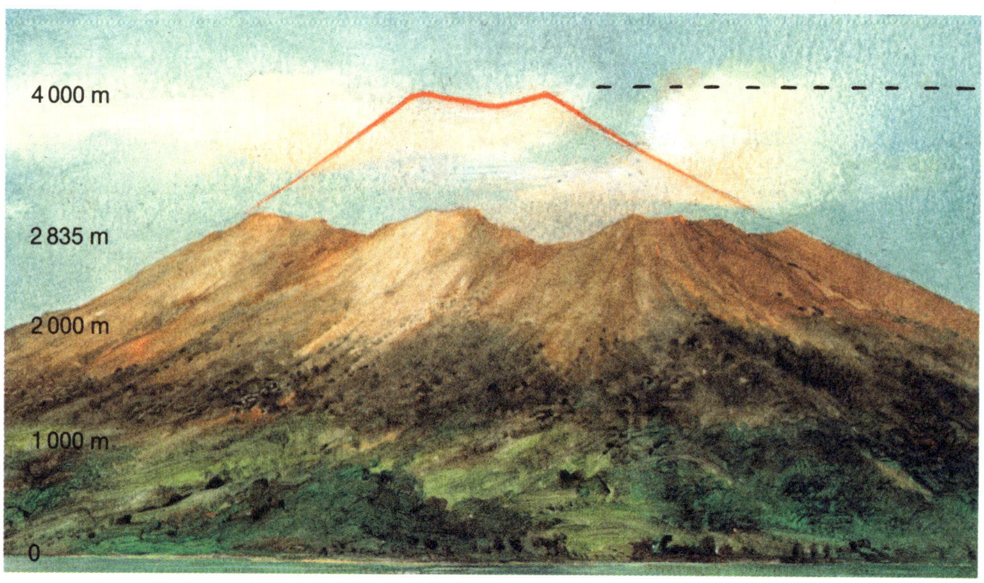

certains cas. Lorsqu'on peut déterminer sur le terrain la surface de contact entre les deux blocs d'une masse rocheuse déjà fracturée, on procède à des forages et l'on y injecte de l'eau sous pression. Celle-ci joue dans la masse rocheuse, le rôle d'un lubrifiant. Au lieu de se libérer d'un seul coup, la tension se relâche par petites secousses, sous forme de miniséismes. On espère ainsi que le long de telles failles aménagées, l'unique secousse paroxysmale se résoudra en une série de séismes de moins forte intensité. On peut comparer cela à la rupture progressive d'un cordage dont les torons casseraient les uns après les autres au lieu de céder tous ensemble.

L'idée toutefois que les hommes pourraient contrôler des milliers de kilomètres de zones sismiques, pour séduisante qu'elle soit, demeure utopique.

Le tsunami (mot japonais qui veut dire vague, raz de marée) est une onde océanique superficielle engendrée par un choc tellurique tel qu'un séisme, une éruption sous-marine ou un glissement de terrain. Un brutal relâchement de tension dans des masses rocheuses des fonds océaniques engendre une onde de grande amplitude qui se propage à grande vitesse dans l'océan. Cette vitesse est d'environ 800 km/h. En pleine mer, la distance entre deux crêtes est de l'ordre de 100 kilomètres, avec une dénivellation qui n'excède pas 1 mètre : le tsunami n'y est donc pas ressenti par les bateaux. Mais lorsque le fond de l'océan remonte près des côtes, la vitesse de la vague diminue et sa hauteur peut alors dépasser 20 mètres. Un tel mur d'eau est extrêmement dévastateur. Si les plus nombreux concernent l'océan Pacifique, il en existe aussi dans la partie orientale de la Méditerranée, et les côtes atlantiques de la péninsule Ibérique ne sont pas à l'abri. Un réseau international d'alerte aux tsunamis a été instauré : il se situe aux îles Hawaii, région du globe particulièrement touchée du fait de sa situation géographique au centre de la « ceinture de feu » du Pacifique.

En règle générale, plus l'impact d'une catastrophe géologique est grand, plus la probabilité de sa survenue est mince. Rares sont les cataclysmes majeurs qui ont modifié durablement l'évolution de la planète. Mais lorsqu'ils se produisent, les bouleversements sont considérables. Tel fut le cas à la fin de l'ère Primaire et à la fin de l'ère Secondaire lorsqu'un volca-

▼ ***Schéma structural d'un volcan de type péléen***
Coulées de lave en fusion, dégagements de gaz, avalanches de pierres sur les flancs des volcans du type péléen, telles sont les manifestations les plus dangereuses et les plus spectaculaires du volcanisme. L'avalanche se propage à une vitesse vertigineuse, plusieurs fois supérieure à celle d'une voiture et la nuée ardente, dont la température dépasse 200 °C, détruit toute trace de vie sur son passage.

nisme d'une fantastique intensité provoqua le long de grandes fissures l'épanchement de laves basaltiques (à l'origine des très vastes plateaux du Brésil, de la Sibérie et du Dekkan) et la formation de nuages de gaz toxiques et de cendres qui modifièrent les conditions de la vie sur la planète (extinction massive de groupes entiers de plantes et d'animaux). L'impact des cataclysmes naturels est plus souvent régional ou local.

▼ ***Coupe schématique d'un cratère obstrué***
Un cratère obstrué représente une menace latente dans un volcan en activité. Des gaz s'accumulent sous le dôme de lave visqueuse plus ou moins consolidée. On appelle aiguilles péléennes les rochers pointus qui se dressent dans la bouche du cratère. Il est toujours difficile de prévoir le moment où se réveillera ce type de volcan ; on a cependant fait quelques prévisions couronnées de succès, après avoir surveillé le gonflement de certains volcans, suivi l'activité des gaz et étudié leur composition. La prévision relative à l'éruption du Saint Helens, dans l'ouest des États-Unis, s'est révélée exacte : l'évacuation préventive des personnes demeurant dans la vallée la plus immédiatement exposée, a certainement sauvé des vies humaines.

40 km

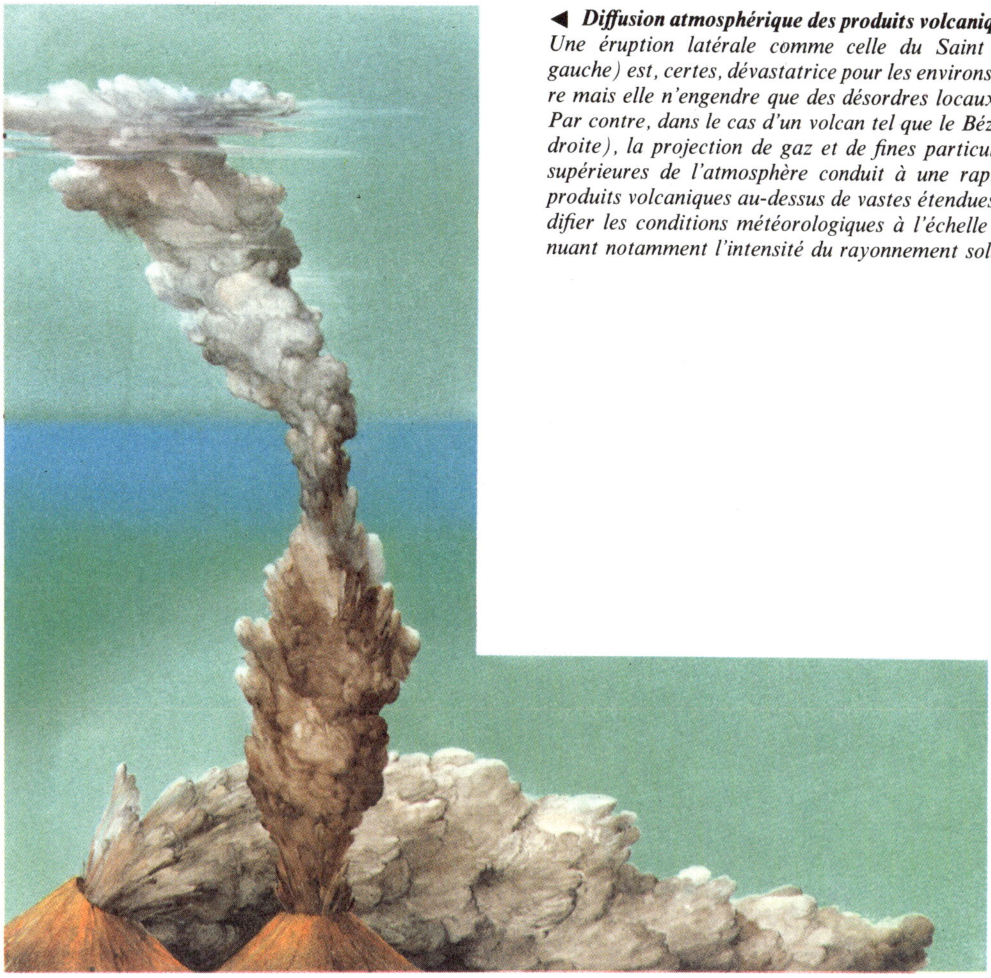

Saint Helens Bézymianny 30 km

◀ ***Diffusion atmosphérique des produits volcaniques (cendres et gaz)*** *Une éruption latérale comme celle du Saint Helens (volcan de gauche) est, certes, dévastatrice pour les environs immédiats du cratère mais elle n'engendre que des désordres locaux dans l'atmosphère. Par contre, dans le cas d'un volcan tel que le Bézymianny (volcan de droite), la projection de gaz et de fines particules dans les couches supérieures de l'atmosphère conduit à une rapide diffusion de ces produits volcaniques au-dessus de vastes étendues, susceptible de modifier les conditions météorologiques à l'échelle planétaire, en atténuant notamment l'intensité du rayonnement solaire.*

Autre type de catastrophe que les hommes ne sont pas encore en mesure d'éviter : la collision entre la Terre et une météorite. Notre planète est frappée chaque jour par de petites météorites ; une ou deux dizaines par an ont une masse de plusieurs kilogrammes. La probabilité d'un choc avec une météorite de plusieurs tonnes est pratiquement nulle à l'échelle d'une vie humaine. Au cours de l'histoire géologique, cependant, de telles collisions ont probablement joué un rôle très important, peut-être marqué un tournant dans l'évolution de la biosphère. Il est à noter à ce sujet que les spécialistes continuent à s'affronter quant à la cause déterminante de la disparition massive des grands groupes d'organismes vivants. Les tenants de la cause volcanique et de la cause météoritique, entre autres, en sont de virulents protagonistes. La télévision présente des débats animés à l'issue desquels les téléspectateurs sont bien embarrassés pour croire à telle hypothèse plutôt qu'à telle autre.

Pourquoi les dinosaures ont-ils brusquement disparu il y a 65 millions d'années ? Par dinosaures, entendons en fait des « reptiles » appartenant à des groupes très différents et ne vivant pas forcément dans les mêmes milieux, les uns étant marins comme les ichtyosaures et les mosasaures, les autres peuplant les continents, comme les stégosaures, les tyrannosaures et les reptiles volants. Fait curieux, certains groupes étaient en plein épanouissement, mais d'autres manifestaient déjà des signes de déclin. Cette situation concerne aussi d'autres phylums, tant animaux que végétaux : disparaissent la plupart des minuscules foraminifères et des espèces du phytoplancton, douze familles de mollusques bivalves, huit familles d'échinodermes, quinze familles d'éponges, mais aussi en totalité, toutes les ammonites et toutes les bélemnites (mollusques céphalopodes) ; sur terre, disparaissent 90 % des marsupiaux. Comment expliquer une telle hécatombe ? Deux grands types d'hypothèses se font concurrence : le type catastrophiste (qui aurait sans doute plu à Cuvier) et le type gradualiste (auquel adhère la pensée de Lamarck). Dans l'un et l'autre, plusieurs scénarios découlant de causes déterminantes différentes sont avancés par les spécialistes. Aucun, disons-le tout de suite, ne suffit seul à expliquer cette grande crise biologique.

La présence d'iridium à concentration anormale-

◀ ***Volcan « paisible » de type strombolien***
Historiquement, les volcanologues ont d'abord classé les volcans en fonction de leurs manifestations éruptives : types péléen, hawaiien, strombolien. On sait de nos jours que chaque volcan peut en réalité avoir au cours de son existence des dynamismes différents. L'illustration montre ici une éruption « paisible » de type strombolien, qui accumule un cône régulier de scories et de cendres. Malheur cependant aux populations vivant au pied de ce volcan si des pluies violentes viennent détremper et emporter des cendres volcaniques!

ment élevée dans certaines roches sédimentaires peut s'expliquer aussi bien par des causes extraterrestres (explosion d'une comète, chute d'une météorite) que terrestres (volcanisme exceptionnellement intense). Il en est de même pour l'obscurcissement de l'atmosphère par des nuages de poussières et de gaz toxiques, provoquant un arrêt de la photosynthèse, donc de la production végétale et une rupture en cascade dans la chaîne alimentaire, depuis les herbivores jusqu'aux carnivores. Ou encore d'un changement radical de température. La cause des extinctions réside aussi probablement dans l'épuisement normal constaté dans l'évolution des phylums, la crise à la fin du Crétacé n'ayant eu pour effet que d'achever des groupes sur le déclin, voire à l'agonie (foraminifères planctoniques, ammonites). Par contre, pour les dinosaures, certains étaient en plein épanouissement. Quoi qu'il en soit, la vie n'a pas cessé d'exister à la fin de l'ère Secondaire. De nouvelles espèces, plus évoluées et plus résistantes, ont pris le relais, en particulier chez les mammifères pour lesquels la disparition de leurs concurrents reptiliens a été bénéfique au début de l'ère Tertiaire.

Se pencher sur cette seule catastrophe ne doit pas faire oublier que l'histoire de la planète en a connu bien d'autres. Mais nous l'avons souligné avec les mammifères, ce qui est une catastrophe pour tel groupe animal peut être une aubaine pour tel autre. L'un des premiers bouleversements survenus à l'échelle de la planète, l'oxygénation de l'atmosphère, en fournit un bon exemple. Il est évident qu'*a priori*, ce changement de composition chimique est un événement catastrophique pour les organismes anaérobies, c'est-à-dire tous ceux (champignons, levures, bactéries) qui ne peuvent vivre qu'en l'absence d'oxygène libre. Mais il faut se rappeler qu'il y a 400 millions d'années, la vie n'était pas encore sortie des eaux. Il n'y a donc pas eu de catastrophe biologique (au sens de désastre), mais seulement création d'un nouveau milieu de vie. Les géologues et les paléontologues, d'après l'étude des traces de vie fossilisées dans les sédiments, préfèrent, d'une manière très générale, parler d'événement biologique (*bioevent* en anglais), brusque tournant significatif dans l'évolution de la vie sur notre planète. Par contre, la disparition de l'eau libre constituerait un désastre irrémédiable.

Intéressons-nous un instant au cas de la planète Mars. Les recherches actuelles sur cette planète ont

▶ ***Vidage préventif d'un lac de cratère. Cas du volcan Kelud, à Java (Indonésie)***
En 1919, le cratère de ce volcan contenait quelque 60 millions de mètres cubes d'eau lorsqu'il est entré en éruption. Les conséquences en ont été catastrophiques : 104 villages ensevelis, 5 110 personnes tuées. Au lendemain de ce drame, l'administration coloniale néerlandaise décida de vider le lac qui s'était progressivement reconstitué dans le cratère après l'éruption. Le niveau du lac fut ainsi abaissé de 57 mètres, grâce à un complexe de sept galeries horizontales creusées les unes au-dessus des autres à des intervalles de 10 mètres. Lorsqu'une nouvelle éruption se produisit en 1951, les dommages furent minimes. Mais les galeries étant détruites, le lac se reconstitua. On n'aménagea pas de nouvelles galeries et l'éruption suivante, en 1966, eut à nouveau des conséquences catastrophiques.

▲ ***Le volcan Altar (Équateur) et son lac de cratère résiduel***
L'eau accumulée dans le cratère d'un volcan actif, que ce soit sous forme d'une calotte de glace ou d'un lac, joue le même rôle qu'un bouchon de lave consolidée et constitue de ce fait une menace potentielle d'éruption explosive.

montré qu'elle présente une morphologie caractéristique. Certains de ses reliefs ont été façonnés par le vent, d'autres par des calottes polaires, d'autres encore, semble-t-il, par l'action de grands fleuves. Or il ne subsiste actuellement dans l'atmosphère martienne et dans son permagel qu'une quantité infime d'eau. La question est donc de savoir ce qu'est devenue l'eau qui aurait labouré la face de Mars, y creusant des canyons ou des gorges à côté desquels le Grand Canyon du Colorado fait figure de simple rigole. Quelle serait alors la cause de sa disparition : chaleur endogène ou champ magnétique de la planète ? La vie aurait-elle existé sur Mars, aurait-elle disparu en même temps que l'eau à l'état liquide ?

Mêmes interrogations au sujet de la planète Vénus, que caractérise une atmosphère lourde et surchauffée, corrosive et toxique. On dit qu'elle est la planète sœur de notre Terre : elle en a à peu près la taille et présente en surface une composition similaire ; cependant, elle n'offre pas actuellement de conditions favorables au développement de la vie. L'éventualité d'une catastrophe écologique ancienne consécutive par exemple à un effet de serre, ne peut toutefois être exclue. Mars trop froide, Vénus trop chaude : quel est le destin de la Terre ? L'hydrosphère qui a fait de cette planète un point de l'espace hors du commun est aujourd'hui menacée par le développement de l'humanité. Cette perspective est des plus inquiétantes.

L'activité de l'homme est le facteur d'évolution le plus important, parce qu'elle accélère et amplifie les manifestations du cycle antérieur de la matière. L'homme a créé puis détruit des millions d'hectares de terre arable, déboisé les régions tropicales, asséché les lacs d'Asie, favorisant ainsi une rapide progression des déserts. Pour son seul confort immédiat, il pollue l'atmosphère.

Les pédologues — spécialistes de l'étude des sols — sont particulièrement attentifs à cette dérive accélérée de l'évolution de la planète dont l'homme est entièrement responsable. À sa manière, l'homme est un véritable parasite de l'écorce terrestre, dont il dénature l'enveloppe humique, celle que 400 millions d'années d'activité biologique ont progressivement constituée. Qu'a-t-elle donc de si précieux, cette enveloppe humique?

Il semble utile de rappeler ici quelques données de base. Le sol de la planète Terre est une formation naturelle de surface, meuble et d'épaisseur variable, qui résulte de la transformation des roches mères sous-jacentes sous l'influence de processus physicochimiques, mécaniques et biologiques, au contact de l'hydrosphère, de l'atmosphère et de la biosphère. La partie superficielle du sol correspond à la terre arable des agronomes. C'est cette couche qui est la plus directement menacée. Enrichie par les résidus végétaux (et les engrais), elle est plus noire parce que plus chargée en humus, c'est-à-dire des produits de décomposition et de transformation de matières organiques. C'est un milieu vivant, un « milieu de culture », dans lequel des êtres vivants microscopiques (microflore et microfaune) constituent directement ou indirectement la réserve alimentaire toujours renouvelée d'organismes plus évolués, animaux et végétaux. Les écosystèmes terrestres trouvent donc dans le sol — mélange d'humus et de fines particules minérales — les éléments nutritifs indispensables à leurs cycles biologiques. De nos jours, les couches humiques riches et épaisses font progresssivement mais rapidement place à des sols appauvris. Il finira par n'en plus rester suffisamment pour maintenir tous les maillons de la chaîne alimentaire à l'échelle de la planète.

En 1970 par exemple, le continent africain produisait tant bien que mal ce qu'il fallait pour nourrir ses habitants. Quinze ans plus tard, un Africain sur cinq dépendait de l'importation de produits alimentaires. L'accroissement démographique et la désertification expliquent cette évolution. On peut difficilement fermer les yeux sur la part de responsabilité des hommes dans la désertification de l'Afrique. Tout a commencé par des travaux de défrichage des savanes et de déboisement des forêts tropicales pour gagner des terres arables. Cette politique irresponsable s'est soldée dans de nombreuses régions par de dramatiques sécheresses et par la famine. Le même processus catastrophique est aujourd'hui engagé dans les forêts d'Amérique du Sud.

Dans d'autres régions cependant, la production agricole s'est améliorée, et l'on note une corrélation étroite entre la poussée démographique et la production alimentaire. Ces données sembleraient indiquer qu'à l'échelle de l'économie mondiale, la production alimentaire s'accroît plus vite que la population humaine, ce qui impliquerait qu'au fil des ans la famine recule. Il n'en est rien parce qu'en réalité, 15 % seulement de la population mondiale bénéficient des progrès de la technologie agro-alimentaire alors que 25 % au moins souffrent toujours de malnutrition et de famine pendant tout ou partie de l'année.

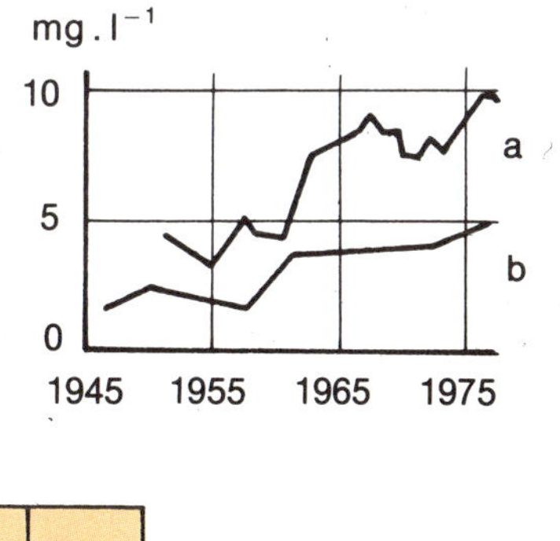

▶ ***Variabilité de la concentration des eaux souterraines en nitrates***
Elle évolue en fonction de la profondeur (mesures effectuées en 1975 dans le comté du Hampshire, en Grande-Bretagne) et au cours du temps du fait de l'activité humaine (mesures effectuées sur trente ans). (a) Eaux contenues dans des grès triasiques (Worcester) (b) Eaux prélevées dans les roches crétacées (Surrey).

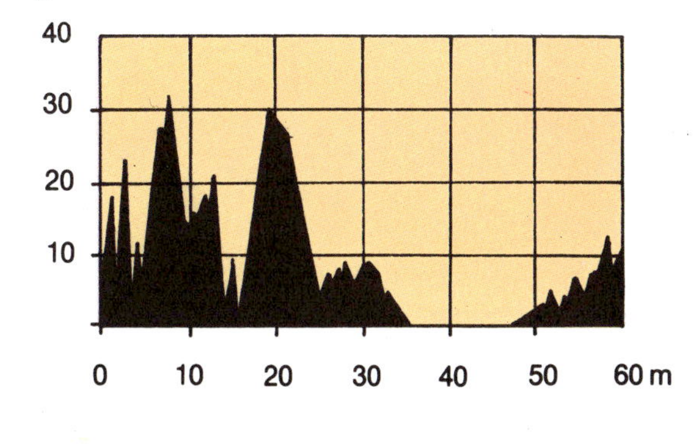

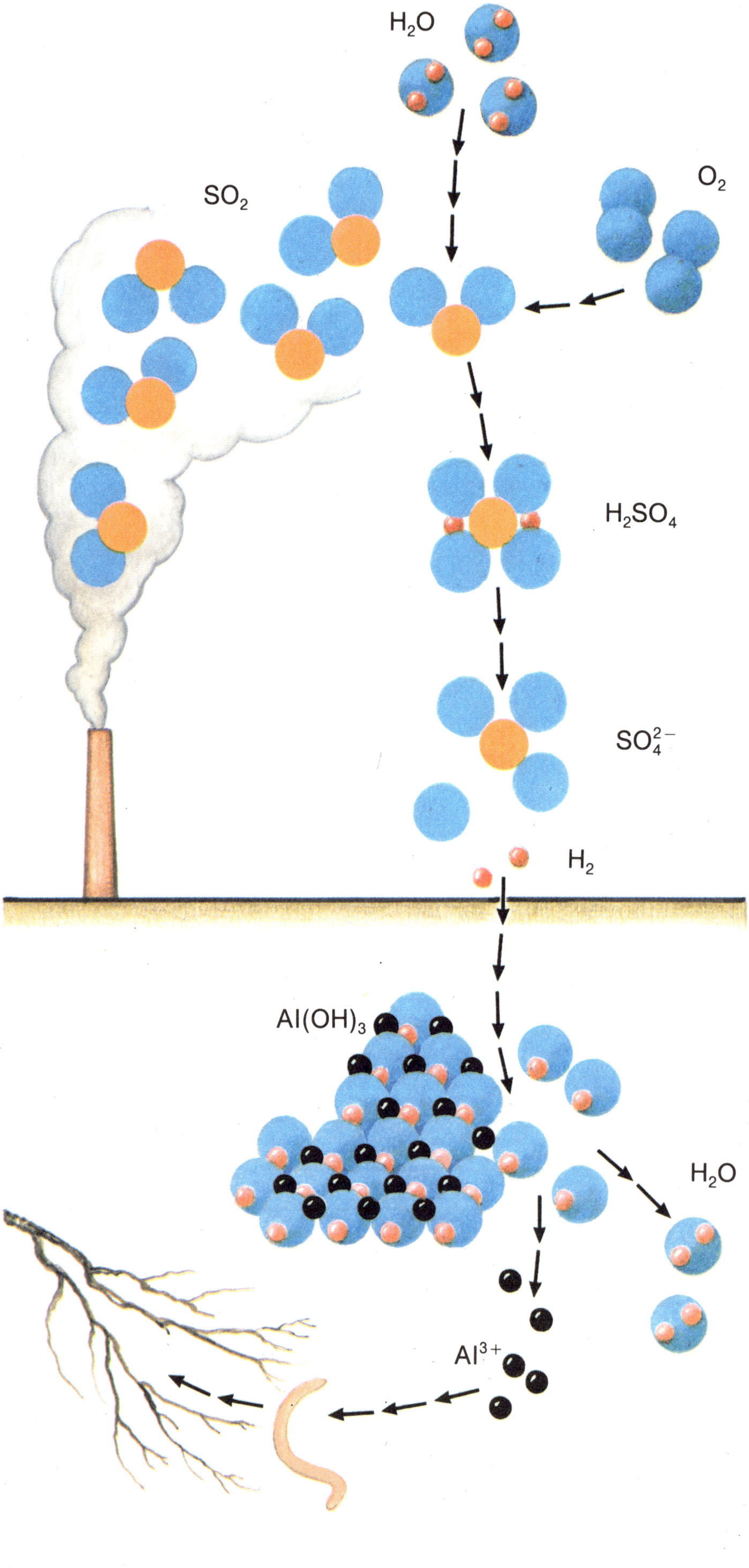

◀ ***Migration des ions dans la formation et l'action des pluies acides***
Le problème de l'acidification des pluies est bien connu dans la plupart des pays industrialisés. La combustion du charbon ou du pétrole, qui contiennent l'un et l'autre du soufre, pollue l'atmosphère en anhydride sulfureux (SO_2) que l'eau atmosphérique transforme en acide sulfurique (H_2SO_4). Parvenu au sol, cet acide libère des ions d'hydrogène qui provoquent une lente destructuration des minéraux silico-alumineux. Des ions aluminium sont alors libérés et exercent un effet toxique sur les organismes et les micro-organismes, en pénétrant dans les racines des arbres, lesquels ne tardent pas à dépérir.

▶ ***Augmentation de la teneur en plomb des glaces du Groenland***
Le degré de pollution, mesuré en unités infinitésimales (de l'ordre de 10^{-8}), serait à peine décelable sans l'aide d'un appareillage de mesure ultrasensible. L'illustration montre la contamination croissante par le plomb des glaciers du Groenland. On notera surtout sa montée brutale au cours des quarante dernières années. La cause en est l'expansion du trafic routier dans les pays industrialisés de l'hémisphère Nord. L'augmentation de la concentration en plomb des glaces de l'Antarctique, légère pour l'instant, n'en est pas moins déjà un phénomène préoccupant.

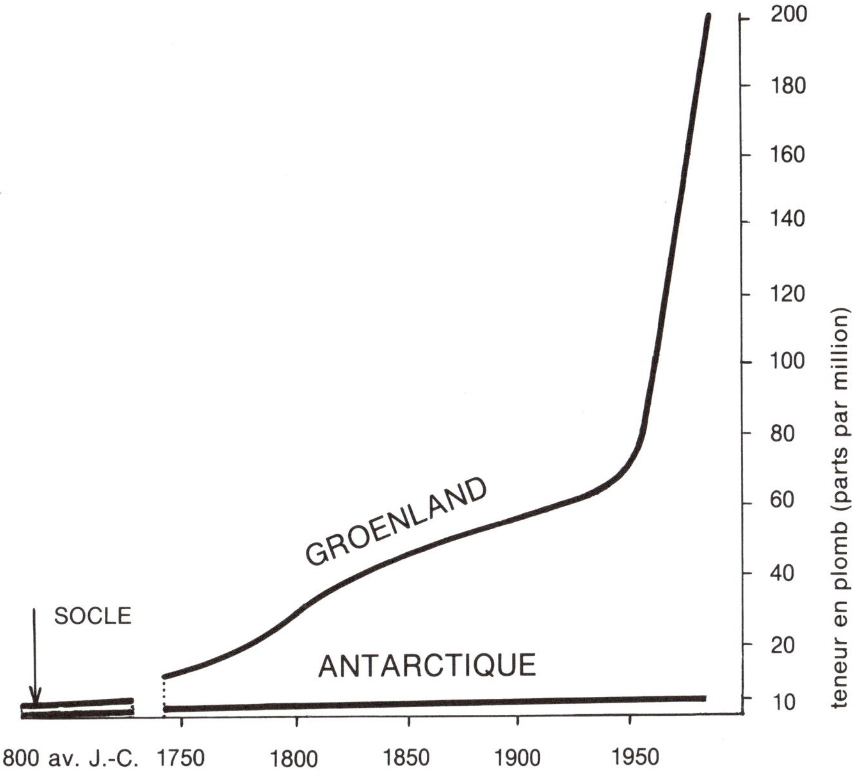

En Europe centrale, l'acidification des sols est un processus encore plus rapide que la désertification en Afrique.

La conséquence la plus grave du défrichage et du déboisement est la reprise de l'érosion superficielle. La quantité de sol emportée actuellement vers les océans est plusieurs fois supérieure à celle qui y était déversée avant que l'homme ne soit devenu agriculteur. L'eau et le vent sont les deux agents de transport : sols des champs labourés entraînés par les eaux de pluie avant la période végétative (ce mode d'érosion étant le plus visiblement spectaculaire), sols des plateaux et des plaines chassés vers l'océan par le vent (on a retrouvé des particules originaires d'Afrique du Nord sur les îles de l'Atlantique, et des particules venues d'Asie sur les îles Hawaii dans le Pacifique). La situation écono-

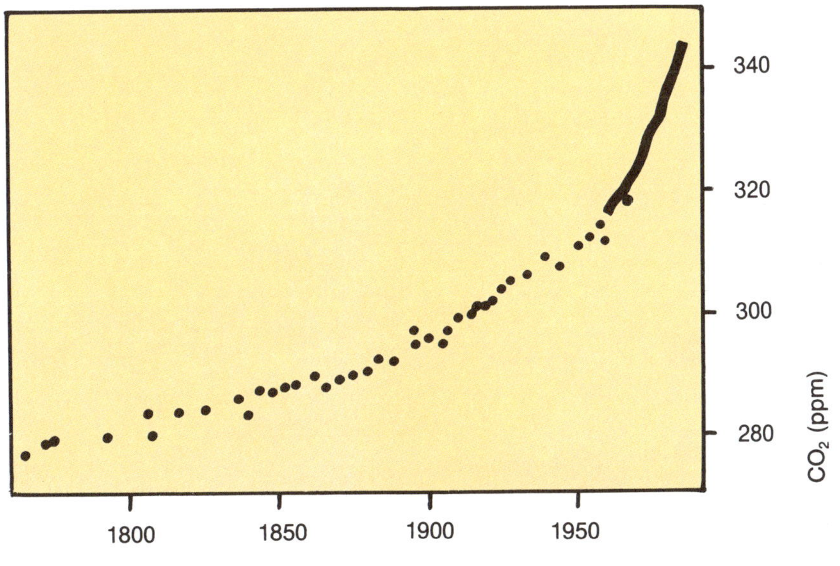

◀ ***Évolution de la teneur en gaz carbonique des glaces de l'Antarctique (en pointillé) et de l'atmosphère (en trait plein)***
La concentration des glaces en gaz carbonique est un bon indicateur de la concentration atmosphérique. L'accroissement constaté, responsable de l'effet de serre, est alarmant. Même pendant les périodes interglaciaires où le climat redevenait tempéré, cette concentration n'était pas aussi forte. Lors des glaciations, la concentration en CO_2 variait entre 190 et 220 ppm ; pendant les interglaciations, elle atteignait 280 ppm ; aujourd'hui, elle atteint 350 ppm.

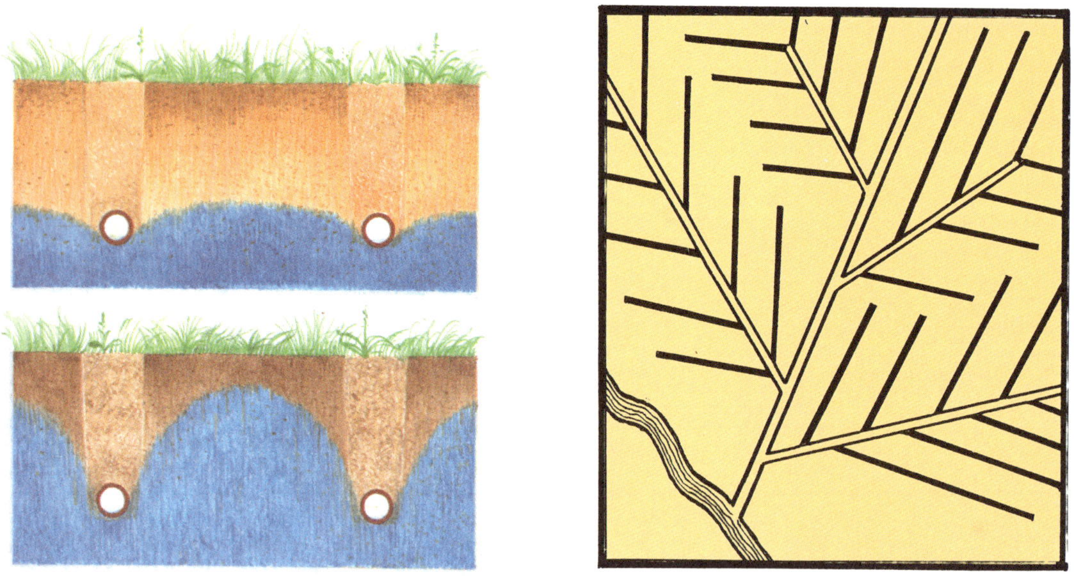

▲ ***Influence de la nature du sol sur le drainage***
L'amélioration des terres arables est devenue une pratique courante à grande échelle. Elle comporte toutefois certains risques, modifiant en particulier de façon notable le régime des eaux souterraines. Dans les roches fortement perméables, le niveau de l'eau souterraine peut baisser jusqu'au seuil critique (illustration du haut). En revanche, sur les roches peu perméables telles que des sédiments glaiseux (illustration du bas), le drainage de l'eau est pratiquement sans effet.

mique mondiale actuelle et la poussée démographique conduisent les agriculteurs à recourir aux cultures intensives. Ils doivent cultiver des terres situées en altitude ou plus généralement en des régions où le sol est plus vulnérable, très exposé à l'action de l'érosion.

C'est au prix d'engrais artificiels, d'irrigation intensive et de matériels agricoles onéreux que l'on parvient à améliorer localement et provisoirement le rendement des sols. Mais ces derniers sont vite dégradés, dans leur structure et dans leur composition, bien trop vite pour que la nature puisse les régénérer au fur et à mesure. Il est donc fort probable que le prix des aliments

▼ ***Rôle de la structure géologique d'une région dans les effets de pollution à distance***
On voit nettement sur cette illustration le cheminement des produits toxiques à la faveur de terrains poreux ou fissurés jusqu'au niveau de la nappe phréatique. Celle-ci est irrémédiablement contaminée.

▲ ***Déforestation progressive sous l'action des pluies acides***
Le SO_2 est fortement toxique pour les plantes : aucune phanérogame ne peut croître normalement dans un air qui en renferme en permanence plus de 50 ppb (soit une concentration infinitésimale de cinquante milliardièmes). Même chez les végétaux très résistants, des lésions foliaires apparaissent au bout d'une demi-journée d'exposition à 0,25 ppm (parties par million). Les conifères sont particulièrement sensibles. On estime à 5 millions d'hectares la surface de forêts menacée de dégradation dans la Communauté européenne d'ici la fin du siècle. La forêt des Monts Métallifères a été entièrement détruite en quarante ans. En forêt bavaroise, 80 000 hectares de sapins et d'épicéas dépérissent depuis plus de quinze ans.

augmentera et que les pays pauvres seront encore les plus touchés.

Autre forme de la dégradation des sol : la salinité. L'eau, en particulier l'eau souterraine, est souvent riche en sels minéraux qui vont se concentrer dans la terre lors d'arrosages excessifs et de drainage insuffisant. Aux États-Unis, par exemple, on consomme 6 000 m^3 d'eau par hectare en une saison. La plus grande partie de cette eau s'évapore, laissant dans le sol d'importantes quantités de sel dont les végétaux n'ont nul besoin pour fabriquer leurs tissus. Or, s'il existe sur la planète des plantes qui s'accommodent parfaitement de sols salés (plantes halophiles), c'est le résultat d'une très lente évolution au cours des temps géologiques, sans commune mesure avec notre échelle humaine.

On mesure ainsi l'étendue des dégâts causés par l'homme, qui, paradoxalement, est le seul animal vivant de la planète bleue qui essaie de l'étudier et de la comprendre. Il a su observer, découvrir et décrire les causes des catastrophes naturelles. Fera-t-il suffisamment preuve d'esprit critique, reconnaîtra-t-il à temps ses erreurs et saura-t-il pallier les effets néfastes de ses interventions?

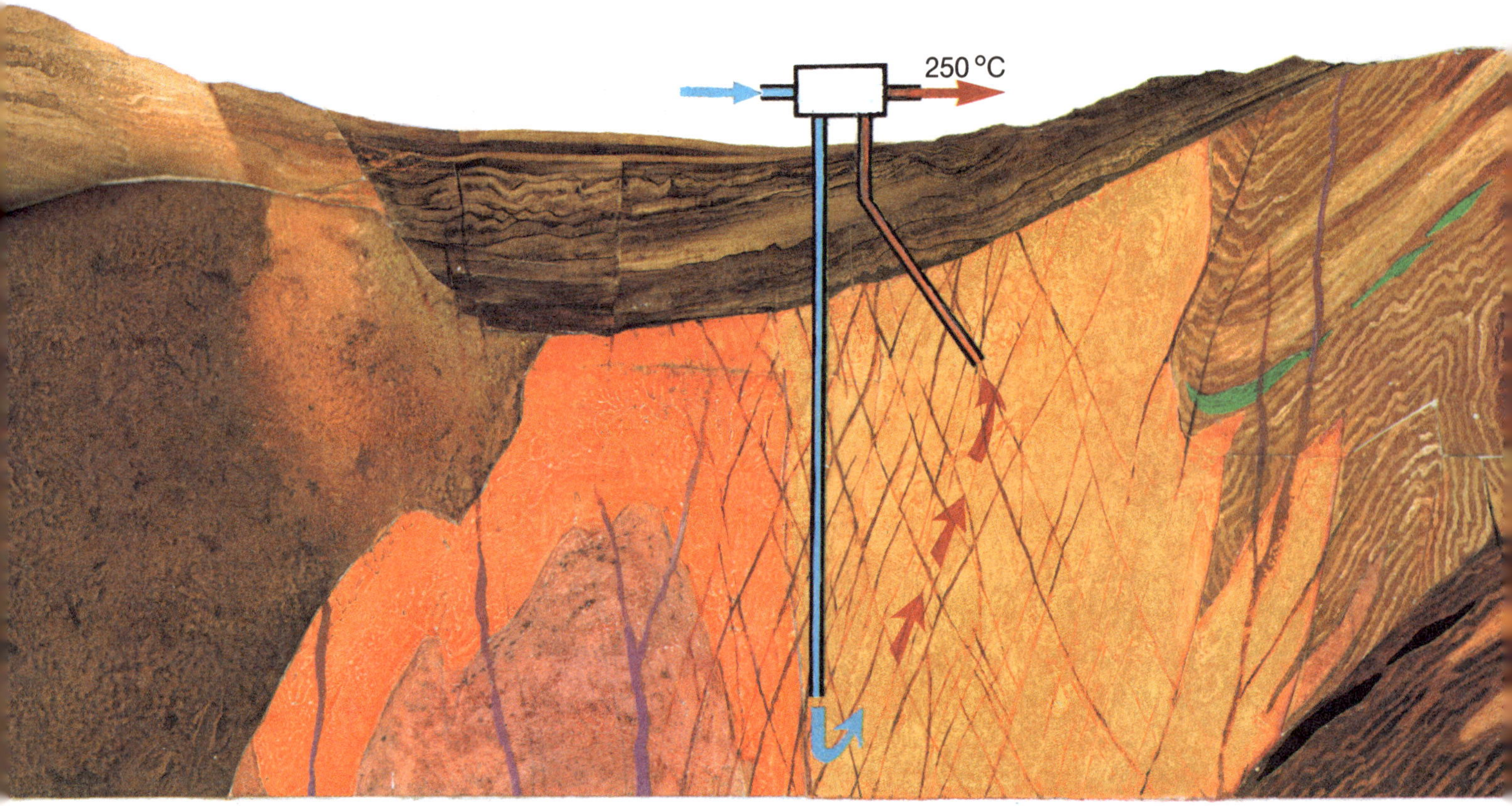
250 °C

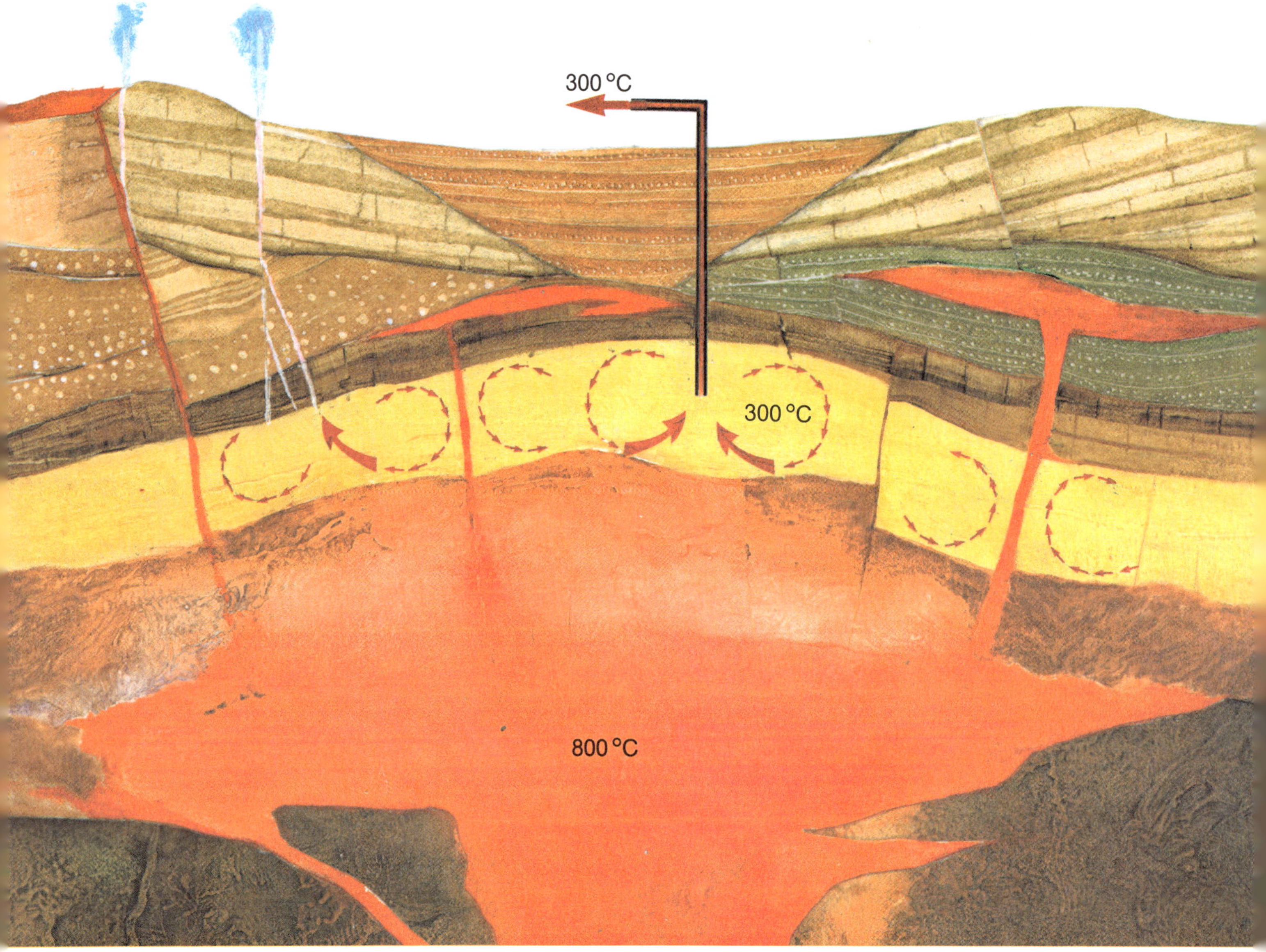
300 °C
300 °C
800 °C

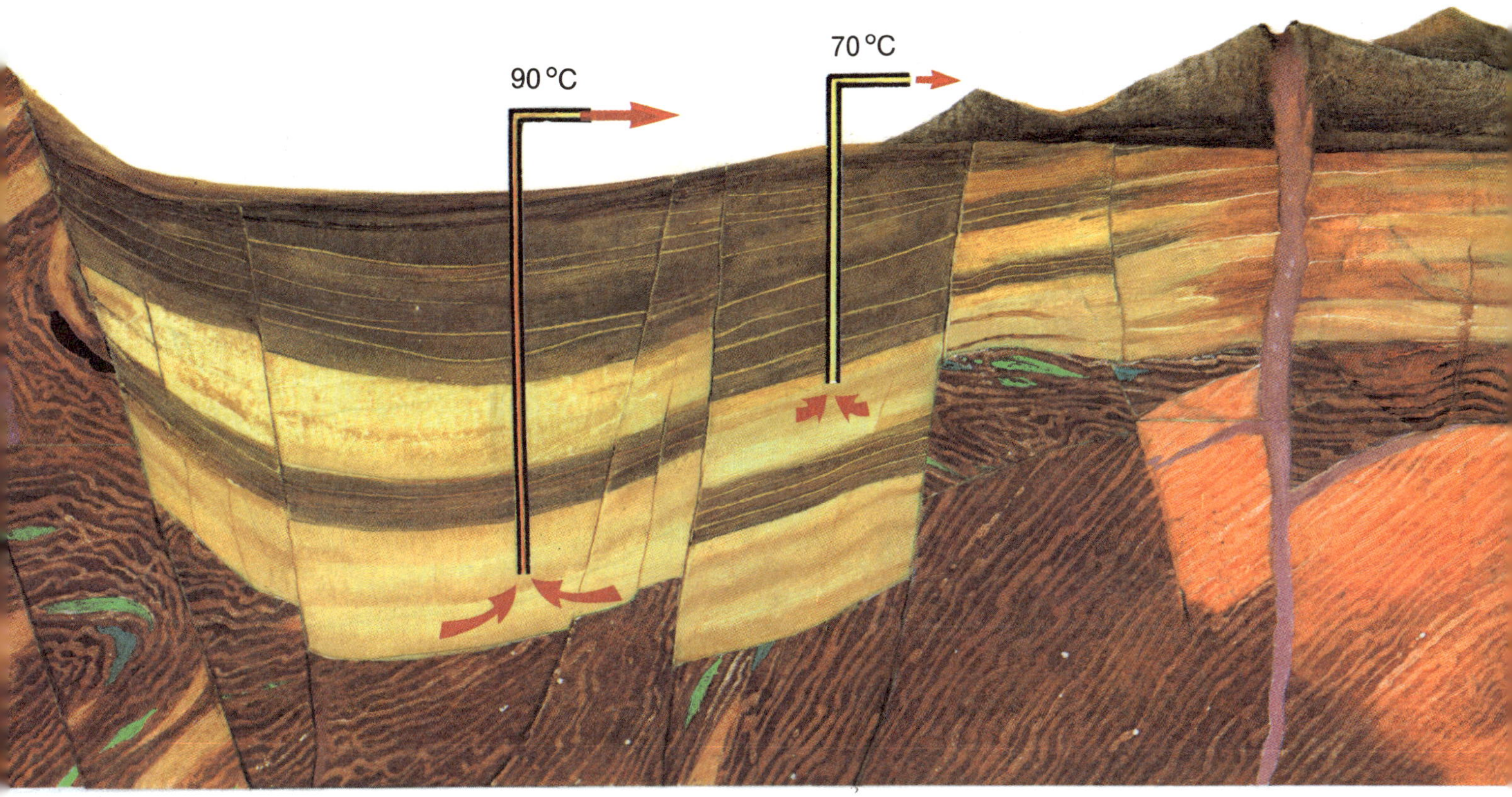

L'AVENIR DE LA PLANÈTE

Il arrive qu'en telle ou telle circonstance un individu se désintéresse totalement de l'avenir et veuille profiter tout de suite de la vie, sans se soucier du lendemain. Mais le lendemain, quelques jours ou quelques semaines plus tard, il se réveille avec une migraine ou une mauvaise conscience. Or, il n'est pas dans la nature humaine de se désintéresser de l'avenir, parce que l'homme est, comme tout animal, génétiquement programmé pour perpétuer son espèce, pour assurer l'avenir au travers de sa descendance. Autrefois, l'homme consultait les devins et les pythies, les voyants et les prophètes ; aujourd'hui, il consulte les pronostiqueurs, les futurologues, les instituts de recherche qui se penchent sur les problèmes de l'avenir.

◀ ***Techniques diverses d'exploitation de l'énergie géothermique. Pompage direct de l'eau chaude (en haut à droite) ; expulsion sous pression de l'eau concentrée dans des roches artificiellement fissurées (en haut à gauche) ; exploitation de systèmes hydro-thermiques naturels (en bas).***
La nécessité de recourir à des énergies « propres » qui ne nuiraient pas à l'environnement devient de jour en jour plus urgente. La plupart des sources énergétiques non polluantes ne fournissent malheureusement qu'une énergie diffuse qu'il faut collecter à l'aide d'installations gigantesques pour obtenir l'équivalent d'une source énergétique concentrée comparable à celle d'une centrale nucléaire ou thermique. Ces énergies de faible densité sont l'énergie éolienne, l'énergie marémotrice, l'énergie solaire et l'énergie géothermique. Cette dernière provient de la dissipation de la chaleur interne du globe à travers l'écorce terrestre. C'est cette chaleur que l'homme cherche à utiliser, chaque utilisation dépendant de la température disponible. Pour exploiter cette chaleur, il faut l'amener à la surface, ce qui conduit à creuser des forages et à disposer d'un fluide véhiculant la chaleur, généralement l'eau. Selon la température de l'eau en tête des forages (au sol), on classe les ressources géothermiques en trois catégories, auxquelles correspondent des usages différents :
- *basse enthalpie, avec une eau à moins de 100 °C, pour chauffage domestique ;*
- *moyenne enthalpie, eau entre 100 et 150 °C, pour chauffage domestique et production de chaleur industrielle ;*
- *haute enthalpie, eau à plus de 150 °C, pour production d'énergie électrique.*

Les champs géothermiques à haute enthalpie se trouvent dans toutes les régions volcaniques récentes. C'est ainsi qu'on produit déjà de l'électricité en Italie (depuis 1904), en Nouvelle-Zélande, en Indonésie, aux Philippines, au Kenya, en Turquie, au Japon, au Mexique, aux États-Unis et au Salvador. Cette électricité revient moins cher que celle produite par des centrales au fioul ou au charbon. En France, on n'utilise encore que la géothermie à basse enthalpie (Bassin parisien, Aquitaine, vallée du Rhône), de même qu'en Hongrie, en Islande, au Danemark et en Grèce. Cette énergie sert au chauffage des appartements et des serres, ou pour des applications industrielles ou agricoles telles que le séchage de matériaux ou l'aquaculture. Une eau à 65 °C et un débit de 200 m³/h permettent de chauffer 2 500 logements, ce qui représente une économie de 2 500 tonnes de pétrole par an. Il est certain que l'énergie géothermique est une ressource colossale à l'échelle humaine et qu'elle sera davantage prise en considération pour nos besoins futurs.

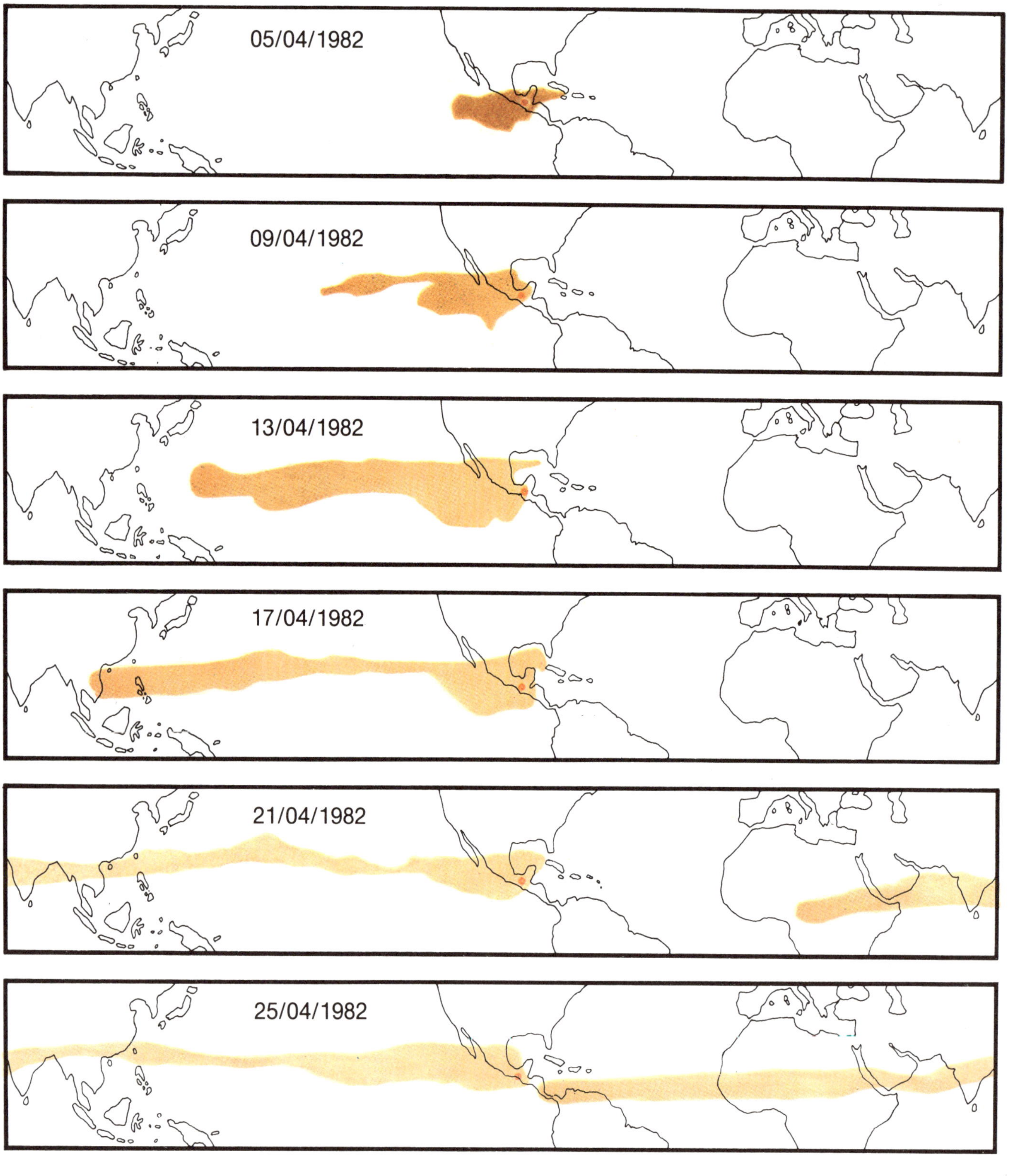

▲ ***Le tour du monde en vingt jours. Temps mis par les cendres et les composés soufrés expulsés lors de l'éruption du volcan El Chicón (Mexique) en 1982 pour accomplir un premier périple dans l'atmosphère de la planète.***
Le scénario futuriste de « La Nuit nucléaire » s'en est inspiré.

Cette démarche est individuelle autant que collective et concerne en fait l'humanité tout entière.

Dans la vie d'un individu, le hasard intervient fréquemment. Dans la vie d'une société, cependant, il devrait être remplacé par des certitudes et par une perspective claire. On peut comparer l'actualité mondiale à un jeu de billes qui résume parfaitement le problème planétaire et humain. Le but du jeu consiste à faire entrer les billes dans un trou. Ce trou est la cible, l'espace qui l'entoure le terrain de jeu. Lorsque la bille se trouve au bord du trou, il y a fort à parier qu'elle y basculera sous l'effet de poussées. Une fois au fond, elle ne peut plus ressortir : le jeu est fini pour elle. Si la Terre devait être cette bille, les forces de propulsion étant alors la désintégration nucléaire ou l'effet de serre, elle atteindrait aussi le point de non-retour.

Il n'est pas difficile d'imaginer un tel scénario. Chaque jour apporte une preuve de l'insouciance des hommes. Il est hélas en leur pouvoir de déclencher une catastrophe nucléaire. Nous savons quelles en seraient les conséquences pour la planète. Ce seraient globalement les mêmes que celles que provoquerait la collision avec un astéroïde ou le déclenchement paroxysmal d'éruptions volcaniques.

Deux scientifiques hollandais, les frères Odum, ont formulé en 1954 le concept de « symbiose totale ». Étudiant à Eniwetok, petit atoll du Pacifique, la symbiose qui unit algues et coraux, ils ont évidemment vérifié — puisque c'est le propre de la symbiose — que cette association garantit une autonomie parfaite à ce couple de partenaires. Plus de vingt ans après, l'un d'eux a imaginé une transposition de ses observations

▶ ***État de la pollution atmosphérique globale***
La pollution atmosphérique globale s'aggrave très rapidement depuis le début de la révolution industrielle. On enregistre cependant des variations locales : la quantité d'émissions baisse en Amérique du Nord, alors qu'en Europe la situation reste stable (s'améliorant à l'ouest mais s'aggravant à l'est). La pollution devient de plus en plus forte dans les pays d'Asie en voie de développement, surtout en Chine. Les chiffres indiquent les tonnes de polluants envoyés dans l'atmosphère.

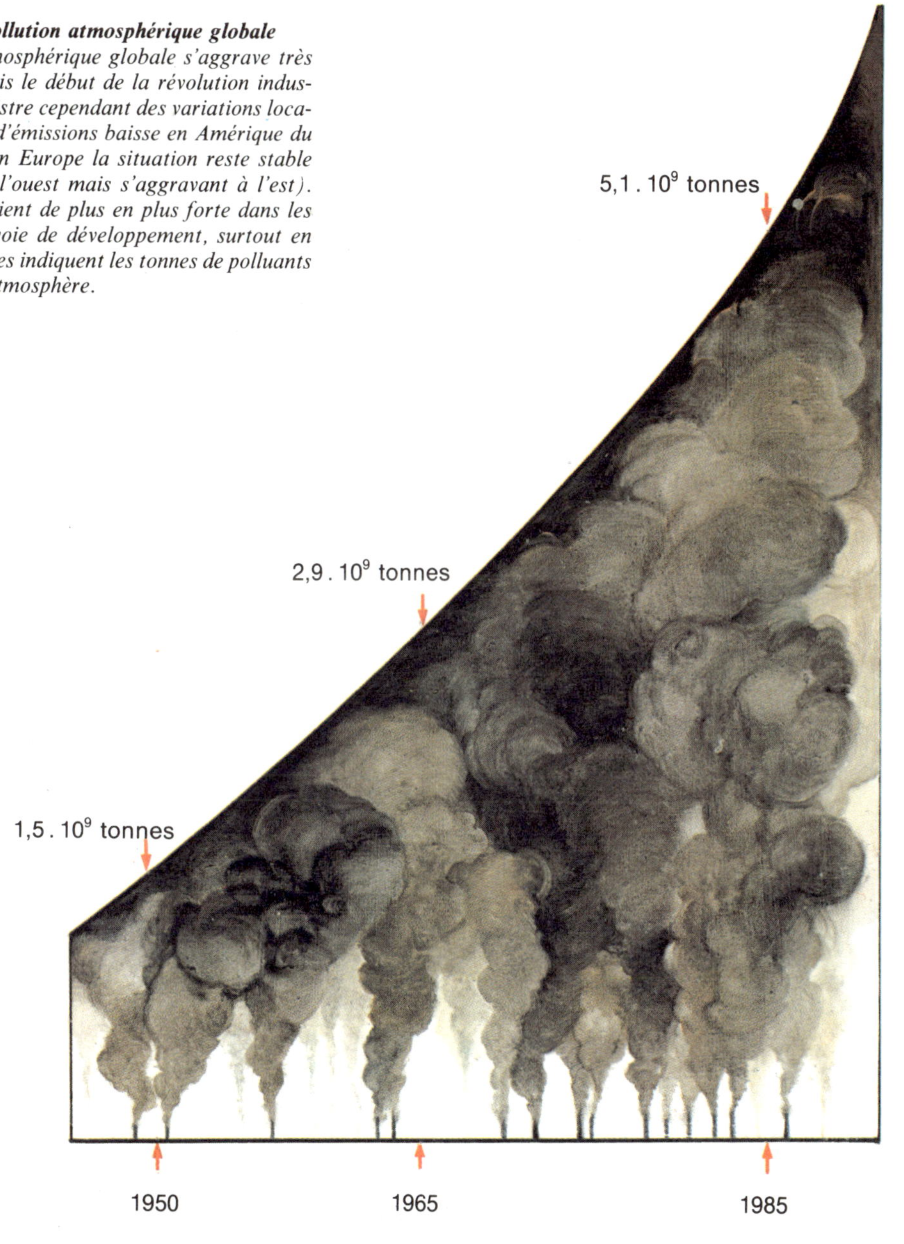

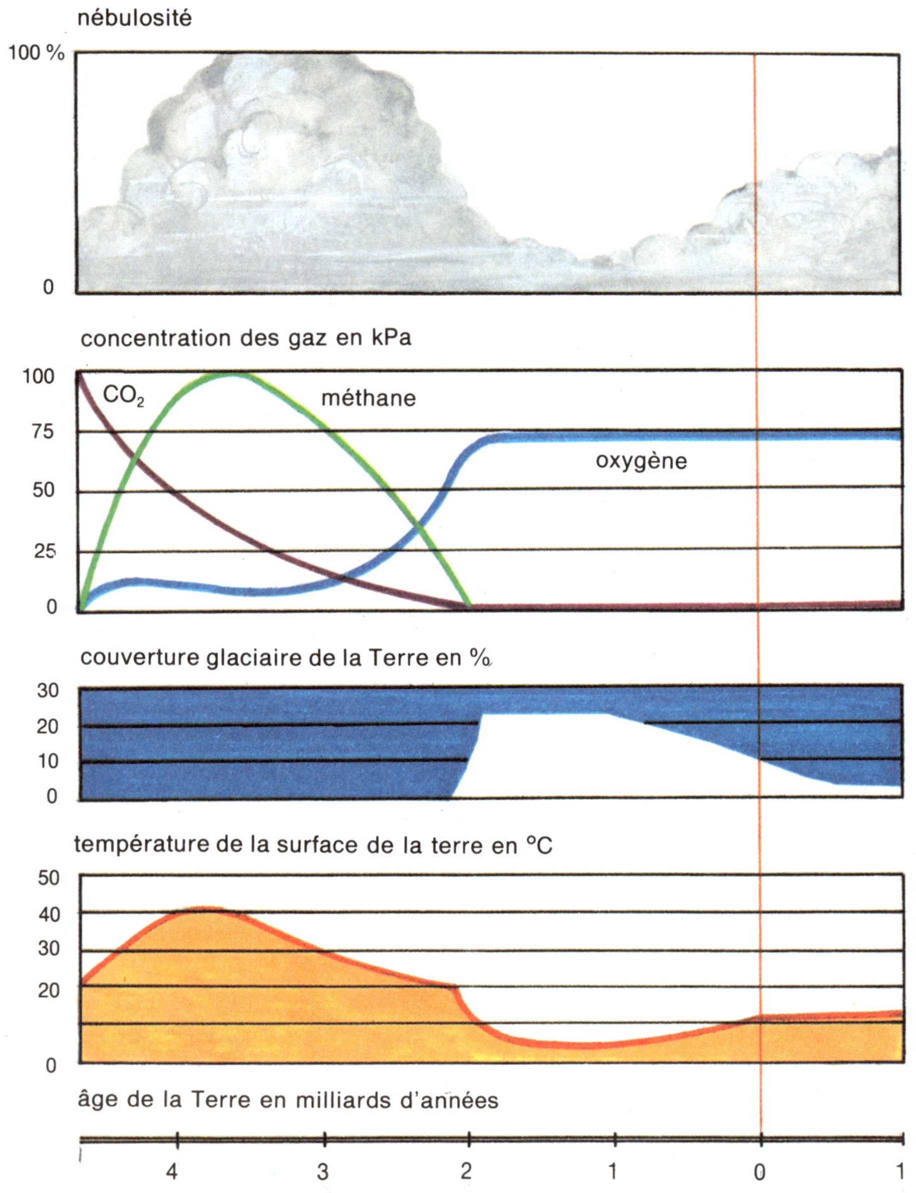

◀ ***Évolution de quelques paramètres au cours de l'histoire géologique de la planète***
L'axe horizontal des graphiques porte l'âge de la Terre en milliards d'années, l'époque moderne correspondant au temps zéro. La durée écoulée depuis l'apparition du genre humain est trop brève pour qu'elle soit décelable ici graphiquement. Sont indiqués, de haut en bas : la nébulosité de la planète ; la concentration en gaz carbonique, en méthane et en oxygène ; l'ampleur de la couverture glaciaire (en blanc sur fond bleu) ; enfin la température moyenne de la Terre.

sur les récifs coralliens aux métropoles modernes. Il a pu conclure que dans un récif corallien comme dans une oasis, le mutualisme des producteurs et des consommateurs, associé à une consommation rationnelle de l'énergie et à un recyclage performant de la matière, fournit la clé de la prospérité. Cette constatation s'applique à n'importe quelle société dont les ressources sont limitées. Et comme on ne trouvera de ressources illimitées ni dans la lithosphère, ni dans la biosphère, la constatation s'applique au monde entier. Notre planète est un minuscule atoll dans l'océan de l'Univers, et la convivialité entre les hommes, entre l'homme et la nature biotique et abiotique est la seule issue salvatrice.

Les spécialistes des sciences de la Terre se sentent capables de prévoir, en théorie, le futur destin de la planète, mais ils doivent compter avec un facteur imprévisible, l'homme, dont l'activité est pratiquement impossible à contrôler et à maîtriser. Le nombre des victimes causé par des catastrophes naturelles (séismes, éruptions volcaniques, tornades, incendies, épidémies) est moins effrayant que le nombre des victimes dues aux catastrophes que l'homme a lui-même provoquées au cours de sa brève histoire : guerres, famines, épidémies.

Pour les frères Odum, la « symbiose totale » est la seule solution à l'évolution future de notre planète. Qu'est-ce que cela signifie en pratique? La meilleure façon d'appréhender l'avenir est d'effectuer un retour dans le passé, ce qui permet de projeter dans le futur les leçons tirées des premières étapes de l'évolution. Cette démarche comporte de nombreux écueils. L'illustration page 17 montre la variété spécifique des temps passés et l'« explosion spécifique » enregistrée au cours des derniers 500 millions d'années, la courbe page 22 traduit la poussée démographique au cours du dernier siècle, le « boom » d'une seule espèce au détriment des autres. Cette dernière explosion

▶ ***Répercussion d'une phase paroxysmale de l'activité du Soleil sur le champ magnétique de la Terre***
La corrélation entre l'activité de la Terre et du Soleil permet de prédire l'avenir de notre planète à court terme. Après une éruption solaire, le rayonnement cosmique s'intensifie aux environs de la Terre ; il provoque dans sa haute atmosphère une tempête géomagnétique et dans la basse atmosphère l'apparition d'aurores polaires. On note aussi qu'au ralentissement consécutif de l'activité solaire (minimum de Forbes) correspond une diminution de l'intensité du champ magnétique terrestre.

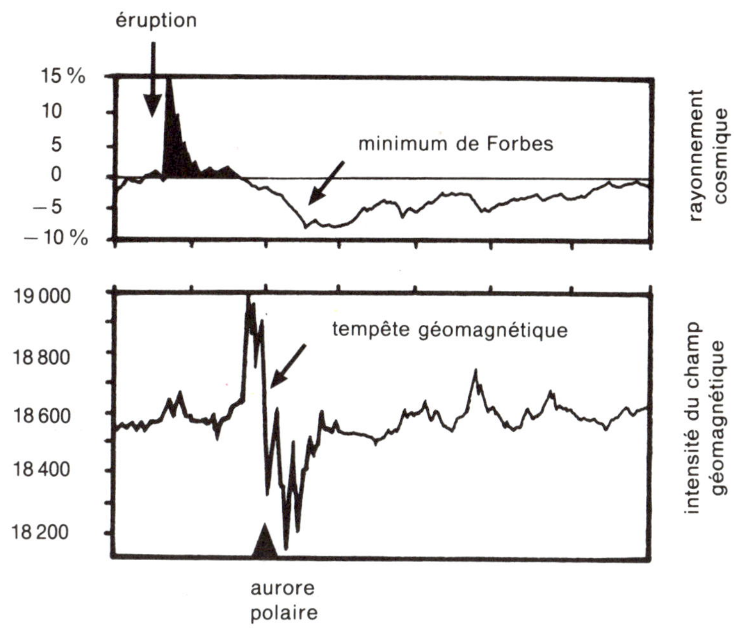

▼ ***Bilans énergétiques de Vénus (à gauche) et de Mars (à droite) comparés au bilan équilibré de la planète Terre (au centre)***
Les fortes températures qui règnent à la surface de Vénus sont causées par un apport en énergie solaire deux fois supérieur à celui de notre planète. Cela est dû au fait que Vénus est relativement proche du Soleil et qu'elle possède une atmosphère dont le gaz carbonique absorbe presque toute la chaleur du rayonnement solaire, n'en laissant qu'une faible quantité s'échapper dans le cosmos. Le bilan énergétique de Mars est radicalement différent : l'apport en énergie solaire y est faible, environ la moitié de celui de la Terre. Peu dense, son atmosphère n'arrive pas à capter et à retenir la chaleur près de la surface. La Terre, quant à elle, bénéficie de conditions intermédiaires qui se sont révélées propices à l'apparition et au développement de la vie.

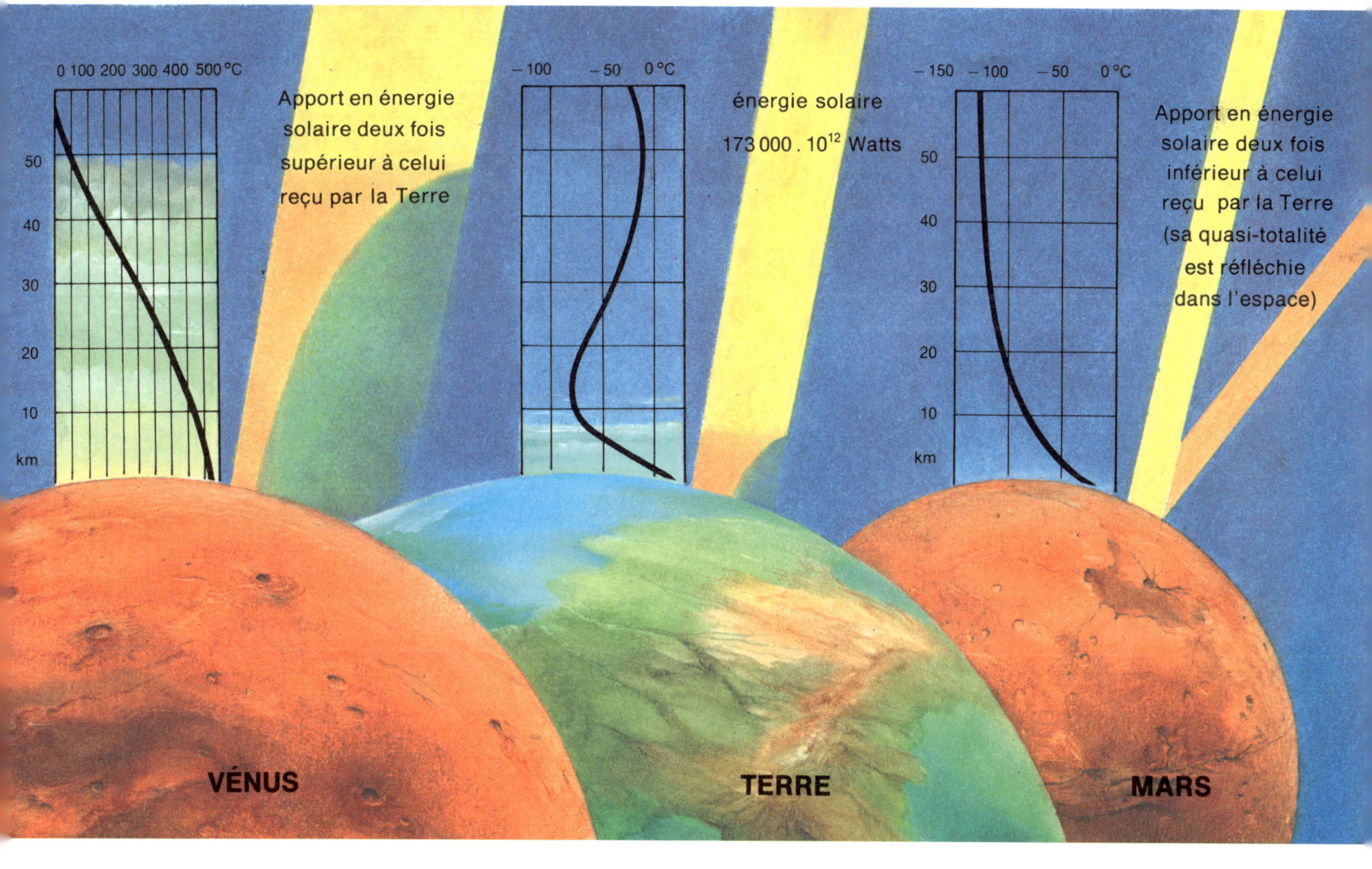

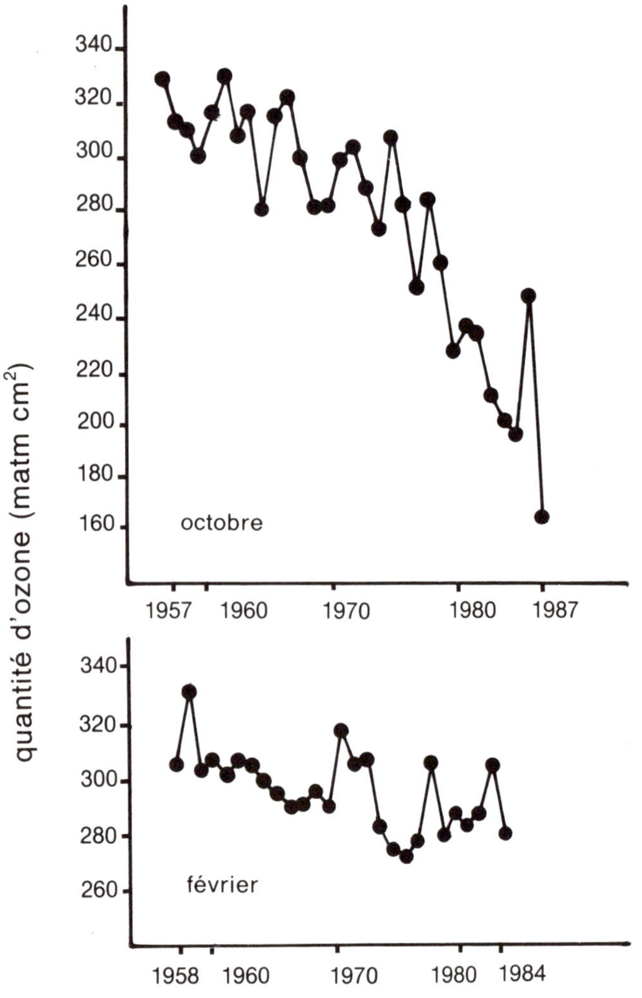

a provoqué des changements qui n'ont pas d'équivalent au cours de toute l'histoire de la planète. Il suffit de se référer à la quantité d'énergie consommée au cours des deux dernières décennies ou au nombre de produits chimiques utilisés depuis que dure l'humanité. Cette consommation est exponentielle et atteint les limites du possible. Il existe 90 éléments dans la nature, l'homme les exploite tous et il est impossible de dépasser cette limite. En ce qui concerne l'étendue des terres arables dans le sol, le volume des matières premières et l'importance des ressources énergétiques encore disponibles, nous approchons dangereusement le seuil fatidique, moins facile à préciser en valeurs chiffrées.

Chaque fois qu'un individu ou un groupe ont tenté ce genre d'analyse, suivi d'une prédiction d'ordre philosophique ou politique pour l'avenir de la planète, ils ont provoqué une levée de boucliers. Le grand public n'apprécie guère les pronostics pessimistes. Pour illustrer ces réactions, citons le cas des économistes du début du XIXe siècle (Malthus), mais aussi celui des chercheurs qui ont fondé, dans les années 1960, le Club de Rome, ou encore les théories des pronostiqueurs modernes sur la société informatisée.

Les sciences de la Terre se sont toujours donné pour objectif de résoudre l'énigme de l'origine de la planète et de celle de la vie, puis d'en décrire, d'en comprendre et d'en prévoir l'évolution. Elles se consacrent à l'étu-

▲ ***Variations saisonnières et réduction constatée sur une période de trente ans de la concentration en ozone de la haute atmosphère***
Le graphique représente la baisse de la concentration de l'ozone atmosphérique. Cette concentration, variant en fonction des saisons, est indiquée sur deux mois (octobre et février) en milliatmosphères par centimètre carré. On considère comme alarmante cette chute de la concentration d'ozone, survenue depuis les années 1970, c'est-à-dire, depuis l'époque de l'utilisation généralisée des fréons (substances frigorifiques et gaz propulseurs d'aérosols contenant du fluor ; ininflammables et peu toxiques, mais très volatiles, on les accuse en effet de participer à la destruction de l'ozone dans la haute atmosphère).

▼ ***Relation entre température et teneur en gaz carbonique de l'atmosphère***
Ce graphique traduit une prévision pessimiste. L'axe horizontal correspond aux données temporelles : la partie gauche correspond au passé géologique de la Terre depuis 12 millions d'années ; la partie droite rapporte à une échelle différente les cent prochaines années. La courbe rouge indique la température, la bleue les concentrations en CO_2 *de l'atmosphère. Le rapport entre réchauffement et augmentation de la teneur en* CO_2 *est manifeste. Or la fonte des glaciers entraînerait une élévation du niveau de la mer dont la transgression sur les terres arables des continents obligerait progressivement plusieurs milliards de personnes à émigrer. Les hommes sont capables d'inverser en deux cents ans (à leur détriment) un phénomène géologique que la nature a mis 12 millions d'années à réaliser.*

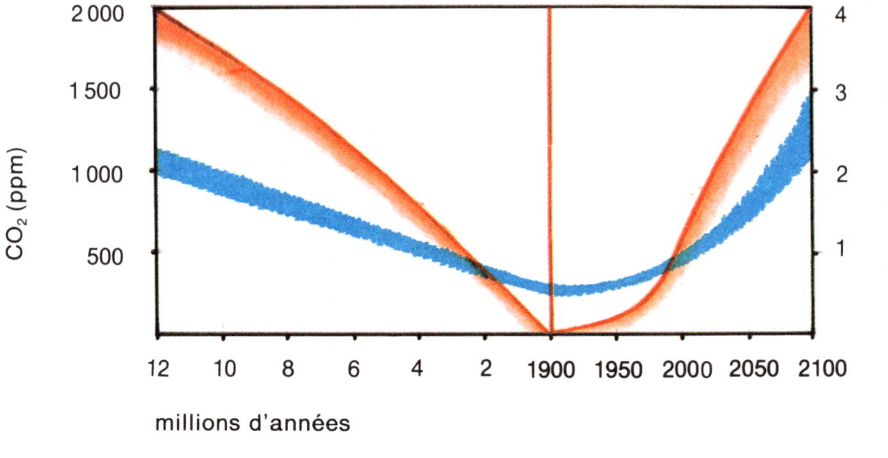

▲ ***Cartographie de la répartition des concentrations de la haute atmosphère en ozone au-dessus du pôle Sud***
Le « trou d'ozone » n'est pas un mythe : un regard sur les régions polaires de l'hémisphère Sud révèle un déficit de la couche d'ozone, à l'origine de l'intensification des rayonnements cosmique et ultraviolet dans la basse atmosphère. Ces rayonnements biocides constituent un réel danger. Le pôle Sud se trouve au centre de l'illustration ; les contours des continents sont tracés en blanc, les concentrations d'ozone en couleur : les plus basses en bleu foncé (au milieu), les concentrations moyennes (mais toujours largement insuffisantes) en noir et en gris, les plus élevées en vert et en orange.

de de la température de la surface terrestre dans le passé géologique, du mouvement des pôles et des plaques lithosphériques, de l'état des déserts et de la haute montagne, de l'oscillation du niveau des mers. Elles révèlent des liens entre conditions météorologiques et éruptions volcaniques, déplacements du pôle magnétique et disparition de certains organismes, formation du minerai de fer et présence d'oxygène dans l'atmosphère, etc. Elles découvrent la multiplicité et la complexité des rapports qui existent entre les organismes et la nature abiotique. À cet égard, l'exemple des organismes les plus simples — bactéries et algues — et

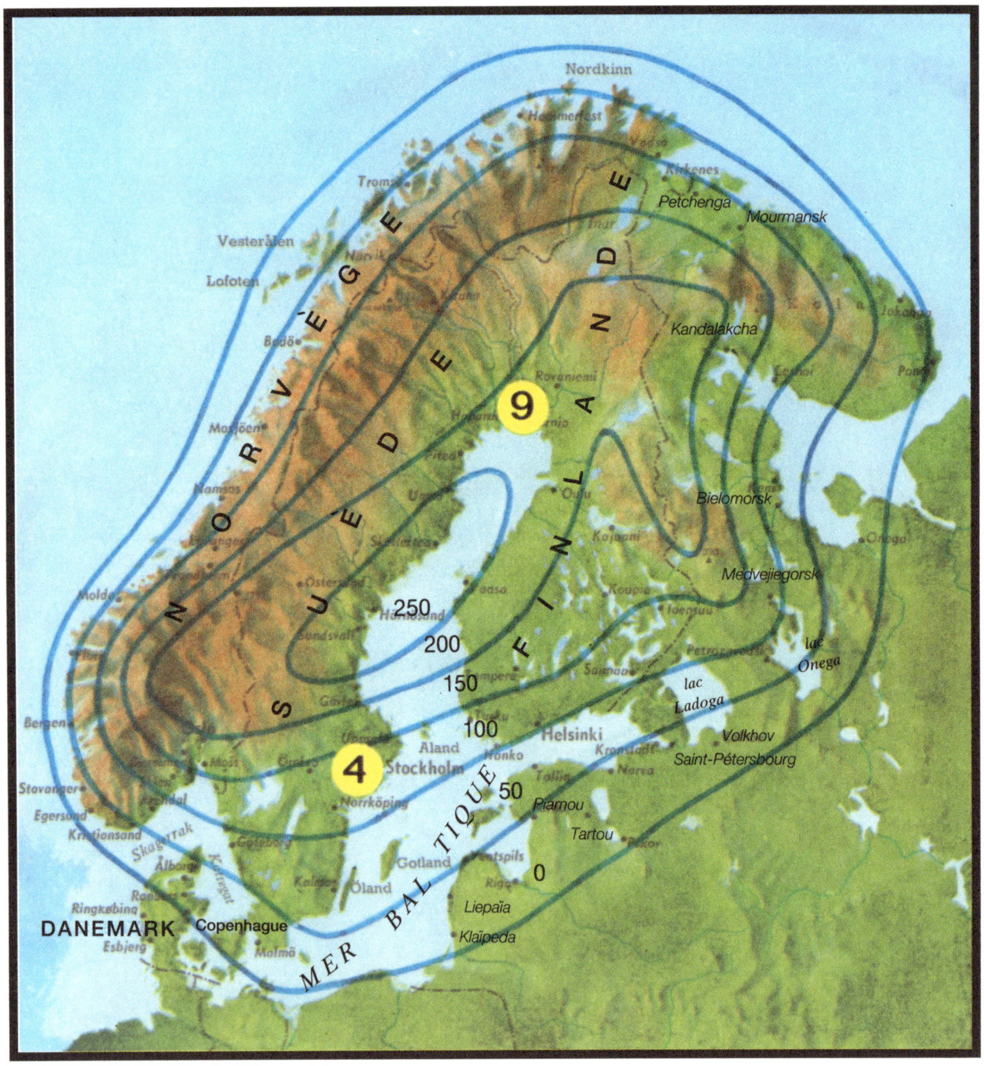

◀ ***Fonte des glaces et compensation isostatique en Scandinavie***
La Terre réagit lentement aux changements brusques. Depuis plus de 10 000 ans, par suite de la fonte de ses glaciers dont la masse avait enfoncé son écorce lithosphérique dans le manteau pendant les glaciations, la Scandinavie poursuit sa lente émersion. Le processus de la compensation isostatique rappelle le lent cheminement d'un bouchon de liège dans un liquide fortement visqueux (de l'huile par exemple). La remontée totale de la Scandinavie depuis le recul des glaciers est indiquée en mètres. Les valeurs annuelles en centimètres sont portées dans des cercles.

le rôle de ces dernières dans l'apparition de l'oxygène atmosphérique, est particulièrement intéressant. Aujourd'hui, on sait que ce sont des organismes unicellulaires microscopiques du type algue bleue qui ont été à l'origine de la production d'oxygène libre. On sait aussi le rôle déterminant que jouent les bactéries dans des milieux qui nous paraissaient il y a peu incompatibles avec la vie. Il en est qui, au fond des océans, au voisinage des sources hydrothermales, absorbent le sulfure d'hydrogène et l'oxygène dissous dans l'eau pour produire l'énergie nécessaire à leur métabolisme. Ces bactéries, nous l'avons déjà signalé, constituent le point de départ d'une chaîne écologique qui va des métazoaires inférieurs aux poissons carnassiers. On sait que ces bactéries supportent des températures de plusieurs centaines de degrés. Comment s'étonner dès lors qu'on ait trouvé des bactéries vivantes dans la stratosphère, à 20 000 mètres d'altitude (10 par mètre cube) ou dans des minerais d'uranium radioactif, ou encore à l'intérieur de météorites (et dans ce dernier cas réanimées en laboratoire sur bouillon de culture peptoné).

Grâce aux observations et à l'imagerie satellitaires, les géologues ont une idée assez précise de ce que pourrait être la géographie de la planète dans les temps futurs, sur plusieurs dizaines de millions d'années. Le mouvement des plaques actuellement constaté va se poursuivre : l'Amérique du Nord s'éloigne toujours de l'Europe et l'Amérique du Sud de l'Afrique. L'Himalaya continue à s'élever, millimètre par millimètre, sous l'effet de la collision des plaques indienne et eurasienne. La Scandinavie elle aussi se soulève, non du fait de la tectonique, mais à la suite de l'allègement provoqué par la fonte des glaces depuis la dernière glaciation (voir illustration page 180). La mer Rouge s'élargit au détriment de l'Érythrée. Au cours du prochain siècle (ou du prochain millénaire ?), ces changements, pour insignifiants qu'ils soient à l'échelle humaine, seront nettement perceptibles. La température pourrait s'élever, en partie du fait de l'activité humaine, ce qui entraînerait une montée du niveau des mers et donc une amorce de transgression sur les

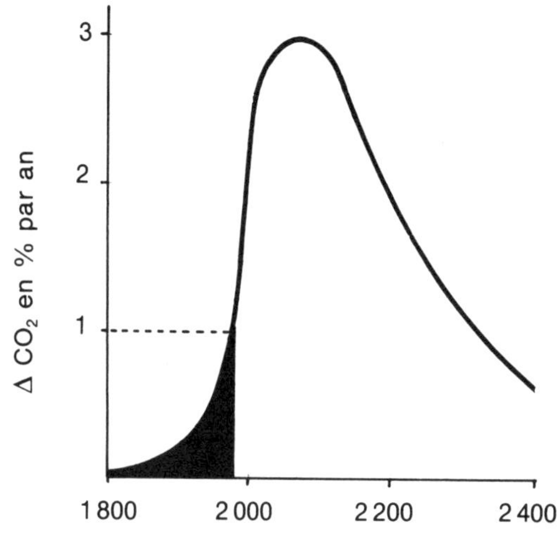

▲ ***Évolution prévue de la pollution de l'atmosphère par le gaz carbonique en fonction de l'accroissement démographique de la planète***
La situation actuelle correspond sur la courbe au niveau 1. Le graphique est construit en fonction d'une hypothèse de croissance démographique et de la consommation corrélative d'énergie dont la majeure partie proviendra encore de combustibles fossiles au cours des prochaines décennies.

▼ ***Mesures comparées de quelques paramètres pédologiques d'une prairie naturelle et d'une aire de culture intensive***
En cultivant leur terre, les hommes du XXe siècle participent à la destruction de l'horizon des sols. L'irrigation, les amendements par des engrais artificiels, la culture intensive sont autant de facteurs provoquant des changements accélérés de la structure et de la composition du sol. Les exemples choisis ici concernent l'Europe centrale. On a choisi des régions pour lesquelles les paramètres de départ sont identiques : conditions climatiques, substrats rocheux, etc. Les diagrammes de la série du haut correspondent à l'horizon pédologique naturel d'une prairie. La rangée inférieure concerne des terres arables soumises à une culture intensive. Ces divers diagrammes traduisent des propriétés du sol : volume des porosités, densité, concentration en carbone organique, acidité.

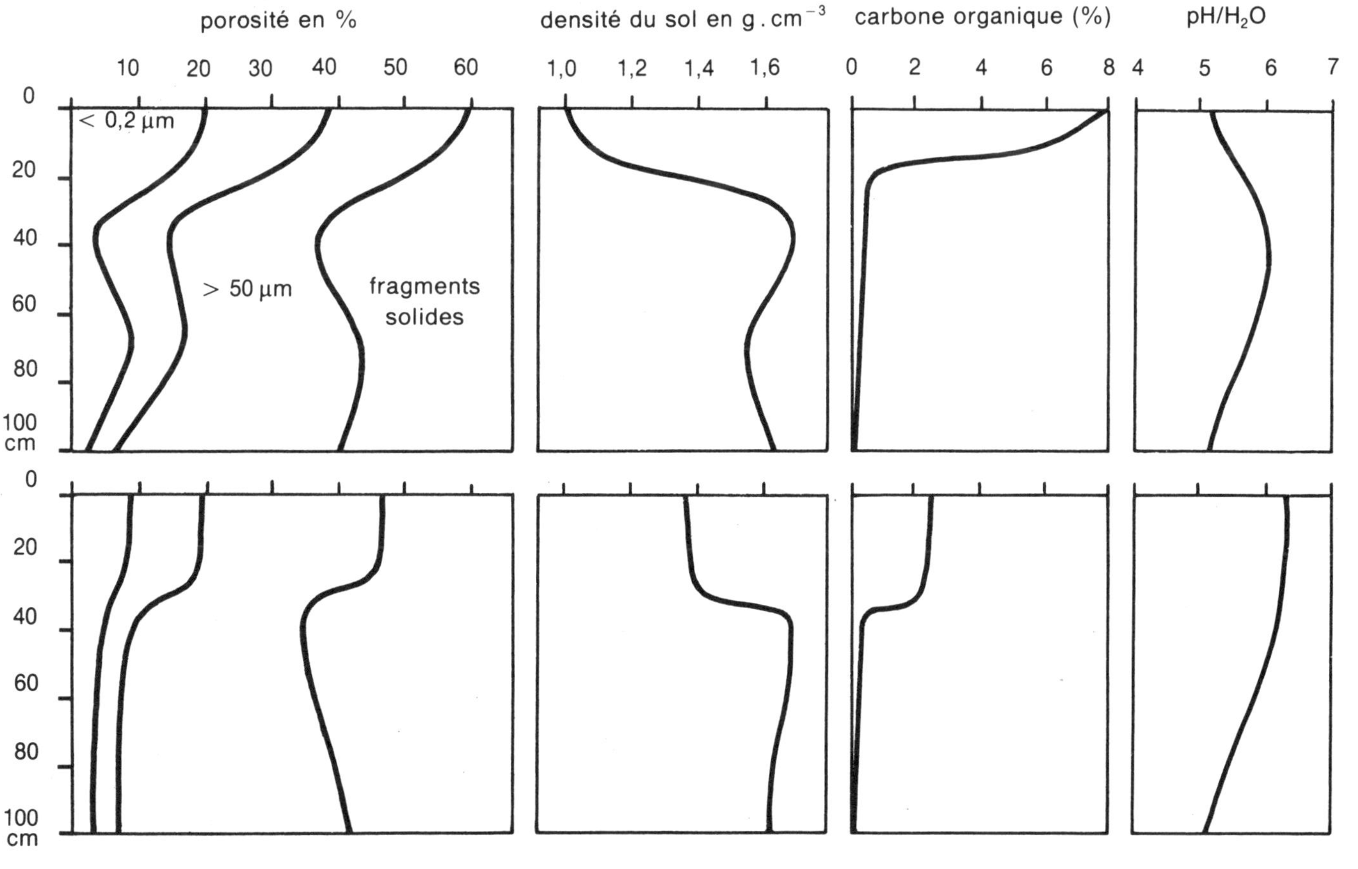

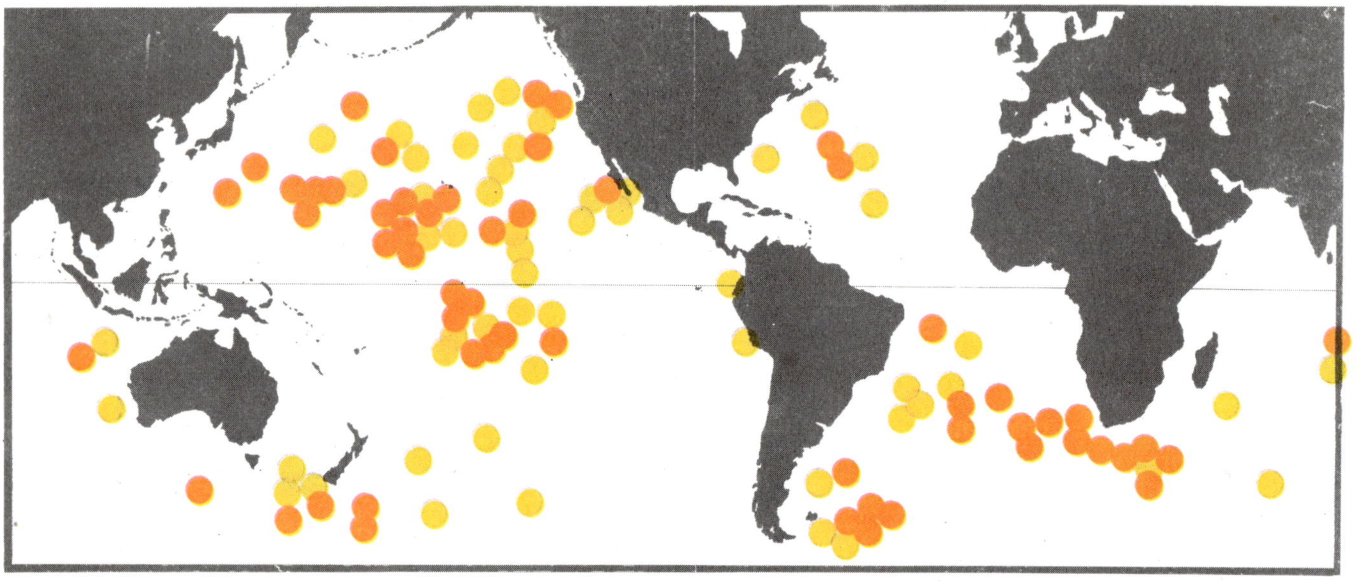

▲ ***Localisation des principaux gisements sous-marins connus de modules polymétalliques***
L'exploitation des gisements de métaux (surtout les non ferreux) des fonds océaniques, semble très prometteuse même si, pour l'instant, elle n'est pas rentable. La carte indique l'emplacement des principaux gisements connus de manganèse et de ferro-manganèse, métaux de base fortement concentrés dans des modules par ailleurs riches en divers autres métaux (nickel, cuivre, zinc, plomb). Les gisements les plus riches sont représentés en orange, les plus pauvres en jaune.

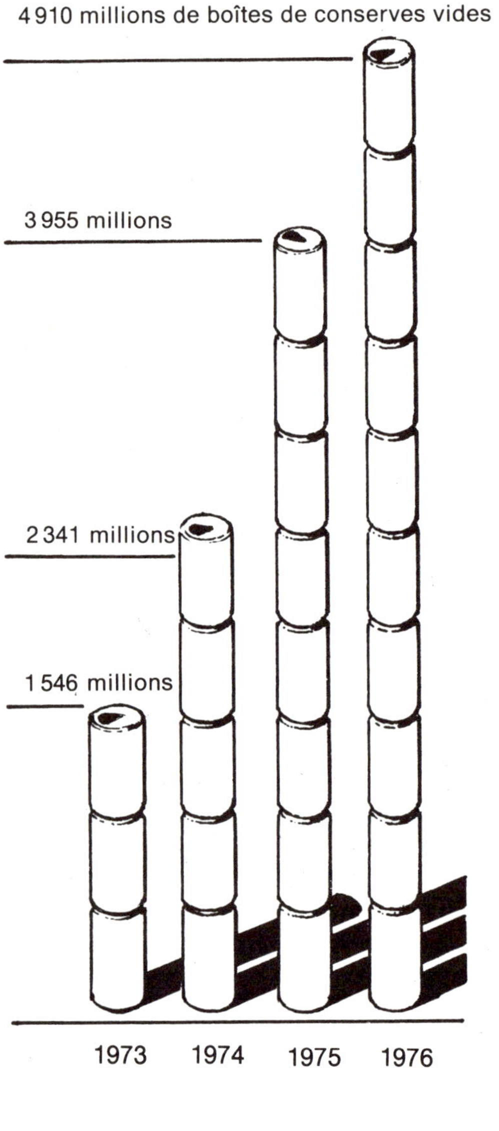

continents. L'atmosphère sera plus humide, il pleuvra plus souvent, mais les précipitations ne seront pas distribuées de la même façon qu'aujourd'hui sur la Terre. L'érosion sera plus intense. Les météorologues prévoient qu'une partie du continent africain sera plus humide et plus fraîche, contrairement au centre-ouest des États-Unis où le climat sera plus chaud et plus sec. Les quaternaristes spécialisés dans l'histoire de la dernière glaciation prévoient des modifications dans la composition de la couverture végétale, dues au retrait des glaciers. La limite septentrionale des forêts de conifères se déplacera vers le nord; on a calculé qu'un réchauffement de 1 à 2 °C en mille ans entraîne une progression annuelle de la forêt de l'ordre du kilomètre. Il faut être bien conscient des conséquences qu'aurait un réchauffement rapide de la planète. Trois ou quatre degrés de plus, et ce serait la catastrophe totale pour l'humanité car l'avancée des mers sur les conti-

◀ ***Le recyclage des matières premières. Exemple de l'aluminium des emballages de boissons aux États-Unis.***
Le recyclage des matières premières, notamment des métaux, est l'une des solutions possibles pour lutter contre la pénurie des richesses naturelles. Dans les pays industrialisés, la majeure partie des matières premières provient déjà de sources secondaires. L'avantage du système réside dans la moindre dépense énergétique nécessaire à la transformation du métal recyclé par rapport à son extraction d'un minerai brut. Dans le cas de l'aluminium, le rapport est de 1 à 5.

▶ ***Schéma structural des installations de stockage souterrain des déchets radioactifs***
Un grand nombre d'études, menées dans différentes parties du monde, démontrent que l'avenir énergétique de l'humanité devra compter, du moins pendant un certain temps, sur l'énergie nucléaire. Pour cette raison, la sûreté des installations nucléaires et l'élimination des déchets radioactifs constituent des problèmes cruciaux. Le stockage de ces déchets dans des espaces souterrains apparaît comme une solution valable. Dans le schéma présenté, les espaces de stockage sont représentés en bleu, les voies d'accès et les installations de ventilation, en orange.

nents serait telle que des centaines de millions d'hommes seraient périodiquement contraints d'abandonner leurs terres, sur une planète déjà surpeuplée, puisque plusieurs milliards de personnes vivent actuellement à une altitude de moins de 5 mètres au-dessus du niveau de la mer! D'ici à cinquante ou soixante ans, alors que les hommes seront encore plus nombreux, beaucoup risquent de se trouver sans abri, si le niveau de la mer monte effectivement. Par exemple, si un tel scénario devait se réaliser, la ville de Washington perdrait ses aéroports, la configuration de la Floride serait totalement modifiée tout comme d'immenses étendues de la Sibérie ou les plaines bordières des deltas du Gange et de l'Indus qui seraient submergées. Et ce ne serait là qu'un moindre mal car des modifications surviendraient dans le niveau et dans la composition des eaux douces souterraines, tandis que progresseraient les plans d'eau salée non potable.

D'après les études faites sur les différentes périodes glaciaires et interglaciaires du Quaternaire, les géologues ont pu estimer la vitesse à laquelle devrait se faire le réchauffement actuel de la planète. Or la vitesse effectivement mesurée est à peu près mille fois supérieure. L'homme est-il responsable de cette accélération ? Nombre d'arguments incitent à le croire et c'est la raison pour laquelle il faut songer à une politique visant à inverser cette tendance. Il est pour cela nécessaire de modifier les techniques de production d'énergie. Si l'on devait classer par ordre de préférence ces modes de production pour les décennies à venir, l'énergie nucléaire serait placée en tête, en dépit de l'opposition qu'elle suscite dans de nombreux pays. Viendraient ensuite l'énergie solaire, celle de la biomasse et l'énergie géothermique. Il est certain qu'il faudra limiter de manière drastique la consommation des combustibles fossiles, sachant que le pétrole et le gaz polluent moins que le charbon.

L'accroissement et les changements de modes de production d'énergie créent de nouveaux besoins en matériaux divers et suscitent de nouvelles technologies. Dans le futur, les hommes sauront peut-être utiliser directement l'énergie solaire ou la chaleur des volcans, peut-être même à la manière du Soleil, obtenir à partir d'éléments simples, une chaîne de réactions exothermiques.

Les nouvelles technologies font appel, de plus en plus, à des matériaux rares, plus précieux de ce point de vue que l'or et l'argent. Tel est le cas des terres rares, c'est-à-dire des lanthanides (et de leurs oxydes), ensemble de quinze éléments consécutifs de la classification, allant du numéro 57 (le lanthane) au numéro 71 (le lutétium). Il est très difficile d'obtenir séparément ces métaux, toujours associés dans les minerais. On les utilise surtout dans l'industrie du verre et des cérami-

▶ Stockage d'une réserve pétrolière dans un dôme de sel
Le stockage de matières premières, et surtout celui de l'énergie dont la consommation baisse en été pour augmenter en hiver, posent un problème que les géologues s'attachent à résoudre depuis de longues années. Les citernes dans lesquelles sont stockés le gaz et le pétrole dénaturent les paysages. De plus, leur installation coûte fort cher, et elles occupent beaucoup de place. Une solution élégante consiste à stocker ces produits dans des cavernes souterraines, creusées dans des dômes de sel. Imperméable et excellent isolant, le sel abrite parfaitement le pétrole et ne réagit pas à son contact. Pour creuser la caverne, il suffit de forer un trou au sommet du dôme, de provoquer une dissolution dirigée du sel et d'évacuer la saumure obtenue.

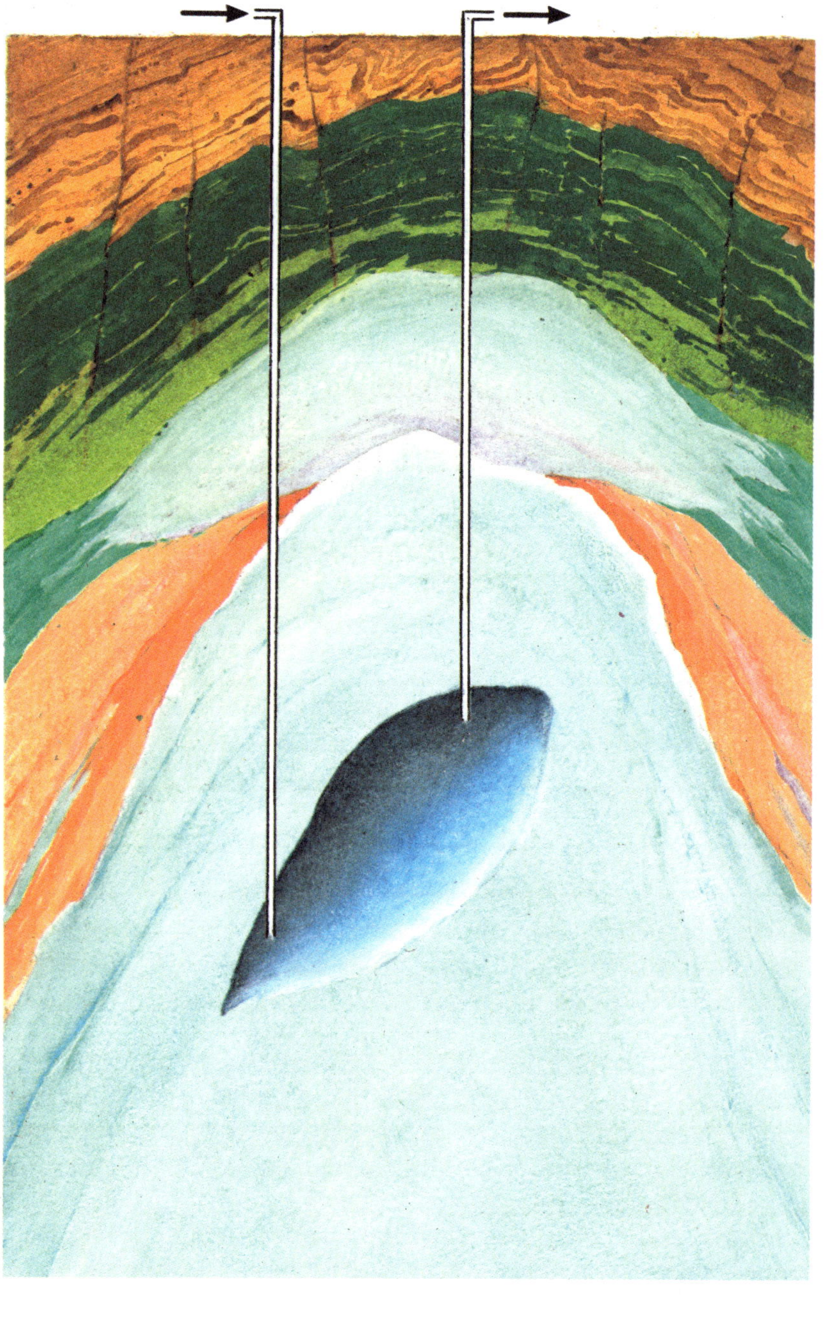

PRINCIPALES SOURCES DE POLLUTION (EN %)	TRANSPORT	PETITS CONSOMMATEURS	INDUSTRIE	PRODUCTION D'ÉNERGIE	INDUSTRIE CHIMIQUE
SO_2	3,4	9,3	20,9	62,1	4,3
NO_x (NO_2)	54,6	3,7	11,4	27,7	2,6
CO	65,0	21,0	12,7	0,4	0,9
hydrocarbures	39,0	32,4	24,9	0,6	3,1
poussières	9,4	9,2	56,8	21.7	2,9

▲ *Quelques chiffres mesurant la pollution liée aux principales activités des pays industrialisés*

ques, de l'éclairage et des catalyseurs. Autres éléments précieux dans le domaine des « hautes technologies » : des éléments tels que le gallium, le germanium, l'indium, le quartz et les métaux du 8e groupe (platine, osmium, palladium et rhodium).

Réduire la consommation des combustibles fossiles, recourir à des techniques plus performantes mais aussi moins polluantes faisant appel à d'autres matériaux, tel est le pari que tentent déjà de réussir certains programmes de coopération internationale. Parmi eux, l'I.G.B.P. (International Geosphere-Biosphere Program) est l'un des plus importants projets scientifiques des dernières années. Il a pour objectif de dégager une vision plus exacte, détaillée et fiable des changements globaux actuels, dans le but de mieux prévoir l'avenir.

L'une des solutions envisagées pour réserver la surface de la Terre à l'agriculture et au tourisme est l'utilisation des espaces souterrains aux fins d'activités industrielles. Partisans de cette solution, des géologues travaillent déjà dans les profondeurs de la Terre en différentes régions du globe. La vie dans les villes surpeuplées, à la circulation bruyante et polluante, devient intenable. C'était déjà dans cette optique qu'au début du siècle ont été décidés certains moyens de transport en commun sous terre. L'idée d'y placer des égouts date du Moyen Âge. La surface de la Terre devrait être réservée à certaines activités, l'homme ayant besoin de préserver dans leur état naturel la lumière du Soleil, la pureté de l'air et de l'eau. À cette fin, on pourrait utiliser le sous-sol pour y loger les stocks de matière première, les réserves d'énergie, les sites de dépôt et de transformation des déchets. Plus tard, on y installerait des chaînes de production bruyantes, des activités entièrement automatisées, des stations d'épuration de l'eau, des centrales nucléaires. Le flux de chaleur endogène serait utilisé dans les systèmes de refroidissement. Tel est le scénario plausible si les hommes ne se réfugient pas dans les profondeurs marines ou ne s'évadent pas dans l'espace.

Pour sauver la Terre, il n'existe pas de solution miracle, de panacée universelle. Une sentence écologique préconise à ce propos: « Pensons globalement, agissons localement », sagesse que partageaient déjà nos ancêtres, en considérant que chacun « doit balayer devant sa porte ». Alors, pourquoi ne pas agir ainsi?

ORIENTATION BIBLIOGRAPHIQUE

La liste suivante de références bibliographiques, restreinte, est limitée à des ouvrages récents.

Allègre, C. — *L'Écume de la planète,* Fayard, Paris, 1989.
Berger, A. — *Le Climat de la terre. Un passé pour quel avenir ?* De Boeck Université, Bruxelles, 1990.
Bourrelier, P.-H. et Dietrich, R. — *Le Mobile et la planète ou l'enjeu des ressources naturelles,* Économica, Paris, 1989.
Brown, L. R. — *L'État de la planète,* Économica, Paris, 1993.
Bryant, E. — *Natural Hazards. Threat, disaster, effect, response,* Cambridge University Press, Cambridge, 1991.
Caron, J.-M. et al. — *Comprendre et enseigner la planète Terre,* Ophrys, Paris, 1992.
Duplessy, J.-C. et Morel, P. — *Gros temps sur la planète,* Odile Jacob, Paris, 1990.
Duvigneaud, P. — *La Synthèse écologique,* Doin, Paris, 1980.
Francis, P. — *Volcanoes. A planetary perspective,* Clarendon Press, London, 1993.
Gallien, C. L. — *L'Énigme des origines. L'univers, la vie, l'homme,* Vigot, Paris, 1992.
Gould, S. J. — *La Vie est belle. Les surprises de l'évolution,* Le Seuil, Paris, 1991.
Lacombe, H. et Costabel, P. — *La Figure de la Terre du XVIIIe siècle à l'ère spatiale,* Académie des Sciences / Gauthiers – Villars, Paris, 1988.
Lovelock, J. — *La Terre est un être vivant.* Éd. du Rocher, Paris, 1979.
— *Les Âges de Gaïa,* R. Laffont, Paris, 1990.
— *Gaïa. Comment soigner une planète malade,* R. Laffont, Paris, 1991.
Massoud, Z. — *Terre vivante,* Odile Jacob, Paris, 1992.
Poirier, J.-P. — *Les Profondeurs de la Terre,* Masson, Paris, 1991.
Ramade, F. — *Écologie des ressources naturelles,* Masson, Paris, 1981.
— *Éléments d'écologie,* Édiscience international, Paris, 1989.
Rebeyrol, Y. — *La Terre toujours recommencée,* La Découverte – Le Monde, Paris, 1990.
Rougerie, R. — *Géographie de la biosphère,* A. Colin, Paris, 1988.
Russel, P. — *La Terre s'éveille. Les sauts évolutifs de Gaïa,* Le Souffle d'or, Paris, 1989.
Schipper, L. et Meyers, S. — *Energy Efficiency and Human Activity,* Cambridge University Press, Cambridge, 1992.
Tassy, P. — *Le Message des fossiles,* Hachette, Paris, 1991.
Tazieff, H. — *Quand la Terre tremble,* Fayard, Paris, 1986.
Termier, H. et Termier, G. — *Histoire de la Terre,* PUF, Paris, 1979.
Velskowsky, I. — *Les Grands Bouleversements terrestres,* Stock, Paris, 1982.
Wilson, E. O. — *La Diversité de la vie,* Odile Jacob, Paris, 1993.

Ouvrages collectifs, d'un excellent niveau de vulgarisation scientifique, très richement documentés et agréablement illustrés :

— *Histoire de la Terre notre planète,* Société géologique de France, Paris, 1984.
Au sommaire : La Planète Terre. Origine et structure / La lithosphère. Nature et évolution / À la surface de la Terre. Altération, érosion et sédimentation / Histoire de la Terre, histoire de la vie / La terre des hommes.

— *Les Roches au service de l'homme. Géologie et préhistoire du Bassin parisien,* Association des géologues du Bassin de Paris, Paris, 1989.
Au sommaire : Le Bassin parisien, berceau de la géologie / La stratigraphie du Bassin parisien / La préhistoire du Bassin parisien / Les matières premières et les matériaux du Bassin parisien / La connaissance du sous-sol du Bassin parisien par la géophysique et les grands programmes scientifiques / Le pétrole et les réservoirs souterrains dans le Bassin parisien / L'eau / Géologie de l'aménagement et de l'environnement dans le Bassin parisien / Paysages, sols, terroirs et monuments / Les cartes et la vision depuis l'espace / Une tranche du Bassin parisien.

Au lecteur désireux d'accéder à des informations plus didactiques, est vivement conseillée la consultation de l'*Encyclopaedia Universalis*. À titre d'exemples, voici quelques entrées (Édition 1990 en 23 volumes):

— Sur la Terre en général et son étude géologique :

La chimie de l'atmosphère, le bilan thermique de la Terre, la géomorphologie, l'érosion et la sédimentation, la géophysique, la stratigraphie, la tectonique, le volcanisme.

— Sur le monde vivant, l'écologie et les problèmes économiques de gestion du patrimoine naturel :

La vie, la biosphère, l'évolution, l'adaptation biologique, l'environnement, les écosystèmes, la répartition des flores et des faunes, les sols, l'anthropisation, la biodémographie, les cycles biochimiques, la pollution, le problème de l'eau dans le monde, la protection de la nature.

ANNEXES

PRINCIPALES DONNÉES RELATIVES À LA TERRE

diamètre équatorial	12756 km
diamètre polaire	12713 km
aplatissement	1/298,257
masse	$5{,}97 . 10^{21}$ t (soit environ 6000 milliards de milliards de tonnes, ce qui représente 1/330000 de la masse du Soleil)
volume	$1{,}0832 . 10^{21}$ m^3
accélération de la pesanteur à la surface de la Terre	9,81 m/s^2
distance Terre-Lune	384402 km

COMPOSITION MOYENNE EN POURCENTAGES DE LA CROÛTE, DU MANTEAU ET DU NOYAU

composant	croûte continentale	croûte océanique	manteau	noyau
SiO_2	60,1	49,9	38,3	
TiO_2	1,1	1,5	0,1	
Al_2O_3	15,6	17,3	2,5	
Fe_2O_3	3,1	2,0		
FeO	3,9	6,9	12,5	
FeS			5,8	
Fe			11,9	90,8
Ni			1,4	8,6
Co			0,1	0,6
MgO	3,6	7,3	24,0	
CaO	5,2	11,9	2,0	
Na_2O	3,9	2,8	1,0	
K_2O	3,2	0,2	0,2	
P_2O_5	0,3	0,2	0,2	

QUELQUES RADIOÉLÉMENTS UTILISÉS POUR LA DATATION EN GÉOLOGIE

Isotope primaire (radioactif)	Isotope secondaire (radiogène)	Période (temps nécessaire pour que la moitié des noyaux de l'élément considéré se soit désintégrée)
^{14}C	^{14}N :	$5{,}73 . 10^3$
^{40}K	^{40}Ar, ^{40}Ca :	$1{,}3 . 10^9$
^{87}Rb	^{87}Sr :	$5{,}0 . 10^{10}$
^{147}Sm	^{143}Nd :	$1{,}1 . 10^{11}$
^{187}Re	^{187}Os :	$4{,}0 . 10^{10}$
^{232}Th	^{4}He, ^{208}Pb :	$1{,}41 . 10^{10}$
^{238}U	^{4}He, ^{206}Pb :	$4{,}51 . 10^9$
^{235}U	^{4}He, ^{207}Pb:	$7{,}13 . 10^8$

DÉVERSEMENT DES MÉTAUX DANS LES OCÉANS
(en milliers de tonnes par année)

métal	flux naturel (calculé pour des ères géologiques)	flux artificiel (causé par l'homme)
fer	25000	319000
manganèse	440	1600
cuivre	375	4460
zinc	370	3930
nickel	300	358
plomb	186	2330
molybdène	13	57
argent	5	7
mercure	3	7
étain	1,5	166
antimoine	1,3	40

UA — Unité astronomique

Une unité astronomique est une unité de longueur très voisine de la distance moyenne de la Terre au Soleil (149597870 km). On utilise cette unité pour mesurer la distance entre les planètes, ainsi que celle entre le Soleil et les planètes. La planète Pluton, par exemple, gravite à 40 UA du Soleil.

ACTIVITÉ DE L'HOMME ET SON INFLUENCE SUR L'ENVIRONNEMENT GÉOLOGIQUE

mines et carrières	transformations du caractère du paysage glissements de terrain effondrements pollution de l'eau baisse du niveau de la nappe phréatique dommages causés par des explosions
bâtiments et travaux publics	glissements de terrain torrents de boue chute de blocs baisse du niveau de la nappe phréatique
industrie	pollution de l'eau retombées de poussières contamination du milieu de vie (soufre, oxydes d'azote)
agriculture et sylviculture	érosion glissements de terrain salinité du sol pollution de l'eau inondations
tourisme	pollution de l'eau et du sol

GLOBAL CHANGE (Changement global)

La Terre est un corps en perpétuelle transformation (géodynamique) aussi bien dans le temps que dans l'espace. Ces changements sont surtout visibles à la surface de la planète. Des fluctuations naturelles (par exemple les déplacements de la limite des glaces, responsables des variations du niveau de la mer, que la Terre a subi tout au long de son histoire géologique) ont été perturbées au XXᵉ siècle, par les activités industrielles et agricoles. Les changements dans l'étendue et la composition des forêts de climat tempéré, la progression de la désertification sur plusieurs continents, la baisse du niveau de la nappe phréatique, le recul des glaciers, les tremblements de terre et l'activité sismique en général, les modifications de la composition de l'atmosphère avec les concentrations élevées des gaz responsables de l'effet de serre, les pluies acides et l'acidification consécutive du sol, des lacs et des cours d'eau, mais aussi la diminution du nombre des espèces biologiques sont autant de facettes du phénomène appelé changement global. Comme celui-ci concerne tous les habitants de la planète, ce terme fait désormais partie du vocabulaire scientifique et politique. Le Conseil international des unions scientifiques (ICSU), chargé de la surveillance (*monitoring*), de la compréhension et surtout de la prévision des modifications qui surviennent dans l'environnement, a conçu un programme appelé également Global Change (Changement global) dont le Programme international Géosphère-Biosphère (IGBP) est une composante.

PLUIE ACIDE

Le terme de pluie acide est très récent. Il désigne des précipitations polluées par des oxydes du soufre (générateurs d'acides sulfurique et sulfureux) et par des oxydes d'azote (acide nitrique). Ces composés sont essentiellement les sous-produits des activités industrielles de l'homme, les composés soufrés provenant de la combustion du charbon et du pétrole, les oxydes d'azote du fonctionnement des moteurs à explosion.

BIOCÉNOSE

Un écosystème abrite des ensembles végétaux et animaux, qu'on appelle biocénoses. Chaque biocénose est tributaire des facteurs abiotiques que son milieu de vie lui apporte. On pourrait qualifier donc de géobiocénose ce complexe biotique et abiotique qui est, en fait, synonyme d'écosystème. Il s'agit d'une unité écologique qui représente un ensemble donné de composants biologiques et chimiques. Les êtres vivent en milieu abiotique dans une interdépendance plus ou moins marquée, chacun d'entre eux aidant à créer un équilibre harmonieux, indispensable à la vie de l'ensemble.

Autrefois, la définition de l'environnement avait un sens plus restrictif, celui d'écosystème humain. Mais progressivement le concept de « milieu de vie » s'est élargi à l'ensemble du système des éléments biotiques et abiotiques interdépendants. Aujourd'hui on le définit comme un complexe de facteurs naturels, artificiels et sociaux, définition à laquelle on a ajouté récemment des facteurs techniques, économiques, politiques, législatifs et culturels, l'homme restant la clé de voûte de ce système.

LA SURFACE TERRESTRE ET L'ÉTENDUE DE SES DIFFÉRENTS CONSTITUANTS

étendue des océans	$361 . 10^6$ km^2
étendue des continents	$149 . 10^6$ km^2
étendue des glaciers (océans)	$20 . 10^6$ km^2
étendue des glaciers (continents)	$16 . 10^6$ km^2
surface totale de la Terre	$510 . 10^6$ km^2
altitude moyenne des continents	850 m
altitude la plus forte sur les continents	8 882 m
profondeur moyenne des océans	3 800 m
point le plus profond des océans connu jusqu'à ce jour	11 034 m

LE GÉOSYNCLINAL ET LA CONCEPTION GÉOSYNCLINALE

Du point de vue de la géologie traditionnelle, le géosynclinal est un sillon creusé dans l'écorce terrestre (généralement en bordure des continents ou entre deux continents) dans lequel s'accumule une grande quantité de sédiments. Le géosynclinal est une formation extrêmement mobile dont le fond, d'abord affaissé puis tapissé de sédiments, se plisse ensuite formant ainsi une chaîne montagneuse (orogenèse). La conception contemporaine des processus géologiques présentée dans cet ouvrage puise ses fondements dans la théorie de la tectonique des plaques qui diffère radicalement de la conception géosynclinale : un orogène ne résulte pas du plissement de tout un complexe géosynclinal mais de la collision entre deux plaques.

PLATE-FORME ET BOUCLIER

Contrairement à une aire géosynclinale ou à toute zone de plissement orogénique, une plate-forme est un bloc stable de l'écorce terrestre sur lequel on n'observe que peu ou pas d'activité volcanique. Sa principale caractéristique est une structure à deux niveaux : un niveau inférieur plissé résultant de mouvements anciens sur lequel repose un niveau supérieur formé de couches sédimentaires non plissées déposées ultérieurement. Un bouclier correspond à une région stable dont les terrains très anciens et plissés à de multiples reprises au cours des temps géologiques ne présentent pas de couverture sédimentaire horizontale, comme c'est le cas sur la plate-forme.

FLUX DE CHALEUR

La surface de la Terre dégage une certaine quantité d'énergie thermique. On appelle flux de chaleur la quantité d'énergie thermique qui traverse une surface donnée en un laps de temps donné. On l'indique en mW m^{-2}. Le flux de chaleur moyen de la planète est de 60 mW m^{-2}.

Les géologues mesurent le temps en années, unité de temps qui se révèle trop brève et peu commode pour chiffrer des périodes très longues. C'est pour cette raison que les spécialistes ont souvent recours à des expressions de temps abrégées, indiquant, par exemple, 3 millions d'années comme $3{,}0 . 10^6$. Cependant, 1 million d'années est également une mesure de temps trop courte, comparée à l'âge de la Terre, de sorte qu'on a créé une unité de temps plus longue : un éon. Autrefois, les éons désignaient une période de longue durée non spécifiée. Aujourd'hui, ils expriment des milliards d'années (1 éon correspondant alors à $1 . 10^9$ années).

COMPOSITION DU SYSTÈME SOLAIRE

On peut exprimer la composition chimique de la Terre, des météorites et des planètes en atomes ou en pourcentages des différents constituants. Sans indiquer de chiffres, le tableau suivant illustre les différences essentielles entre le Soleil, les météorites, la Terre dans son ensemble et la croûte terrestre. Il montre en même temps la disparité des processus qui séparent les différents éléments dans le système solaire. En dépit de ces différences, les scientifiques considèrent que tous ces objets célestes ont un ancêtre commun. Les éléments sont présentés dans un ordre décroissant d'abondance :

Soleil : H, He, O, C, N, Si, Mg, S, Fe, Ca, Ni, Na, Al, Cu, Cr
météorites : O, Fe, Si, Mg, S, Ni, Ca, Al, Na, Cr, Mn, P, Co, K, Ti
Terre : Fe, O, Si, Mg, Ni, S, Ca, Al, Na, Cr, Mn, Co, P, K, Ti
écorce terrestre : O, Si, Al, Fe, Ca, Na, K, Mg, Ti, H, P, Mn, F, Ba, Sr

DÉFINITION DES ENVELOPPES TERRESTRES

Lithosphère (du grec *lithos*, « pierre », symbole de la rigidité). Dans le passé, la lithosphère était synonyme de croûte ou écorce terrestre. Selon une nouvelle définition, en accord avec la théorie de la tectonique des plaques, le terme désigne aujourd'hui l'enveloppe externe de la Terre, caractérisée par sa rigidité. La lithosphère est un ensemble comprenant non seulement la croûte mais aussi toute la zone rigide et froide du manteau supérieur.

Asthénosphère (du grec *asthenes*, « sans force », « faible »). Cette enveloppe terrestre située sous la lithosphère correspond à la zone élastique du manteau. Rendue malléable en raison des températures élevées qui règnent dès les premières centaines de kilomètres de profondeur, l'asthénosphère comporte vraisemblablement des matériaux partiellement en fusion.

L' *atmosphère* (du grec *atmos*, « vapeur » ou « souffle ») est une enveloppe gazeuse maintenue en place grâce à la force d'attraction que la planète exerce sur elle.

L'*hydrosphère* (du grec *hudor*, « eau ») désigne l'ensemble des eaux de la planète, y compris les eaux souterraines.

La *biosphère* (du grec *bios*, « vie ») est un espace informel de l'atmosphère, de la lithosphère et de l'hydrosphère dans lequel vivent les organismes.

La *cryosphère* (du grec *kruos*, « glacial », « gelé », « gel ») désigne les régions de glace éternelle ou celles dont l'horizon est gelé en permanence (permagel).

La *pédosphère* (du grec *pedon*, « sol », « argile ») correspond à l'horizon des sols.

COMPOSITION CHIMIQUE MOYENNE DE L'EAU DE MER

composant	teneur
Cl^-	19,353
Na^+	10,760
SO_4^-	2,712
Mg_2^+	1,294
Ca_2^+	0,413
K^+	0,387
HCO_3^-	0,142
Br^-	0,067

La salinité est chiffrée en millièmes, c'est-à-dire en grammes de substances dissoutes dans un kilogramme d'eau. La salinité moyenne de l'eau de mer est de 35 ‰ (35 pour mille).

COMPOSITION DE L'AIR

composant	concentration en ppm⁺	durée de l'existence dans l'atmosphère
H_2	0,5	4-7 ans
H_2O	$4{,}4 . 10^3$	10 jours
He	5,2	
CO	0,1	0,3 ans
CO_2	325	10 ans
CH_4	1,5	5 ans
N_2	$7{,}808 . 10^5$	$2 . 10^7$ ans
N_2O	0,25	4 ans
NO	0,001	9 jours
NO_2	0,002	11 jours
NH_3	0,006	6 jours
O_2	$2{,}0946 . 10^5$	10^4 ans
O_3	0,025	0,3 ans
Ne	18	
SO_2	0,0002	4 jours
H_2S	0,0002	4 jours
Cl_2	0,0006	
Ar	$1{,}34 . 10^3$	
Kr	1,1	
Xe	0,086	

Les ppm (parts par million) signifient que x parts (x ppm) d'une substance donnée sont présentes dans 1 million de parts de volume d'air (ou d'un autre gaz). 1 ppm = 10^{-4}%.

EFFET DE SERRE

Si un voyageur de l'espace mesurait la température de la Terre, son thermomètre indiquerait −18 °C, valeur correspondant aux longueurs d'ondes que la planète émet et à l'intensité de son rayonnement. La température à laquelle nous sommes habitués est celle d'une mince enveloppe emprisonnée entre la surface de la Terre et les couches supérieures de l'atmosphère. Cette situation rappelle celle d'une serre dont la paroi vitrée capte l'énergie solaire et empêche les déperditions de chaleur. L'atmosphère actuelle possède une composition et une épaisseur optimales pour le maintien d'une température moyenne constante. Mais toute modification de sa composition chimique entraîne une modification de cette capacité à libérer ou à retenir la chaleur. Les gaz responsables de l'effet de serre sont ceux qui ont la capacité de retenir la chaleur. Il s'agit essentiellement du gaz carbonique, du méthane ou des hydrocarbures chlorofluorés (CFC).

ÉLÉMENTS PRODUCTEURS DE CHALEUR

élément	production de chaleur (q)
uranium (mélange d'isotopes naturels)	$9{,}35 . 10^{-5}$ W kg^{-1}
thorium (isotope 232)	$2{,}64 . 10^{-5}$ W kg^{-1}
potassium (contenant 0,012 % d'isotope ^{40}K)	$3{,}55 . 10^{-9}$ W kg^{-1}

PRODUCTION THERMIQUE DE CERTAINES ROCHES

roche	densité moyenne ($g\ cm^{-3}$)	production thermique (q) $W\ kg^{-1}$
granite	2,6	$106{,}64 . 10^{-11}$
croûte (en moyenne)	2,85	$45{,}34 . 10^{-11}$
basalte	3,3	$22{,}19 . 10^{-11}$
dunite	3,5	$0{,}5 . 10^{-11}$
météorites pierreuses	3,2	$1{,}25 . 10^{-11}$
sidérites	7,8	$0{,}17 . 10^{-11}$

CARACTÉRISTIQUES ÉNERGÉTIQUES DE LA TERRE

énergie cinétique produite par la rotation	$2{,}2 . 10^{29}$ J
énergie du rayonnement solaire (perçu à la surface de la Terre)	$5{,}4 . 10^{24}$ J/an
quantité de chaleur terrestre produite par une source endogène	$0{,}7 . 10^{21}$ J/an
énergie libérée par des séismes	10^{18} - 10^{19} J/an
énergie libérée par des éruptions volcaniques	$5 . 10^{17}$ - $5 . 10^{18}$ J/an

CONSTANTE SOLAIRE

On appelle constante solaire le flux énergétique solaire reçu dans toutes les longueurs d'onde par une unité de surface, placée perpendiculairement à la direction du Soleil, à une distance égale à la distance moyenne du Soleil à la Terre (et donc égale à une unité astronomique). Avant, on l'indiquait en calories par centimètre carré en 1 minute. Actuellement, on l'indique en watt (1 W = 1 J/s) par mètre carré. La valeur de la constante solaire (S) est de 1 400 $W\ m^{-2}$.

DONNÉES RELATIVES AUX PLANÈTES DU SYSTÈME SOLAIRE

planète	distance du Soleil (en UA)	masse (en M)	densité (en $g . cm^{-3}$)	rayon (en km)
Mercure	0,3872	0,055	5,53	2 439
Vénus	0,723	0,815	5,25	6 052
la Terre	1,000	1,000	5,517	6 378
Mars	1,524	0,107	3,94	3 387
Jupiter	5,203	319,9	1,31	71 398
Saturne	9,539	95,2	0,71	60 000
Uranus	19,182	14,6	1,71	25 400
Neptune	30,058	17,2	1,77	24 750
Pluton	39,293	0,003	1,00	1 400

CRATÈRES MÉTÉORIQUES

Exprimé mathématiquement, le nombre de cratères d'origine météorique qui apparaissent actuellement sur la Terre est de $0{,}36 . 10^{-14}\ km^2$ par an. Cela signifie qu'au cours de l'ère Quaternaire, un cratère d'impact de 20 kilomètres de diamètre peut être produit en moyenne une fois tous les 30 millions d'années sur notre planète. Sa trace serait décelable pendant 600 millions d'années.

SOURCES ÉNERGÉTIQUES

1) Sources non renouvelables

Combustibles fossiles:	tourbe lignite houille pétrole gaz naturel schistes bitumineux sables bitumineux
Radioéléments:	uranium thorium
2) Sources renouvelables:	énergie solaire énergie éolienne hydroénergie (y compris celle des marées et des courants océaniques) géothermie énergie de la biomasse

PRODUCTION MONDIALE DES PRINCIPAUX MÉTAUX ET SUBSTANCES MINÉRALES (DANS LES ANNÉES 1980)

matière première	production mondiale (en tonnes)
1. fer	509 000 000
2. phosphates	45 300 000
3. potassium	27 900 000
4. bauxite	19 300 000
5. manganèse	10 700 000
6. cuivre	7 800 000
7. baryte	7 600 000
8. zinc	6 240 000
9. amiante	4 900 000
10. fluor	4 680 000
11. plomb	3 605 000
12. chrome	3 000 000
13. titane	2 020 000
14. nickel	747 000
15. minéraux de zirconium	716 000
16. graphite	541 000
17. magnésium	320 700
18. étain	235 000
19. molybdène	108 000
20. antimoine	64 600
21. tungstène	53 320
22. strontium (métal)	52 600
23. uranium	43 900
24. vanadium	33 950
25. cobalt	32 725
26. terres rares	30 950
27. arsenic	19 650
28. cadmium	18 655
29. niobium	15 400
30. argent	10 420
31. mercure	6 000
32. lithium	6 000
33. bismuth	3 420
34. sélénium	1 905
35. or	1 210
36. thorium	1 200
37. tantale	995
38. tellure	510
39. yttrium	350
40. béryllium	350
41. métaux du 8e groupe	210
42. germanium	115
43. indium	50
44. gallium	20

ÉCHELLES SISMIQUES

Les tremblements de terre sont classés à l'aide de deux types de mesures appelés échelles :

— échelles d'intensité (dont l'échelle de Mercalli), numérotées en chiffres romains, de I à XII, par ordre croissant des dégâts provoqués ;

— échelles de magnitude (dont l'échelle de Richter), basées sur des mesures instrumentales, numérotées en chiffres arabes, inférieurs à 9, et utilisées suivant la distance et suivant le type d'ondes auquel on se réfère.

À gauche, appréciation du degré d'après l'échelle de Mercalli.
À droite, nature des manifestations provoquées par un séisme.

I	imperceptible	—	Enregistré par des sismographes ultra-sensibles.
II	très faible	2,5	Ressenti par quelques individus dans les étages supérieurs des immeubles.
III	faible	—	Ressenti dans les immeubles. Les objets suspendus se balancent légèrement.
IV	moyen	3,5	Perçu par de nombreuses personnes dans les immeubles et dans les voitures en stationnement. Réveille les personnes endormies, fait craquer les murs.
V	assez fort	—	Perçu par tout le monde dans les immeubles. Les animaux s'agitent, les vitres se cassent, les luminaires se balancent, les bâtiments subissent de légers dommages.
VI	fort	—	Ressenti à l'extérieur des bâtiments. Les personnes s'affolent, les meubles bougent, les cheminées tombent, les bâtiments en briques sont endommagés. Surviennent les glissements de terrain, le niveau de la nappe phréatique varie.
VII	très fort	5,5	Ressenti dans les voitures en marche. Les personnes sortent en courant des maisons, les vagues se forment sur les plans d'eau, les immeubles en béton armé subissent quelques dommages.
VIII	destructeur	6,0	Affolement général. Les branches des arbres se cassent, les meubles se renversent, les constructions légères s'effondrent, le béton armé est endommagé, le sol commence à se fissurer.
IX	dévastateur	6,5	La panique gagne la population, le béton armé est sérieusement endommagé, les conduits et la tuyauterie se rompent, des failles étroites s'ouvrent dans le sol, de grandes vagues se forment sur l'eau.
X	ravageur	7,0	Grands dommages sur les immeubles, barrages et ponts. Des boursouflures apparaissent sur les routes, des failles d'un mètre de largeur s'ouvrent dans le sol.
XI	désastreux	8,0	Destruction d'immeubles, de ponts et de conduites souterraines, changements de l'aspect du relief, formation de larges failles, glissements de terrain.
XII	catastrophique	8,5	Destruction de tous les ouvrages d'art, modifications irréversibles du relief.

GRANDS SÉISMES

Selon les documents disponibles, le séisme le plus meurtrier a eu lieu le 24 janvier 1556 en Chine. Il a fait périr plus de 700 000 personnes (l'estimation maximale est de 830 000). Les statistiques du XXe siècle sont tout aussi affligeantes. Le tableau suivant ne rapporte que les tremblements de terre dont le nombre de victimes a dépassé 20 000 personnes :

1905	Inde (Kangra)	20 000
16.08.1906	Chili (Valparaiso)	20 000
28.12.1908	Italie (Messine)	83 000
13.01.1915	Italie (Avezzano)	29 980
16.12.1920	Chine (Kansou)	100 000
01.09.1923	Japon (Tokyo)	140 000
07.03.1927	Japon (Tajima)	34 500
22.05.1927	Chine (Manchang)	200 000
26.12.1932	Chine (Kansou)	70 000
31.05.1935	Inde (Kweta)	30 000
24.01.1939	Chili (Chillan)	30 000
26.12.1939	Turquie (Erzincan)	37 000
27-28.12.1940	Turquie (Anatolie)	32 740
octobre 1948	Turkménie (Achkhabad)	110 000
31.05.1970	Pérou (Huascaran)	70 000
11-12.05.1974	Chine (sud-ouest)	20 000
04.02.1976	Guatemala	38 000
28.07.1976	Chine (Tangshan)	242 000
17.09.1978	Iran (Tabas)	25 000
19-20.09.1985	Mexique (Mexico)	35 000

OZONE

L'ozone est devenu le symbole d'une catastrophe potentielle aux yeux de ceux qui ne sont pas indifférents au sort de notre planète. L'ozone se raréfie en certains points des couches supérieures de l'atmosphère, laissant alors passer un plus grand nombre de rayons ultraviolets, lesquels sont biocides, exerçant une influence néfaste sur les organismes, pouvant entraîner la mort. Pour comprendre le mécanisme de la raréfaction de l'ozone, il faut savoir comment il se forme et comment il se décompose. L'oxygène existe dans l'air (molécule O_2). Le rayonnement ultraviolet décompose certaines molécules doubles en atomes d'oxygène simples (O) qui vont s'ajouter à d'autres molécules doubles pour former la triple molécule d'ozone (O_3).

$$O_2 \rightleftarrows O + O$$
$$O + O_2 \rightleftarrows O_3$$

L'ozone réagit instantanément avec les atomes de chlore présents dans l'atmosphère. Ceux-ci proviennent des sources naturelles, mais aussi des dégagements d'hydrocarbures chlorofluorés (les CFC), produits chimiques utilisés comme réfrigérants ou gaz dans les bombes d'aérosols. À leur contact, l'ozone réagit quasi-instantanément, en formant une double molécule d'oxygène initiale (O_2) et une molécule de monoxyde de chlore :

$$Cl + O_3 \rightarrow ClO + O_2$$

L'oxyde de chlore réagit avec les atomes d'oxygène simples (O), produisant un atome de chlore (Cl) et une molécule d'oxygène double (O_2). Cette dernière ne pose aucun problème, car elle fait naturellement partie de l'atmosphère. Il n'en est pas de même dans le cas du chlore libre : celui-ci est à nouveau disponible pour réagir avec d'autres molécules d'ozone et pour les éliminer systématiquement.

La présence d'ozone dans les plus hautes couches atmosphériques, où se trouvent 90% de tout l'ozone, est un bienfait pour la planète puisque ce gaz constitue un écran protecteur. Par contre, de fortes concentrations d'ozone dans les couches inférieures sont indésirables car elles provoquent des troubles respiratoires et le « smog », concentration de polluants au ras du sol.